T0142427

Aufbruch ins Industriezeitalter –
Zukunftswerkstätten der Neuzeit

Gerhard Zweckbronner

Aufbruch ins Industriezeitalter – Zukunftswerkstätten der Neuzeit

Herausgegeben vom TECHNOSEUM Landesmuseum für Technik und Arbeit in Mannheim

Gerhard Zweckbronner
TECHNOSEUM Landesmuseum für Technik
und Arbeit in Mannheim
Mannheim, Deutschland

herausgegeben vom
TECHNOSEUM
Landesmuseum für Technik und Arbeit in
Mannheim

ISBN 978-3-662-60541-7   ISBN 978-3-662-60542-4   (eBook)
https://doi.org/10.1007/978-3-662-60542-4

Die Deutsche Nationalbibliothek verzeichnet diese Publikation in der Deutschen Nationalbibliografie; detaillierte
bibliografische Daten sind im Internet über http://dnb.d-nb.de abrufbar.

Einbandabbildung: TECHNOSEUM, Foto: Klaus Luginsland (Abb. 2.5)
Abbildungen: TECHNOSEUM, außer Abb. 3.1, 6.1, 6.4, 7.1, 7.2, 8.1, 8.2.

Planung/Lektorat: Stefanie Wolf
Springer ist ein Imprint der eingetragenen Gesellschaft Springer-Verlag GmbH, DE und ist ein Teil von
Springer Nature.
Die Anschrift der Gesellschaft ist: Heidelberger Platz 3, 14197 Berlin, Germany

Geleitwort

Für Technik zu begeistern, scheint gegenwärtig kaum mehr notwendig zu sein, ist sie uns doch in den hochindustrialisierten Gesellschaften zur Selbstverständlichkeit geworden – so sehr, dass wir uns ein Leben ohne sie kaum mehr vorstellen können. Auch technische Innovationen, etwa auf dem Gebiet digitaler Medien, individueller Elektromobilität oder intelligenter Technologien, finden heutzutage rasch Eingang in unseren Alltag und treffen zumeist auf breite Akzeptanz.

Indessen scheint es angesichts der engen Verflechtung von Technikeinsatz, persönlichem Lebensstil, gesellschaftlichem Miteinander und globaler Auswirkungen auf Klima, Rohstoff- und Energieressourcen nötiger denn je, neben den spannenden und faszinierenden Seiten der Technik auch Interesse zu wecken für größere Entstehungs- und Wirkungszusammenhänge, historisch wie aktuell. Denn während wir in einer von Technik geprägten Welt leben, wird sie in ihrer Komplexität immer schwerer durchschaubar und lässt uns zunehmend auch Unsicherheiten, Abhängigkeiten und Gefährdungen spüren – bei allen Annehmlichkeiten, die sie bietet.

Das Mannheimer TECHNOSEUM möchte hier Orientierungshilfe geben. Es verbindet seinen chronologischen Rundgang durch mehr als zweihundert Jahre Technik- und Sozialgeschichte mit Experimenten in den sogenannten historischen Zukunftswerkstätten. Hier können Besucherinnen und Besucher durch eigenständige Versuche in anschaulicher und lebendiger Weise Kenntnisse zu den naturwissenschaftlichen Grundlagen der gezeigten technischen Entwicklungen gewinnen. Neben der Frage „Wie funktioniert das?" geht es immer auch um das „Woher und Wozu?", um den geschichtlichen Kontext und die Auswirkungen bis in unsere heutige Zeit. Vor diesem

Hintergrund ist das TECHNOSEUM auch prädestiniert, Forum für die Diskussion von Gegenwartsproblemen und Zukunftsfragen zu sein.

Mit der vor einigen Jahren gestarteten Initiative „Jugend für Technik" unterstützt das TECHNOSEUM als außerschulischer Lernort zudem die Förderung der MINT-Fächer Mathematik, Informatik, Naturwissenschaften und Technik. Hier nehmen die interaktiven Mitmach-Stationen in den Zukunftswerkstätten und der museumspädagogische Laborbetrieb eine zentrale Stellung ein. Sie sollen Kindern und Jugendlichen anwendungsbezogenes Wissen vermitteln und sie darüber hinaus befähigen, Visionen und Ideen für die Welt von morgen zu entwickeln. Gerade junge Menschen sehen inzwischen vielfach die bisherige Entwicklung kritisch, prangern auch die von ihr verursachte Klima-Erwärmung an und wollen verantwortungsbewusst über künftige Wege mitentscheiden und sie mitgestalten, denn es geht um ihre Zukunft.

Auf der Basis dieser historischen sowie zukunftsorientierten Arbeiten im TECHNOSEUM entstand das nun vorliegende Buch. Es schildert anhand ausgewählter Mitmach-Stationen einige der wichtigsten Themenpfade durch die Geschichte der Industrialisierung bis in die Gegenwart. Die bebilderte Darstellung wurde so konzipiert, dass sie auch ohne Kenntnis der Ausstellung verständlich ist. Aber man kann sich von der Lektüre auch gern anregen lassen, das TECHNOSEUM zu besuchen, um die Fülle der Themen noch besser kennenzulernen, die hier aufbereitet sind.

Es ist dem Verlag Springer vor diesem Hintergrund vielmals dafür zu danken, dass er die Anregung zu dieser Publikation bereits vor einigen Jahren gab und dann auch das Entstehen dieses Buches sorgfältig realisierte. Ein ganz besonderer Dank gilt Gerhard Zweckbronner, der sich als Autor der Mühe unterzog, die Fülle des Materials zu strukturieren und daraus dieses gut lesbare und informative Buch zu schaffen. Er knüpft damit an seine erfolgreiche Arbeit im TECHNOSEUM an, in welchem er in den zurückliegenden Jahren diese von ihm beschriebenen Zukunftswerkstätten federführend eingerichtet hatte. Schließlich geht ein Dank an das Team des TECHNOSEUM, das mit seinen verschiedenen Arbeitsgruppen auf unterschiedlichen Ebenen nicht nur die interessanten Experimentierstationen entwickelt und eingerichtet hat, sondern auch die erforderlichen Bausteine in Form von Grafiken und Fotografien für diese Publikation erstellte.

Allen Leserinnen und Lesern und Freundinnen und Freunden des TECHNOSEUM wünsche ich eine gewinnbringende Lektüre!

Hartwig Lüdtke
Direktor des TECHNOSEUM

Dank

Mein erster Dank gilt Stefanie Wolf und Frank Wigger vom Verlag Springer Spektrum. Sie trugen vor etlichen Jahren die Idee zu diesem Buch an mich heran. Nicht denkbar wäre dieses Projekt freilich gewesen ohne die zuvor bereits geleisteten Arbeiten in der Dauerausstellung des TECHNOSEUM. Hier durfte ich in höchst inspirierender Teamarbeit mit Volker Benad-Wagenhoff, Walter Branner und Alexander Sigelen die sogenannten historischen Zukunftswerkstätten der Elementas konzipieren und einrichten, gemeinsam mit vielen weiteren Kolleginnen und Kollegen aus Museums-pädagogik, Werkstatt, Grafik, Gestaltung und Medienproduktion sowie externen Herstellern von Mitmach-Stationen – ein kollegiales Zusammen-wirken, das mir in freudiger Erinnerung bleibt.

Die Struktur dieser Experimentierfelder bestimmte auch den Aufbau des nun vorliegenden Buches. Der Projektmanagerin beim Verlag, Martina Mechler, ist zu verdanken, dass die recht heterogenen Materialien aus geschichtlicher Darstellung, Zitaten, biografischen Angaben, historischen Abbildungen sowie Fotos und Beschreibungen der Mitmach-Stationen eine didaktisch ansprechende Form gefunden haben. Dem Direktor des TECHNOSEUM, Hartwig Lüdtke, sei gedankt für die spontane Bereit-schaft, das Buch in die Herausgeberschaft des Museums zu übernehmen und aus dem Bildarchiv den Großteil der Abbildungen zur Verfügung zu stellen.

Ganz besonders danken möchte ich meiner Frau. Sie begleitete dieses Buchprojekt von Anfang an mit regem Interesse. Ihr verdanke ich wertvolle Hinweise, vor allem zur Darstellung der gegenwärtigen Verhältnisse und

Entwicklungen. Ihre Korrekturvorschläge und Anregungen griff ich gerne auf, zumal sie dazu beitrugen, die Texte lesefreundlicher zu gestalten und komplexe Inhalte leichter verständlich zu machen.

Gerhard Zweckbronner

Inhaltsverzeichnis

1

Einführung

Lässt man die rund 4,6 Milliarden Jahre Erdgeschichte im Zeitraffertempo innerhalb eines Jahres ablaufen, dann betritt der Mensch am 31. Dezember die Erde, in der letzten Stunde vor Mitternacht. Bald danach brennen hier die ersten von ihm entfachten Feuer. Das Industriezeitalter mit seinem gewaltigen Energie- und Rohstoffhunger bricht erst eine Sekunde vor Mitternacht an. Und doch hat der Mensch innerhalb dieser kurzen Zeitspanne durch Eingriffe in biologische, geologische und atmosphärische Prozesse die Erde so stark geprägt, dass Geowissenschaftler jetzt von einem neuen Erdzeitalter sprechen: vom Anthropozän, also der Menschenzeit.[1]

> In den letzten drei Jahrhunderten sind die Effekte des menschlichen Handelns auf die globale Umwelt eskaliert. Aufgrund der anthropogenen CO_2-Emissionen dürfte das Klima auf dem Planeten in den kommenden Jahrtausenden signifikant von der natürlichen Entwicklung abweichen. Insofern scheint es mir angemessen, die gegenwärtige, vom Menschen geprägte geologische Epoche als „Anthropozän" zu bezeichnen.[2] (Paul J. Crutzen, 2011)

Mit der Mechanisierung des Weltbildes hatte sich im 17. Jahrhundert, am Beginn der Neuzeit, ein Naturverständnis entfaltet, das zunehmend auf Nutzung und Beherrschung der Natur ausgerichtet war. Die Himmelsmechanik lehrte, das Universum aus der Perspektive einer rotierenden und

---

[1] Möllers, Schwägerl, Trischler: Anthropozän; Wikipedia: Anthropozän.
[2] Crutzen: Anthropozän, S. 171.

© Springer-Verlag GmbH Deutschland, ein Teil von Springer Nature 2022
G. Zweckbronner, *Aufbruch ins Industriezeitalter – Zukunftswerkstätten der Neuzeit,*
https://doi.org/10.1007/978-3-662-60542-4_1

um die Sonne laufenden Erde zu betrachten, eines Planeten unter vielen. Auch der Mensch war damit aus dem Zentrum des Universums gerückt, es drehte sich nicht mehr alles um ihn. Die neuzeitliche Wissenschaft jedoch befähigte ihn, nach der Macht über die Natur zu greifen und sich wiederum, wenn auch auf andere Weise, in den Mittelpunkt des Weltgeschehens zu schieben.

Entstanden war diese Art des Umgangs mit der Natur also vor nur wenigen Generationen oder, um in dem oben skizzierten Zeitrafferbild zu bleiben, gut zwei Sekunden vor Jahresende – und zwar im geografisch begrenzten abendländischen Kulturkreis. Was hier aus Gelehrtenstuben, Laboratorien und Werkstätten hervorging, erlangte innerhalb kürzester Zeit als Technisierung unserer Lebenswelt über Europa hinaus globale und weit in die Zukunft reichende Dominanz.

Freilich haben Menschen schon immer mit den Stoffen und Kräften der Natur Artefakte geschaffen. Handwerkliche Erzeugnisse sowie Behausungen zum Schutz vor Regen und Kälte beispielsweise sind keine Naturprodukte, sondern Ergebnisse zweckgerichteten Handelns. Doch in der Neuzeit kam ein programmatischer Herrschaftsanspruch gegenüber der Natur hinzu. Und die rasch voranschreitende Naturwissenschaft lieferte das nötige Verfügungs-wissen[3] für die systematische Schaffung einer technisierten, zweiten Natur[4] – für eine Weltbevölkerung, die in den letzten dreihundert Jahren auf mehr als das Zehnfache angewachsen ist.

Es setzte eine Dynamik der gesellschaftlich organisierten Erkenntnis-suche ein, heutzutage noch angefacht durch die international betriebene Forschung und Entwicklung in Firmen und Universitäten – ein Prozess, der nach unserem jetzigen Wissenschaftsverständnis nie abgeschlossen sein wird, denn mit jedem gelösten Problem tun sich wieder neue Fragen und Forschungsfelder auf.[5] Die Zahl der wissenschaftlich tätigen Personen steigt von Jahr zu Jahr, die Menge an Information und Wissen wächst explosionsartig.[6] Das hat auch zu einer beschleunigten Umgestaltung unserer Lebenswelt beigetragen.

Wäre ein Mensch der römischen Antike am Vorabend der industriellen Revolution in England wieder auf die Welt gekommen, dann „hätte er sich in einer Gesellschaft wiedergefunden, die er ohne Schwierigkeit ver-standen hätte", wie der englische Entwicklungsbiologe Conrad Hal

---

[3] Mittelstraß: Leonardo-Welt, S. 40.
[4] Lenk: Sozialphilosophie, S. 249–296.
[5] Mittelstraß: Leonardo-Welt, S. 83–88.
[6] Wikipedia: Informationsexplosion.

Waddington schrieb.[7] Doch landete jener Zeitreisende heute in einem der hochindustrialisierten Länder, dann stünde er ratlos vor einer für ihn vollkommen fremden Welt. Er bestaunte technische Wunderdinge, die für uns Alltag geworden sind. Die Einführung vieler solcher Dinge haben wir noch selbst erlebt, denn innerhalb einer Generation vollzieht sich gegenwärtig ein Wandel der Lebensweise, der sich vormals über Jahrhunderte erstreckte. Damit ist auch unsere Lern- und Anpassungsfähigkeit permanent gefordert.

> Der industrielle Mensch ist einem Prozess unterworfen, der ihn ständig zwingt, auf dem Laufenden zu bleiben. In der landwirtschaftlichen Gesellschaft ist der alte Mensch der Wissende: in der industriellen dagegen ist er ein Gestriger.[8] (Carlo M. Cipolla, 1976)

Wir können uns in den modernen Industriegesellschaften ein Leben ohne technisches Umfeld kaum mehr vorstellen. Der ursprünglichen, ersten Natur entfremdet, den tages- und jahreszeitlichen Rhythmen weitgehend entwöhnt und auf die zweite Natur rund um die Uhr angewiesen, sind wir letztlich von beiden, der Biosphäre wie der Technosphäre, existentiell abhängig.

> Nun ist kein Zweifel an der zunehmenden Daseins-Abhängigkeit der Menschen von ihrem neuen, so konstruierten Milieu möglich, d. h. das physische Überleben setzt das störungsfreie Funktionieren der Energiebetriebe, der Wasserversorgung, der Verkehrs- und Nachrichtenmittel, der chemischen Industrie usw. voraus. War die Abhängigkeit des Menschen früherer Zeiten von der Natur drastisch, so steigt sie jetzt noch in dem selbstgeschaffenen Kulturmilieu, denn mit seinen natürlich-organischen Hilfsmitteln und dem, was er mit seinen Händen zuwege brächte, könnte sich ein Einzelner zwar eine Weile in der rohen Natur, aber keine drei Tage in einem nichtfunktionierenden technisch-industriellen System halten.[9] (Arnold Gehlen, 1965)

Die Grenzen zwischen Mensch, Technik und Umwelt sind ins Fließen geraten. Erste und zweite Natur sind nicht mehr voneinander zu trennen. Der Mensch lebt, wie alle Organismen, in enger Wechselwirkung mit einer Umwelt, die sich unter seinen Eingriffen immer rascher wandelt und

---

[7] Waddington: Ethical Animal, S. 13.
[8] Cipolla: Industrielle Revolution, S. 9.
[9] Gehlen, Anthropologische Ansicht, S. 112.

die ihn wiederum prägt. Als Homo faber und Homo creator schöpferisch gestaltend, ist er Treibender und Getriebener zugleich. Seine doppelte Abhängigkeit von Biosphäre und von Technosphäre setzt ihn immer mehr unter Zugzwang, eine ihm zuträgliche Umwelt sicherzustellen.

> Sobald man sich einmal auf den Weg zur Industrialisierung begeben hat, ist keine Umkehr und kein Halt mehr möglich. Maschinen diktieren das Tempo unserer Entwicklung. Und paradoxerweise beginnt dieser Prozess, der in der Vergangenheit die schlimmsten Probleme löste, andere Probleme aufzuwerfen, auf die wir weder eingestellt noch vorbereitet sind.[10] (Carlo M. Cipolla, 1976)

Strenggenommen diktieren Maschinen natürlich weder Tempo noch Gang der Entwicklung. Höchstens lassen wir zu, dass sie solch eine Macht entfalten, oder wir benutzen sie, um Sachzwänge zu konstruieren und Interessen durchzusetzen. Aber im Grunde sind Maschinen Teil unserer selbstgeschaffenen Technosphäre und somit gleichfalls Menschenwerk – ebenso wie die Bewirtschaftung unseres Planeten, die immer noch primär auf Ausbeutung und permanentes Wachstum angelegt ist statt auf Nachhaltigkeit. Und Menschenwerk ließe sich dank besseren Wissens und gemeinschaftlichen Wollens auch wieder verändern und an neue Erfordernisse anpassen.

Wer sich in unserer anthropogenen Lebenswelt besser orientieren und mögliche Zukünfte vorausdenken möchte, könnte auch einen Blick in die Zukunftswerkstätten der Vergangenheit werfen: jener Zeiten des Aufbruchs, in denen die mentalen und wissenschaftlich-technischen Grundlagen unserer Gegenwart geschaffen wurden. Und höchst aufschlussreich ist es, zu sehen, welche Fortschrittserwartungen, Zukunftsvisionen, aber auch Befürchtungen die Entwicklung bis heute begleitet haben.

Im Naturwissenschafts- und Technikverständnis der Neuzeit wuchs dem Experiment eine zentrale Rolle zu als Prüfstein für die Gültigkeit wissenschaftlicher Aussagen. Deshalb sind in diesem Buch auch anschauliche Experimente und Demonstrationen Begleiter auf dem Weg vom 17. Jahrhundert bis in unsere Gegenwart. Die Darstellung stützt sich auf Mitmach-Stationen, die das Mannheimer TECHNOSEUM in den historischen Zukunftswerkstätten seiner Elementas seit 2004 eingerichtet hat. Der Streifzug durch die Neuzeit soll ein Grundverständnis für naturwissenschaftlich-

---

[10] Cipolla: Industrielle Revolution, S. 9.

technische Zusammenhänge und Funktionsweisen vermitteln und in groben Zügen historische Entwicklungen nachzeichnen.

Welche Aufgaben uns daraus nun erwachsen sind und wie Zukunftsperspektiven aussehen könnten, ist Gegenstand abschließender Betrachtungen. Jetzt liegt es an uns, wie es weitergeht.[11] Wir müssen entscheiden, wie wir künftig leben wollen, welche Werte uns wichtig sind und wie wir eine Balance finden in dem unauflösbaren Dilemma: Existenzsicherung und Lebensqualität dank Technik auf der einen Seite und Gefährdung von Leben durch eben diese Technik auf der anderen.[12] Vor allem aber müssen wir zukunftsfähige Formen globalen Wirtschaftens finden, müssen kommende Generationen in die Entscheidungen von heute mit einbeziehen. Nur so können wir der erweiterten Verantwortung gerecht werden, Kräfte, Stoffe und Wirkprinzipien der Natur mit der gebotenen Nachhaltigkeit in einer Weise zu nutzen, dass auch unsere Nachfahren noch eine lebenswerte Umwelt vorfinden.

---

[11] Landesmuseum für Technik und Arbeit: Mythos Jahrhundertwende, S. 184–318.
[12] Poser: Technodizee.

2

Mechanisierung des Weltbildes – Griff nach der Herrschaft über die Natur

Mathematik als universelles Ordnungsprinzip

Heute erscheint es uns als selbstverständlich, dass die Naturgesetze universell gültig sind: im kosmischen Geschehen wie auf der Erde, die wir als Teil des Kosmos begreifen. Aber diese Erkenntnis ist erst gut 400 Jahre alt. Sie ist Kern der neuzeitlichen Naturwissenschaft. Der freie Fall eines Steines auf der Erde und die Bewegungen der Himmelskörper zum Beispiel folgen denselben Naturgesetzen. Das war die grundlegend neue Erkenntnis, wie sie Galileo Galilei und Isaac Newton im 17. Jahrhundert formulierten.[1] Zur gleichen Zeit verlor die Erde trotz heftigen Widerstands der Kirche ihre zentrale Stellung im Kosmos und damit im Schöpfungswerk Gottes. Astronomische Messungen und Beobachtungen hatten genügend Indizien dafür geliefert, dass die Erde wie die anderen Planeten um die Sonne kreist, die nun ins Zentrum rückte.

Wenn auch die Naturwissenschaft sich immer mehr von der Theologie löste, blieb der Schöpfergott im Denken der Forscher noch präsent. Mathematik galt nach wie vor als Ordnungsprinzip einer Welt, die Gott dem biblischen Buch der Weisheit zufolge nach Maß, Zahl und Gewicht erschaffen hatte. Messend, zählend und wiegend wollte man deshalb die Welt „zu Gottes Ehren und zum Wohle des Nächsten" erkennen und gestalten.[2]

---

[1] Hermann: Weltreich, S. 7–25, 39–67; Hermann: Lexikon Geschichte der Physik, S. 114–118 (Galilei), 252–259 (Newton, Newtonsche Axiome).
[2] Stöcklein: Leitbilder.

© Springer-Verlag GmbH Deutschland, ein Teil von Springer Nature 2022
G. Zweckbronner, *Aufbruch ins Industriezeitalter – Zukunftswerkstätten der Neuzeit*,
https://doi.org/10.1007/978-3-662-60542-4_2

Jener höchste Baumeister hat keineswegs dieses Weltgebäude aufs Geratewohl geschaffen, sondern es mit Maßen, Zahlen und Verhältnissen sehr weise angereichert und die durch wunderbare Harmonie eingeteilte Zeit hinzugefügt.[3] (Johann Valentin Andreae, 1619)

Mathematik war somit der Schlüssel zum Weltverständnis. Oder, wie Galilei es ausdrückte: Das Buch des Universums sei verfasst „in der Sprache der Mathematik, und deren Zeichen sind Dreiecke, Kreise und andere geometrische Figuren, ohne die es dem Menschen unmöglich ist, ein einziges Wort davon zu verstehen".[4] Das sollte nun auch für die irdische Welt des Wandels, des Entstehens und Vergehens gelten, nicht nur für die ewig kreisenden idealen Bewegungen der Gestirne, wie es der platonischen Tradition entsprach.[5]

Galilei und die Idee vom freien Fall

Nichts in der Natur sei älter als die Bewegung, meinte Galilei, als er sich anschickte, darüber eine „ganz neue Wissenschaft"[6] zu begründen: die Wissenschaft von der gleichförmigen und der beschleunigten Bewegung, also auch des freien Falls. Wie er dabei vorging und zu welchen Ergebnissen er kam, erlangte epochale Bedeutung.

Es waren mathematische Überlegungen und Gedankenexperimente, die Galilei zu seinen Fallgesetzen führten – und nicht, wie immer wieder erzählt wird, Versuche am schiefen Turm von Pisa. Genau genommen handelt es sich um die Gesetze des freien Falls im Vakuum. Real beobachten ließ sich solch ein Fall damals allerdings nicht, da man noch keinen luftleeren Raum erzeugen konnte. Warum befasste sich Galilei dann mit dem freien Fall im Vakuum? Weil es ihm hier um die Idee der Fallbewegung im mathematischen Bauplan der Welt ging – eine Idee, die hinter allen realen Fallbewegungen steht. Dabei war die Vorstellung eines Vakuums schon kühn genug. In der Frage, ob es einen Raum geben könnte ohne etwas darin, eine absolute Leere, schieden sich noch lange die Geister.

Auch wenn der Fall im Vakuum nicht zu beobachten war, konnte sich Galilei ihm doch durch folgende Überlegung nähern: Was geschieht, wenn

---

[3] Andreae: Christianopolis, S. 90.

[4] Zitiert nach Hall: Naturwissenschaftliche Methode, S. 103.

[5] Hermann: Weltreich, S. 10.

[6] Galilei: Unterredungen, S. 140.

man unterschiedlich schwere Körper wie Gold, Blei und Holz in unterschiedlich schweren Medien wie Quecksilber, Wasser und Luft fallen lässt? In Quecksilber fällt nur Gold; Blei und Holz schwimmen. In Wasser fallen Gold und Blei, letzteres allerdings langsamer; Holz schwimmt. In Luft fallen Gold, Blei und Holz, und zwar fast gleich schnell. Je leichter also das Medium ist, in dem die Bewegung stattfindet, desto geringer sind die Geschwindigkeits-Unterschiede.

Galilei schilderte dies 1638 in seinen „Unterredungen und mathematischen Demonstrationen", einem fiktiven Gespräch zwischen Vertretern unterschiedlicher Denkrichtungen. Und er ließ den Vertreter seines Standpunktes den Schluss ziehen: „Angesichts dessen glaube ich, dass, wenn man den Widerstand der Luft ganz aufhöbe, alle Körper ganz gleich schnell fallen würden." Der Kontrahent in diesem Disput hielt das für eine gewagte Behauptung: „Ich meinerseits werde nie glauben, dass in ein und demselben Vakuum, wenn es in demselben eine Bewegung gibt, eine Wollenflocke ebenso schnell wie Blei fallen werde."[7]

Was Galilei als Grenzfall seiner Überlegungen beschrieb, können wir längst experimentell nachweisen. Und wir würden damit wohl auch den eben zitierten Zweifler überzeugen. Lässt man in einem transparenten, mit Luft gefüllten Rohr zum Beispiel eine Daunenfeder und eine Holzkugel fallen, dann zeigt sich das, was wir aus dem Alltag gewohnt sind: Die Feder fällt deutlich langsamer als die Kugel, denn deren Form bietet einen wesentlich kleineren Luftwiderstand. Saugen wir aber mit einer Vakuumpumpe das Rohr luftleer und lassen Feder und Kugel wieder fallen, dann sind beide gleich schnell. Ihre unterschiedlichen Formen spielen jetzt keine Rolle mehr, da es im Vakuum keinen Luftwiderstand gibt. Allein Schwerkraft und Trägheitskraft sind nun wirksam. Auf die schwerere Kugel wirkt zwar eine größere beschleunigende Gravitation, aber eine entsprechend größere Trägheit wirkt dieser Beschleunigung entgegen. Bei der Feder ist es genau umgekehrt: Die beschleunigende Schwerkraft ist geringer, dafür aber auch die zu überwindende Trägheit. Deshalb fallen im leergepumpten Rohr beide gleich schnell – entsprechend den Gesetzen des freien Falls im Vakuum.

Auch ohne Vakuumpumpe lässt sich leicht zeigen, dass Körper allein wegen des Luftwiderstandes unterschiedlich schnell fallen. Man braucht dazu nur einen Stein und einen Bogen Papier. Natürlich fällt der Stein viel schneller als das hernieder schwebende Blatt Papier. Ist das Papier aber fest zusammengeknüllt, dann fallen beide gleich schnell zu Boden.

---

[7] Galilei: Unterredungen, S. 65.

In einem weiteren, scharfsinnigen Gedankenexperiment stützte sich Galilei nicht auf die Extrapolation, also die gedankliche Fortführung realer Fallbewegungen unterschiedlich schwerer Körper in Medien verschiedener Dichte bis hin zum idealen Fall im Vakuum. Vielmehr wollte er überprüfen, ob die aristotelische Auffassung logisch stimmig ist, dass ein Körper umso schneller falle, je schwerer er sei. Was geschieht, so fragte er, wenn man zwei unterschiedlich große Körper desselben Materials fallen lässt – einmal jeden für sich und einmal beide miteinander verbunden?

Nehmen wir mit Aristoteles an, der große und damit schwerere Körper fiele schneller als der kleine leichtere. Wie schnell fielen sie dann, wenn sie miteinander verbunden wären? Würde sich eine mittlere Geschwindigkeit einstellen, weil der leichtere Körper nun den schwereren bremst und der schwerere Körper den leichteren mitziehen muss? Oder würden sie im Verbund schneller fallen als zuvor der schwerere Körper, weil sie zusammen ja noch schwerer sind als dieser? Jede Überlegung für sich wäre logisch, aber die Schlussfolgerungen widersprechen einander. Also muss die Annahme falsch sein, dass unterschiedlich schwere Körper unterschiedlich schnell fallen. Daher folgt auch aus diesem Gedankenexperiment: Alle Körper fallen gleich schnell.[8]

Doch Galilei begnügte sich nicht mit dieser Erkenntnis. Er wollte auch herausfinden, in welchem Maße die Geschwindigkeit eines Körpers beim freien Fall zunimmt. Überzeugt von der „Ordnung der Natur in allen ihren Verrichtungen, bei deren Ausübung sie die allerersten einfachsten und leichtesten Hilfsmittel zu verwenden pflegt", suchte er nach der einfachsten Gesetzmäßigkeit für die Zunahme der Fallgeschwindigkeit. Und er fand das Gesetz der stetigen Beschleunigung, „da in irgend welchen gleichen Zeiten gleiche Geschwindigkeitszunahmen sich addieren".[9]

Erst nach diesen Überlegungen führte Galilei sein berühmtes Fallrinnen-Experiment durch (Abb. 2.1). Denn auf die mathematische Herleitung der Fallgesetze hatte nach seinen Worten die Erhärtung durch Experimente zu folgen; diese bildeten „das Fundament des ganzen späteren Aufbaues".[10] Er ließ eine Messingkugel auf einer schiefen Ebene nach unten rollen und maß die Zeiten, in denen sie unterschiedliche Strecken zurücklegte. Doch warum wählte er die schiefe Ebene, statt die Kugel einfach fallen

---

[8] Galilei: Unterredungen, S. 57–59.
[9] Galilei: Unterredungen, S. 147.
[10] Galilei: Unterredungen, S. 162.

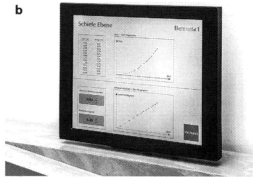

Abb. 2.1 Mitmach-Station: Fallrinnen-Versuch. Dieser Versuch lässt sich mit modernen Mitteln nachbauen. Startet man die Kugel per Knopfdruck **(a)**, dann wird damit auch die Zeitmessung ausgelöst. Immer wenn die Kugel an einem der Messpunkte längs der Rinne vorbeirollt, wird die Zeit genommen und in der Tabelle auf dem Monitor angezeigt. Ist die Kugel unten angekommen, werden die Tabellenwerte in zwei Diagramme übertragen **(b)**: das Geschwindigkeits-Zeit-Diagramm unten und das Weg-Zeit-Diagramm oben.

Beide Diagramme zeigen deutlich: Wie beim freien Fall wächst die Geschwindigkeit linear mit der Zeit, der Weg quadratisch mit der Zeit. Der Beschleunigungs-Wert bleibt konstant. Seine Größe hängt von der Neigung der Fallrinne ab. Auf die Kugel wirkt nur eine kleinere Komponente der Schwerkraft, der sogenannte Hangabtrieb. Je geringer die Neigung einer Rinne, desto geringer der Hangabtrieb und damit auch die Beschleunigung. Sie beträgt bei der hier gewählten Neigung der Fallrinne etwa $0{,}33 \, \text{m/s}^2$. Beim freien Fall wäre sie rund 30-mal so groß: $9{,}81 \, \text{m/s}^2$. (© TECHNOSEUM, Foto: Klaus Luginsland)

zu lassen? Weil die Kugel im freien Fall zu schnell gewesen wäre, als dass Galilei die kurzen Zeitintervalle mit den damaligen Methoden hätte genau genug erfassen können, und weil das Herabrollen der Kugel im Grunde als eine verlangsamte Fallbewegung gedeutet werden kann, bei der dieselben Zusammenhänge zwischen Beschleunigung, Geschwindigkeit, Weg und Zeit bestehen wie beim freien Fall.

Voraussetzung für diesen Kunstgriff war allerdings die Einsicht, dass die Verwendung der schiefen Ebene als mechanisches Hilfsmittel legitim ist, um etwas über einen natürlichen Vorgang, nämlich die freie Fallbewegung, zu erfahren. Galilei stellte sich damit gegen die aristotelische Tradition, der zufolge mechanisch erzwungene und natürliche Bewegungen etwas völlig Verschiedenes waren: konnte man doch mit der Mechanik die Natur scheinbar überlisten, also gegen sie handeln, indem man zum Beispiel mit kleinen Kräften große Lasten hob. Nun, die schiefe Ebene könnte man schon als eine List deuten, zu der Galilei hier gegriffen hatte, aber jetzt diente sie dazu, der Natur Gesetze zu entlocken, die sie sonst nicht preisgegeben hätte.

Die Zeit bestimmte er mit einer Art Wasserauslauf-Uhr: Das Gewicht von ausfließendem Wasser aus einem Gefäß war das Zeitmaß. Und er fand stets, „dass die Strecken sich verhielten wie die Quadrate der Zeiten: und dieses zwar für jedwede Neigung der Ebene".[11] Im Rahmen der Messgenauigkeit bestätigte das Experiment also Galileis Überlegungen.

> Zur Ausmessung der Zeit stellten wir einen Eimer voll Wasser auf, in dessen Boden ein enger Kanal angebracht war, durch den ein feiner Wasserstrahl sich ergoss, der mit einem kleinen Becher aufgefangen wurde, während einer jeden beobachteten Fallzeit: das dieser Art aufgesammelte Wasser wurde auf einer sehr genauen Waage gewogen; aus den Differenzen der Wägungen erhielten wir die Verhältnisse der Gewichte und die Verhältnisse der Zeiten, und zwar mit solcher Genauigkeit, dass die zahlreichen Beobachtungen niemals merklich (di un notabile momento) voneinander abwichen.[12] (Galileo Galilei, 1638)

Die Beschleunigung wäre null, wenn die Rollbahn überhaupt keine Neigung mehr hätte. Dann würde die Kugel, einmal angestoßen und Reibungsfreiheit vorausgesetzt, ohne Beschleunigung und ohne Verzögerung unaufhörlich horizontal weiter rollen, genauer: auf einem Kreisbogen um den Erdmittelpunkt, denn jede Horizontale auf der Erdoberfläche ist ein solcher Kreisbogen. Galilei, der dies erkannt hatte, war somit dem Newton'schen Trägheitsgesetz bereits ziemlich nahe gekommen.

Newton und die Begründung der klassischen Mechanik

Newton veröffentlichte 1687 sein Hauptwerk über „Mathematische Prinzipien der Naturlehre". Mit diesem wahrhaft epochalen Werk begründete Newton das Zeitalter der klassischen Mechanik. Nach ihm, so urteilte zweihundert Jahre später der Physiker Ernst Mach, sei kein wesentlich neues Prinzip mehr ausgesprochen worden: „Was nach ihm in der Mechanik geleistet worden ist, bezog sich durchaus auf die deduktive, formelle und mathematische Entwicklung der Mechanik auf Grund der Newton'schen Prinzipien."[13] Und diese waren für Mach immer noch

---

[11] Galilei: Unterredungen, S. 163.
[12] Galilei: Unterredungen, S. 163.
[13] Mach: Mechanik, S. 175.

Abb. 2.2 Mitmach-Station: Luftkissen-Tisch. Mit modernen Mitteln, durch eine Art Luftkissentechnik, kann man dem Newton'schen Ideal der gleichförmig geradlinigen Bewegung nahe kommen. Wenn durch die regelmäßig angeordneten kleinen Löcher einer Tischfläche von unten Luft geblasen wird, gleitet eine leichte Scheibe fast reibungslos darüber. Einmal angestoßen, bewegt sie sich zunächst ohne erkennbare Verzögerung auf gerader Linie. Stößt sie gegen den Rand, dann prallt sie zurück und nimmt ihre nahezu gleichförmig geradlinige Bewegung wieder auf. Erst nach einiger Zeit kommt sie langsam zum Stillstand, da trotz Reibungsverminderung kleine Bremskräfte wirken. (© TECHNOSEUM, Foto: Klaus Luginsland)

„genügend, um ohne Hinzuziehung eines neuen Prinzips jeden praktisch vorkommenden mechanischen Fall, ob derselbe nun der Statik oder der Dynamik angehört, zu durchschauen".[14]

Sein Trägheitsgesetz war das erste von drei Gesetzen, die Newton an den Anfang seiner Grundsätze der Bewegung stellte: „Jeder Körper verharrt in seinem Zustande der Ruhe oder der gleichförmigen geradlinigen Bewegung, wenn er nicht durch einwirkende Kräfte gezwungen wird, seinen Zustand zu ändern." Und wenn Kräfte auf ihn einwirken, dann kommt das zweite Newton'sche Grundgesetz zur Geltung, das wir heute als „Kraft gleich Masse mal Beschleunigung" kennen. Das dritte Gesetz besagt: „Die Wirkung ist stets der Gegenwirkung gleich, oder die Wirkungen zweier Körper auf einander sind stets gleich und von entgegengesetzter Richtung." Dieses Gegenwirkungsprinzip wird meist auf die kurze Formel gebracht: Actio gleich Reactio.[15]

---

[14] Mach: Mechanik, S. 239.
[15] Newton: Principien, S. 32.

Wie Galilei bei seinen Fallgesetzen ging auch Newton zunächst von einer idealisierten Bewegung aus, die sich in Wirklichkeit auf der Erde nirgends beobachten lässt: der gleichförmig geradlinigen Bewegung ohne jegliche Krafteinwirkung (Abb. 2.2). Dies widerspricht aber nur deshalb jeder Alltagserfahrung, weil immer irgendwelche Kräfte am Werk sind, die beschleunigen, bremsen oder von der geradlinigen Bewegung ablenken. Und die Wirkung genau solcher Kräfte auf einen Körper beschreibt sein zweites Gesetz. Es gilt für beliebige Kräfte. Mit ihm konnte Newton mathematisch exakt die reale Bewegung von Körpern unter der Einwirkung äußerer Kräfte beschreiben.

Warum der Mond nicht auf die Erde fällt

Newtons Hauptaugenmerk galt der Wirkung einer besonderen Kraft: der Schwerkraft. Nach der bekannten Erzählung seiner Nichte beobachtete Newton als Dreiundzwanzigjähriger, wie Äpfel von einem Baum fielen, und sinnierte darüber, welche Kraft sie wie alle Körper zwingt, sich in Richtung Erdmittelpunkt zu bewegen.[16] Eine alltägliche Beobachtung, unzählige Male schon in der Menschheitsgeschichte gemacht, brachte Newton auf die Idee einer universell wirkenden Schwerkraft. Sie wirkt ebenso auf den Mond, wenn auch in geringerem Maße, zieht ihn ständig vom geradlinigen Weg ab und zwingt ihn auf seine Bahn um die Erde. Dass er nicht wie ein Apfel herunterfällt, liegt an der Flieh- oder Zentrifugalkraft, die als Reaktion auf die Anziehungskraft der Erde nach außen wirkt. Newton schrieb gleichartigen Wirkungen dieselben Ursachen zu und stellte daher fest: Alle Körper sind gegeneinander schwer, Anziehungskräfte wirken somit auch zwischen Erde, Mond, Planeten und Sonne. Dass der Mond auf die Erde ebenfalls anziehend wirkt, zeigte sich ihm besonders deutlich an Ebbe und Flut.

> Sind endlich alle Körper in der Umgebung der Erde gegen diese schwer, und zwar im Verhältnis der Menge der Materie in jedem; ist der Mond gegen die Erde nach Verhältnis seiner Masse, und umgekehrt unser Meer gegen den Mond schwer; hat man ferner durch Versuche und astronomische Beobachtungen erkannt, dass alle Planeten wechselseitig gegeneinander und die Kometen gegen die Sonne schwer sind; so muss man [...] behaupten, dass alle Körper gegeneinander schwer seien.[17] (Isaac Newton, 1687)

---

[16] Hermann: Weltreich, S. 44.
[17] Newton: Principien, S. 381.

Sein Gravitationsgesetz gibt an, wie groß diese Kräfte sind, wenn man die Massen der Körper und ihren Abstand voneinander kennt. Mit diesem Gesetz und dem Trägheitsgesetz lassen sich sowohl die Bewegungen eines geworfenen Steines auf der Erde berechnen wie auch die Umlaufbahnen des Mondes um die Erde und der Planeten um die Sonne – und, könnte man inzwischen hinzufügen, die Bahnen der Satelliten und Raumsonden, die mittlerweile um die Erde kreisen oder in den Weiten des Sonnensystems unterwegs sind.

> Die Versuche mit der Schwerkraft führten gemeinsam mit den Beobachtungen Keplers den englischen Philosophen [Newton] zur Entdeckung der Kraft, die die Planeten in ihren Bahnen hält. Er lehrte gleichzeitig mit der Erkenntnis der Ursachen ihrer Bewegung deren Berechnung mit einer Genauigkeit, die man erst nach jahrhundertelanger Arbeit hätte erwarten können.[18] (Jean Lerond d'Alembert, 1751)

Newton bestätigte damit auch die Kepler'schen Gesetze der elliptischen Planetenbahnen um die Sonne, die dieser Anfang des 17. Jahrhunderts bereits formuliert hatte (Abb. 2.3). Johannes Kepler war auf die Bahnform der Ellipse durch Auswertung von Beobachtungs-Daten gekommen. Mit sorgfältig gebauten Instrumenten und präzisen Messmethoden hatte der dänische Astronom Tycho Brahe hierfür die Datenbasis geschaffen. So konnte Kepler in der Sprache der Mathematik die geometrischen Gesetze der Planetenbewegung um die Sonne formulieren – also die Bewegungsgesetze im revolutionär neuen heliozentrischen Weltsystem – bevor Newton sie aus seinen Gravitations- und Bewegungsgesetzen herleitete.[19]

Dass irdische Mechanik und Himmelsmechanik nahtlos ineinander übergehen, zeigte Newton mit einer bestechenden Überlegung, wobei er allerdings vom Luftwiderstand in der Erdatmosphäre absah: Ein geworfener Stein wird vom geradlinigen Weg abgebogen und fällt schließlich auf die Erde. Vergrößert man seine Geschwindigkeit, dann wird er einen immer weiteren Bogen beschreiben, bis er sich um die ganze Erde herum bewegt und zum Ausgangspunkt zurückkehrt, und zwar mit unverminderter Geschwindigkeit, weshalb weitere Erdumrundungen folgen könnten.[20]

---

[18] Alembert: Enzyklopädie, S. 151.

[19] Hermann: Weltreich, S. 26–38; Hermann: Lexikon Geschichte der Physik, S. 170–176 (Kepler, Keplersche Gesetze).

[20] Newton: Principien, S. 514–515.

Abb. 2.3 Mitmach-Station: Potential-Trichter. Einen Eindruck, wie solche Planetenbahnen zustande kommen, kann ein sogenannter Potential-Trichter mit rollenden Kugeln vermitteln. Seine Neigung nimmt nach innen stetig zu, so dass die Hangabtriebskraft, die auf die Kugeln wirkt und sie zum Zentrum treibt, mit sinkendem Abstand immer größer wird. Somit stellt der Potential-Trichter eine mechanische Analogie des Gravitationsfeldes dar: Je kleiner der Abstand vom Gravitationszentrum,, desto stärker die Anziehungskraft.

Kugeln, die längs des Trichterrandes tangential angeschoben wurden, laufen auf schwach elliptischen Bahnen wie Planeten. Schräg gestartete Kugeln bewegen sich auf stark elliptischen Bahnen. Sie rollen beschleunigt nach innen, werden in Zentrumsnähe schwungvoll umgelenkt und laufen, wieder langsamer werdend, nach außen, bis sie erneut nach innen schwenken und sich das ganze Spiel von Annäherung und Entfernung wiederholt. Mit ihren großen Unterschieden von Nähe und Ferne zum Zentrum bewegen sie sich eher wie Kometen. Allen Bahnen, ob schwach oder stark elliptisch, ist eines gemeinsam: Bei großem Abstand vom Zentrum sind die Geschwindigkeiten klein und mit Annäherung ans Zentrum nehmen sie zu, gemäß den Kepler'schen Gesetzen und Newtons Berechnungen. (© TECHNOSEUM, Foto: Klaus Luginsland)

Denke man sich nun Körper, die aus immer größeren Höhen von 1000 oder mehr Meilen horizontal fortgeworfen werden, so werden sie je nach Geschwindigkeit und Schwerkraftwirkung kreisförmige oder elliptische Bahnen beschreiben und könnten sich nach Art der Planeten fortbewegen und die Himmel durchwandern.[21] Was Newton hier als Gedankenexperiment ausführte, ist mit dem Start ins Satelliten-Zeitalter 1957 Realität geworden. Bei Geschwindigkeiten um die 27.000 Kilometer pro Stunde

---

[21] Newton: Principien, S. 515.

umrunden zum Beispiel erdnahe Satelliten in der Höhe von einigen Hundert Kilometern in gut anderthalb Stunden die Erde.

Das Rätsel der Gravitation

So zentral die Rolle der Schwerkraft in Newtons Werk auch war, ihre Ursache ließ er offen: „Ich habe noch nicht dahin gelangen können, aus den Erscheinungen den Grund dieser Eigenschaften der Schwere abzuleiten, und Hypothesen erdenke ich nicht." Sein Fazit: „Es genügt, dass die Schwere existiere, dass sie nach den von uns dargelegten Gesetzen wirke, und dass sie alle Bewegungen der Himmelskörper und des Meeres zu erklären im Stande sei."[22]

Diesen pragmatischen Standpunkt vertraten nicht alle seiner Zeitgenossen. Zu schwer vorstellbar war es, dass eine Kraft über große Entfernungen wirkte, ohne dass man dafür eine mechanische Erklärung hatte. René Descartes zum Beispiel hatte versucht, die Fernwirkung der Gravitation auf die Wirkung von Druck- und Stoßkräften zurückzuführen, die unmittelbar durch Berührung feinster undurchdringlicher Materieteilchen übertragen werden. Diese Teilchen rotierten in Wirbeln und übten Kräfte aus, die zum Zentrum der Wirbelbewegung gerichtet waren.

Wie es zu dieser Vorstellung kommen konnte, lässt sich leicht nachvollziehen. Man braucht dazu nur eine Glaskanne mit ebenem Boden, darin Wasser und Teeblätter. Nachdem man alles kräftig umgerührt hat, wird man Folgendes beobachten: Die Teeblätter sinken nach unten, da sie ein bisschen schwerer sind als das Wasser, wandern in Spiralen zur Mitte des Bodens und sammeln sich dort zu einem Häufchen. Warum? An der Form des Bodens kann es nicht liegen, denn der ist eben. Und die Fliehkräfte, denen die Blätter wegen der Drehbewegung ausgesetzt sind, müssten diese eigentlich nach außen treiben. Aber Fliehkräfte wirken auch auf das Wasser, so dass es am Rand hochsteigt und der Druck auf den Kannenboden nach außen hin zunimmt. Daraus resultieren Druckkräfte, die zum Zentrum gerichtet sind. Und da die Teeblätter und die sie umgebenden Wasserschichten durch den ruhenden Kannenboden etwas gebremst werden, sind die dort wirkenden Fliehkräfte nicht mehr groß genug, um den von außen nach innen wirkenden Druckkräften des Wassers standzuhalten. Hinzu kommt natürlich, dass bei Nachlassen der Drehbewegung das am Rand hoch gestiegene

---

[22] Newton: Principien, S. 511.

Wasser wieder absinkt, zur Mitte strömt und damit die Teeblätter zusätzlich ins Zentrum treibt.

Christiaan Huygens, ein Schüler von Descartes, hatte 1669 einen ganz ähnlichen Versuch gemacht. Er stellte ein zylindrisches Gefäß auf die Mitte eines Drehtischs, füllte es mit Wasser und warf einige Stückchen Siegellack hinein, die etwas schwerer sind als Wasser und deshalb zu Boden sinken. Er versetzte den Tisch in Drehung bis eine gleichförmige Rotation von Gefäß, Wasser und Siegellack-Stückchen erreicht war. Dann hielt er den Tisch an und konnte nun beobachten, wie die Lackteilchen, die zuvor infolge der Fliehkraft nach außen gedrückt worden waren, sich in der Mitte des Gefäßes, also im Zentrum des Wirbels, sammelten – aus demselben Grund, aus dem die Teeblätter zur Mitte des Kannenbodens getrieben werden. Huygens sah in dieser Wirbeltheorie die einzige Möglichkeit, im Rahmen einer mechanistischen Naturwissenschaft die Ursache der Schwere zu erklären.[23] Das große Manko dieses Erklärungsversuchs ist freilich, dass er die Wirkung dessen, was er erklären will, bereits voraussetzt: Das Experiment funktioniert nämlich nur, weil Schwerkraft die Lackstückchen auf den Gefäßboden sinken lässt. Erst dadurch können sie sich nach Anhalten des Gefäßes in der Mitte sammeln.

Die wahre Kreisbewegung im absoluten Raum

Eine vollkommen andere, ganz fundamentale Rolle spielten Fliehkraft-Wirkungen für Newton. In seinen „Mathematischen Prinzipien" schilderte er folgendes Experiment: Versetzt man einen mit Wasser gefüllten Eimer in Drehbewegung, dann dreht sich zunächst nur der Eimer relativ zum noch ruhenden Wasser und dessen Oberfläche bleibt eben. Erst wenn sich die Drehbewegung des Eimers dem Wasser mitteilt, fängt auch dieses an zu rotieren und der Wasserspiegel verformt sich (Abb. 2.4). Er sinkt in der Mitte und steigt zum Rand hin an. Die maximale Verformung ist erreicht, wenn das Wasser dieselbe Drehgeschwindigkeit hat wie der Eimer, also relativ zum Eimer ruht.[24]

Newton zog daraus den Schluss, dass Fliehkräfte auf das Wasser nur dann wirken, wenn es sich in einer wahren Kreisbewegung, wie er es nannte,

---

[23] Dijksterhuis: Mechanisierung, S. 518; Mason: Geschichte, S. 235–236.
[24] Newton: Principien, S. 29–30.

Abb. 2.4 Mitmach-Station: Wasser-Parabel. Wie sich Wasseroberflächen bei Rotation verformen, kann man gut beobachten, wenn man einen mit gefärbtem Wasser gefüllten durchsichtigen Zylinder in Drehung versetzt. Die Fliehkräfte drücken das Wasser nach außen, bis sich durch die höher werdenden Wassersäulen in den äußeren Zonen ein gleich großer Gegendruck aufgebaut hat. Dadurch bildet der Wasserspiegel eine Rotationsparabel, auch Paraboloid genannt. Je schneller man dreht, desto ausgeprägter wird diese parabolische Verformung. (© TECHNOSEUM, Foto: Klaus Luginsland)

befindet, unabhängig von irgendwelchen Relativbewegungen etwa gegenüber dem Eimer oder anderen Körpern. Für ihn war das Ansteigen des Wassers zum Rand hin ein Indiz dafür, dass das Wasser tatsächlich in Bezug auf den absoluten, ruhenden Raum rotiert. Er sah also eine Möglichkeit, je nach Wirkung der Fliehkräfte zu entscheiden, welcher Körper eine „wahre" Kreisbewegung bezüglich des absoluten Raums ausführt und welcher sich nur „relativ" bezüglich eines anderen, bewegten Körpers wie zum Beispiel des Eimers, dreht.

Fundamental waren Newtons Überlegungen zur „wahren" Kreisbewegung deshalb, weil der absolute Raum ebenso wie die absolute Zeit die Grundfesten seiner Mechanik waren. Beides hatte er in seinen „Mathematischen Prinzipien" postuliert. Nur in diesem absoluten Bezugssystem von Raum und Zeit konnte er seine Bewegungsgesetze formulieren und von Ruhe, gleichförmig geradliniger oder beschleunigter Bewegung sprechen.

Die absolute, wahre und mathematische Zeit verfließt an sich und vermöge ihrer Natur gleichförmig und ohne Beziehung auf irgend einen äußeren Gegenstand. [...] Der absolute Raum bleibt vermöge seiner Natur und ohne Beziehung auf einen äußeren Gegenstand stets gleich und unbeweglich.[25] (Isaac Newton, 1687)

Die Newton'schen Postulate von absolutem Raum und absoluter Zeit bildeten somit das Fundament seiner Gesetze der Mechanik. Auch wenn sie immer wieder angefochten wurden, prägten sie mehr als zwei Jahrhunderte lang das physikalische Weltbild. Erst die Relativitätstheorie von Albert Einstein eröffnete eine neue Sicht auf Raum und Zeit. Damit wandelte sich auch das Verständnis von Gravitation, die Newton als gegeben angesehen und letztlich nicht weiter hinterfragt hatte und die in der Folgezeit trotz einiger Bemühungen nicht zufriedenstellend mechanisch erklärt werden konnte. Die Relativitätstheorie brachte ein völlig neues Gesamtkonzept von Raum, Zeit und Gravitation, womit sie auch die Gültigkeit der Newton'schen Prinzipien einschränkte.

Newton verzeih' mir; du fandest den einzigen Weg, der zu deiner Zeit für einen Menschen von höchster Denk- und Gestaltungskraft eben noch möglich war. Die Begriffe, die du schufst, sind auch jetzt noch führend in unserem physikalischen Denken, obwohl wir nun wissen, dass sie durch andere, der Sphäre der unmittelbaren Erfahrung ferner stehende ersetzt werden müssen, wenn wir ein tieferes Begreifen der Zusammenhänge anstreben.[26] (Albert Einstein, 1951)

Trotz der Einschränkungen durch die Relativitätstheorie sind die Gesetze der klassischen Newton'schen Mechanik bis heute alltagstauglich geblieben. Die Fliehkraft zum Beispiel folgt nach wie vor den Formeln des 17. Jahrhunderts – ob wir ihr nun ausgesetzt sind, wenn wir zum Beispiel mit Rad oder Auto durch Kurven fahren, oder ob wir sie gezielt nutzen wie etwa beim Wäscheschleudern im Haushalt oder in ultraschnell rotierenden Zentrifugen, um Flüssigkeiten unterschiedlicher Dichte in Labor und Produktion voneinander zu trennen. Und in der Maßeinheit Newton für die physikalische Größe Kraft ist sein Name noch tagtäglich präsent.

---

[25] Newton: Principien, S. 25.
[26] Zitiert nach Schilpp: Einstein, S. 12.

Vom Idealfall zur realen Maschine

Obwohl Newton, ebenso wie Galilei, zunächst ausgegangen war von der reibungsfreien Idealbewegung – primär unter der Wirkung von Schwer- und Trägheitskräften – und hierfür seine Gesetze formuliert hatte, untersuchte er auch Bewegungen von Körpern gegen Widerstände: etwa die Flugbahn von Projektilen im lufterfüllten Raum oder die Strömung zäher Flüssigkeiten. Und er befasste sich mit der Wirkung von Kräften in realen Maschinen. So stellte er in seinen „Mathematischen Prinzipien" zum Beispiel den Zusammenhang dar zwischen Geschwindigkeit, Kraftaufwand und Kraftwirkung nicht nur bei der schiefen Ebene, sondern auch bei Keilen, Seilwinden, Zahnradübersetzungen oder Schraubenpressen. Dabei berücksichtigte er, dass Kräfte in Maschinen auch Reibungswiderstände überwinden müssen und nur der verbleibende Überschuss an Kraft nützliche Arbeit zur Hebung von Lasten oder zum Beschleunigen von Massen leisten kann.[27] Seine mechanischen Gesetze waren also grundsätzlich auch auf nicht idealisierte mechanische Vorgänge in der Praxis anwendbar.

Allen Maschinen, so zeigte Newton, war eines gemeinsam: Was man an Krafteinsatz spart, muss man an Weg zusätzlich aufwenden. Oder von der Wirkungsseite her betrachtet: Je größer die Kraftwirkung einer Maschine, desto kleiner der erzielte Weg und damit auch die Geschwindigkeit. Wir kennen diesen Zusammenhang auch als die Goldene Regel der Mechanik.

> Eben so verhält es sich mit allen Maschinen. Die Wirkung und der Gebrauch derselben besteht darin, dass wir durch Verminderung der Geschwindigkeit die Kraft vermehren, und umgekehrt, wodurch in geeigneten Instrumenten jeder Art die Aufgabe gelöst wird: eine gegebene Last durch eine gegebene Kraft zu bewegen, oder irgend einen gegebenen Widerstand durch eine gegebene Kraft zu überwinden.[28] (Isaac Newton, 1687)

Galilei, der bereits 1593 zum selben Ergebnis gekommen war, hatte kategorisch festgestellt: „Und das wird bei allen anderen Instrumenten statthaben, welche ersonnen worden sind oder noch erdacht werden können."[29] Damit waren Gesetze von allgemeiner, zeitloser Gültigkeit formuliert, die sowohl für sämtliche natürlichen Vorgänge galten wie auch für alle

---

[27] Newton: Principien, S. 44.
[28] Newton: Principien, S. 44.
[29] Zitiert nach Klemm: Kulturgeschichte, S. 177.

technischen Gebilde, die bereits aus Menschenhand hervorgegangen waren oder in Zukunft noch geschaffen würden. Diese Gesetze eröffneten vielfältige Möglichkeiten und setzten zugleich klare Grenzen. Überlisten konnte man die Natur also mittels ihrer Gesetze nicht, nur lenken und dienstbar machen.

Francis Bacon und die Macht des Wissens

Die naturgesetzlichen Möglichkeiten voll auszuschöpfen und den Grenzen des Machbaren, nicht nur beim Bau von Maschinen, so nahe zu kommen, wie es irgend ging, lag durchaus in der Stimmung der Zeit. Der englische Staatsmann und Philosoph Francis Bacon[30] zum Beispiel sah einen engen Zusammenhang zwischen dem Erforschen der Natur und dem Hervorbringen technischer Neuerungen, und er rückte dies ins Zentrum seiner programmatischen Schriften. Das wahre Ziel der Wissenschaften sei die Bereicherung des menschlichen Geschlechts mit neuen Kräften und Erfindungen, formulierte er in seinem „Novum organum scientiarum" von 1620, dem neuen Werkzeug der Wissenschaften. Ja, er leitete aus diesem Anwendungsbezug geradezu ein Wahrheitskriterium für wissenschaftliche Aussagen ab: Erfindungen seien die echten Bürgen und Gewährsmänner für die Wahrheit einer Philosophie.[31]

Bacon wurde zum Sprachrohr der experimentellen Methode, des planvollen, gezielten Befragens der Natur. Es ging ihm nicht darum, natürliche Abläufe lediglich zu beobachten, sondern aktiv auf diese einzuwirken. Denn – so Bacon – wie „im gemeinen Leben die Denkungsart und Gemütsbeschaffenheit eines Menschen leichter sich verrät, wenn er in Leidenschaft geraten ist, so enthüllen sich auch die Verborgenheiten der Natur besser unter den Eingriffen der Kunst, als wenn man sie in ihrem Gange ungestört lässt".[32]

Hier sei an Galileis Fallrinnen-Experiment erinnert und an seinen Kunstgriff, die Kugel auf einer schiefen Ebene herabrollen zu lassen. So konnte er die Beschleunigung messtechnisch erfassen, was ihm beim ungestörten Gang der Natur, dem freien Fall, nicht gelungen wäre.

---

[30] Krohn: Bacon.
[31] Bacon: Organ, S. 53.
[32] Bacon: Organ, S. 77.

Den Gang der Natur zu stören, oder, weiter gefasst, in ihr Prozesse aus-
zulösen und in Bahnen zu lenken, die sie ohne menschliches Zutun nicht
eingeschlagen hätte, war zugleich erklärtes Ziel anwendungsorientierter
Naturforschung. Denn bei aller universellen Gültigkeit der Naturgesetze
gibt es doch einen wichtigen Unterschied zwischen den Vorgängen in
den Weiten des Alls und dem irdischen Geschehen: Hier auf Erden kann
naturwissenschaftliche Erkenntnis, richtig angewendet, Gestaltungskraft
erlangen. Oder wie Bacon es ausdrückte: Der Natur bemächtige man sich
nur, indem man ihr nachgebe, und „was in der Betrachtung als Ursache
erscheint, das dient in der Ausübung zur Regel". Der Mensch muss nur
noch an der entscheidenden Stelle die Ursache setzen, „das Übrige bewirkt
die Natur im Innern".[33] Naturgesetze wurden damit zu Herstellungsregeln funktionalisiert – ein kleiner, aber entscheidender Schritt von der
Erforschung zur Beherrschung der Natur.

Ein genaueres Bild davon, wie Bacon sich die Rolle und Leistungsfähig-
keit experimenteller Wissenschaft vorstellte, vermittelt seine Staatsutopie
Nova Atlantis (Neu-Atlantis) von 1627. Hier schildert er ein blühendes
Staatswesen auf einer fernen Insel. Im Hause Salomons, dem dortigen
Wissenschaftszentrum, laufen alle Fäden der Forschung zusammen. Der
Zweck dieser Gründung ist „die Erkenntnis der Ursachen und Bewegungen
sowie der verborgenen Kräfte in der Natur und die Erweiterung der mensch-
lichen Herrschaft bis an die Grenzen des überhaupt Möglichen".[34]

Wie weit der Herrschaftsanspruch in diesem utopischen Staat bereits eingelöst ist, geht aus Bacons Aufzählung von Errungenschaften hervor, deren
sich die Inselbewohner erfreuen dürfen: große unterirdische Höhlen zum
Kühlen und Konservieren, Gebäude zur Simulation sämtlicher Wetter-
erscheinungen, künstlich erzeugte neue Metalle, Medikamente zur Heilung
aller Krankheiten und zur Verlängerung des Lebens, vielerlei Dünger zur
Steigerung der Fruchtbarkeit von Ackerböden, Filteranlagen zum Wandeln
von Salzwasser in Trinkwasser, botanische Versuchsanstalten zur Steigerung
der Erträge unabhängig von den Jahreszeiten und zur Beschleunigung der
Fruchtfolgen, höchst verfeinerte, nahrhafte und bestens verträgliche Speisen
und Getränke, zoologische Laboratorien für Tierversuche und Züchtungs-
experimente zur Schaffung neuer Arten.

Auf Bacons utopischer Insel florieren Produktionsstätten für die
Herstellung bislang unbekannter feinster Textilien. Heizungstechnik

---

[33] Bacon: Organ, S. 26.
[34] Bacon: Neu-Atlantis, S. 205.

und mechanische Wärmeerzeugung sind weit fortgeschritten. In den mechanischen Werkstätten werden neuartige Maschinen für Antriebszwecke und zur Kriegsführung hergestellt sowie Fluggeräte, die den Vogelflug nachahmen, und Unterseeboote. Aus den Instrumenten-Werkstätten gehen akustische Geräte etwa zur Unterstützung des Gehörs hervor und optische Instrumente: vortreffliche Brillen und Spiegel sowie hochauflösende Mikroskope und Fernrohre. Zudem werden dort außerordentlich fein gearbeitete Uhren und Automaten hergestellt sowie mechanische Nachbildungen von Lebewesen: künstliche Menschen, Vögel, Landtiere und Fische.[35]

Bacon entwickelte hier ein Panoptikum von Zukunftsvisionen, die zum großen Teil inzwischen Realität geworden sind, wenn auch weniger mit mechanischen Mitteln, als ihm zeitgebunden vorschwebte. Seine von Wissenschaftsgläubigkeit und Fortschrittsoptimismus getragene utopisch-programmatische Darstellung illustriert anschaulich seine These: „Menschliches Wissen und Können fallen in Eins zusammen."[36] Als griffige Kurzformel „Wissen ist Macht" wurde sie zum Schlagwort.

> Erwerbe sich nur das menschliche Geschlecht die Herrschaft über die Natur, wozu es von Gott bestimmt ist [...]: für die rechte Anwendung wird die gesunde Vernunft und die Religion sorgen.[37] (Francis Bacon, 1620)

Dass er dem Experiment einen so hohen Stellenwert beimaß, hatte auch forschungsstrategische Gründe, die für die weitere Entwicklung der Naturwissenschaften enorme Bedeutung erlangen sollten. Die experimentelle Methode als verbindliches Fundament versprach Fortschritt durch Arbeitsteilung. Bacon verwies darauf, was „von vereinigten Arbeiten im Laufe der Zeit zu erwarten ist; zumal auf einem Wege, der nicht bloß Einzelnen gangbar ist, wie der spekulative, sondern wo die Arbeiten – besonders die Experimente – füglich verteilt und demnächst vereinigt werden können".[38]

Sein Ideal eines arbeitsteiligen Forschungsbetriebs hatte er am Beispiel des fiktiven Hauses Salomons geschildert, von wo aus alle experimentellen Untersuchungen auf der utopischen Insel Neu-Atlantis koordiniert wurden. Diese Schilderung zeigte in der Folgezeit Wirkung, obwohl Bacon selbst mit keinen Forschungsergebnissen aufwarten konnte. In England entstanden

---

[35] Bacon: Neu-Atlantis, S. 205–213.
[36] Bacon: Organ, S. 26.
[37] Bacon: Organ, S. 97.
[38] Bacon: Organ, S. 83.

physikalische Gesellschaften, in denen die Bacon'sche Methode des Experiments gepflegt wurde. Und als 1660 in London die Royal Society gegründet wurde, auch zur Bündelung dieser verschiedenen Forschungsaktivitäten, folgte sie dem Bacon'schen Ideal von organisierter wissenschaftlicher Zusammenarbeit. Die Gründungen von wissenschaftlichen Akademien in Italien und Frankreich zu dieser Zeit zeigten ebenfalls deutlich den Einfluss von Bacons Ideen.[39]

Descartes und die Vision von der Herrschaft über die Natur

Während Bacon das Experiment als Werkzeug des Naturforschers proklamierte, orientierte sich sein französischer Zeitgenosse Descartes am Methodenideal der Mathematik, von der Galilei gesagt hatte, in ihrer Sprache sei das Buch des Universums verfasst. Descartes entwarf ein Weltbild „nach den Gesetzen der Mechanik, die mit denen der Natur identisch sind".[40] Erinnert sei an seinen Versuch, die Fernwirkung der Gravitation auf die Wirkung von Druck- und Stoßkräften zurückzuführen.

Getreu seinem Wahlspruch „Gebt mir Materie und ich will euch daraus eine Welt bauen!"[41] entwickelte Descartes eine mechanistische Weltentstehungstheorie – genauer: eine Theorie darüber, welch eine Welt entstehen würde, wenn Gott jetzt irgendwo jenseits der unseren genügend viel Materie schaffen würde und dann die Naturgesetze wirken ließe. Wenn sich dann aus dieser ungeordneten Materieansammlung eine Welt ergäbe, die der unseren ähnlich wäre, wolle er daraus nicht etwa schließen, dass auch unsere Welt so entstanden sei. Vielmehr sei es weit wahrscheinlicher, dass Gott sie von Anfang an so geschaffen habe, wie sie heute ist. Ihrem inneren Wesen nach sei sie jedoch leichter zu begreifen, wenn man sie nach und nach entstehen sehe, als wenn man sie in fertigem Zustand betrachte.[42]

Descartes formulierte seine Theorie zur Weltentstehung nur als Hypothese. Die biblische Schöpfungsgeschichte zog er damit nicht in Zweifel. Er war wohl vorsichtig geworden, nachdem er erfahren hatte, dass die katholische Kirche 1632 Galilei wegen dessen Theorie der Erdbewegung als

---

[39] Dijksterhuis: Mechanisierung, S. 449–450.
[40] Descartes: Discours, S. 89.
[41] Zitiert nach Cassirer: Aufklärung, S. 66.
[42] Descartes: Discours, S. 69–75.

Ketzer verurteilt hatte. Zugleich wies er aber auf den didaktischen Vorteil hin, die Entstehung der Welt sozusagen im mechanischen Modell schrittweise vor Augen zu führen, um die real existierende Welt besser begreifbar zu machen – die natürliche Welt und die künstliche der Artefakte.

Für Descartes gab es nämlich keinen prinzipiellen Unterschied zwischen Maschinen aus Menschenhand und den Schöpfungen Gottes, des „höchsten Werkmeisters". Die Regeln der Mechanik besaßen generelle Gültigkeit, „so dass alle Dinge, die künstlich sind, damit auch natürlich sind". So wie Automaten-Kundige Aufbau und Funktion auch verborgener Teile von Maschinen leicht durchschauen könnten, versuchte Descartes, „aus den sichtbaren Wirkungen und Teilen der Naturkörper zu ermitteln, wie ihre Ursachen und unsichtbaren Teilchen beschaffen sind".[43] Dieses methodische Prinzip der Naturerklärung im anschaulichen mechanischen Modell sollte noch weit über das 17. Jahrhundert hinaus das physikalische Denken prägen.

> Und es ist daher der aus diesen und jenen Rädern zusammengesetzten Uhr ebenso natürlich, die Stunden anzuzeigen, als es dem aus diesem oder jenem Samen aufgewachsenen Baum natürlich ist, diese Früchte zu tragen.[44] (René Descartes, 1644/1647)

Bacon hatte in seiner Utopie geschildert, dass in den Instrumenten-Werkstätten Uhren, Automaten und mechanische Nachbildungen von Lebewesen hergestellt wurden. Dies lag durchaus im Denken der Zeit. Es gab vielfältige Ansätze, den Körper von Mensch und Tier als Maschinerie zu verstehen, im menschlichen Körper die Tätigkeit von Knochen, Gelenken und Muskeln mit Hilfe der Hebelgesetze zu erklären oder das Herz als Pumpe mit Ventilen aufzufassen, Arterien und Venen als Kreislauf-System von Röhren, die Venenklappen als Schleusentore, die Lunge als Blasebalg, den Magen als Mahlmaschine.[45]

Obwohl Descartes künstlich Geschaffenes und natürlich Gewordenes gleichsetzte, gab es für ihn Unterschiede bezüglich der Vollkommenheit zwischen beidem. Er sah den menschlichen Körper als eine Maschine an, „die aus den Händen Gottes kommt und daher unvergleichlich besser konstruiert ist und weit wunderbarere Getriebe in sich birgt als jede

---

[43] Descartes: Prinzipien, S. 245–246, 309.
[44] Descartes: Prinzipien, S. 246.
[45] Boas: Renaissance, S. 303; Mason: Geschichte, S. 270.

Maschine, die der Mensch erfinden kann".[46] Dennoch war auch der menschliche Organismus in diesem mechanistischen Denken letztlich nur eine Maschine, in der ausschließlich mechanische Prozesse abliefen: Die Gesetze der Natur waren mit denen der Mechanik identisch.

Mit Hilfe dieser Gesetze wollte er dasselbe erreichen wie Bacon, dessen methodologische Schriften er kannte und mit dessen Zielen er übereinstimmte.[47] Auch Descartes dachte an Erfindungen, die zum mühelosen Genuss der Früchte der Erde und aller Annehmlichkeiten auf ihr verhelfen sollten. Besonderes Augenmerk richtete er auf die Erhaltung der Gesundheit: Sie sei ohne Zweifel die Grundlage aller anderen Güter des Lebens.[48]

> Einige allgemeine Grundbegriffe in der Physik […] haben mir gezeigt, dass es möglich ist, zu Kenntnissen zu kommen, die von großem Nutzen für das Leben sind, und statt jener spekulativen Philosophie, die in den Schulen gelehrt wird, eine praktische zu finden, die uns die Kraft und Wirkungsweise des Feuers, des Wassers, der Luft, der Sterne, der Himmelsmaterie und aller anderen Körper, die uns umgeben, ebenso genau kennen lehrt, wie wir die verschiedenen Techniken unserer Handwerker kennen, so dass wir sie auf ebendieselbe Weise zu allen Zwecken, für die sie geeignet sind, verwenden und uns so zu Herren und Eigentümern der Natur machen könnten.[49] (René Descartes, 1637)

Das Methodenideal, das Descartes verfolgte, war das Gegenstück zur experimentellen Methode Bacons. Mit dem Ideal einer Mathematisierung der Naturwissenschaft formulierte er ein Arbeitsprogramm für Jahrhunderte. Dies schloss zugleich die Aufgabe zur Weiterentwicklung der Mathematik mit ein. Als Schöpfer der analytischen Geometrie lieferte Descartes selbst hierzu einen fundamentalen Beitrag.[50] Der nächste nicht minder große Schritt führte dann zur Infinitesimalrechnung, die Newton und Gottfried Wilhelm Leibniz unabhängig voneinander entwickelten – ein unerlässliches Werkzeug zur Behandlung dynamischer Probleme in der Mechanik.

Die Gesetze der Mechanik mit denen der Natur gleichzusetzen, ja die gesamte belebte und unbelebte Natur als Mechanismus zu sehen, bedeutete die Mechanisierung des Weltbildes – zumal auch für die Entstehung der

---

[46] Descartes: Discours, S. 91.
[47] Mason: Geschichte, S. 200.
[48] Descartes: Discours, S. 101.
[49] Descartes: Discours, S. 101.
[50] Dijksterhuis: Mechanisierung, S. 453.

Welt nach Descartes' Hypothese nichts anderes vonnöten gewesen wäre als ungeordnete Materie und das Wirken der mechanischen Naturgesetze.

Die Welt als Uhrwerk

Eines der komplexesten mechanischen Gebilde aus Menschenhand in dieser Zeit war die Räderuhr. Und sie gab das Bild ab, das man sich vom ganzen Weltgeschehen machte. Der gesamte Kosmos galt als göttliches Uhrwerk. Dessen Zeiger, an dem man den Lauf der Zeit ablesen konnte, war der gleitende Schatten an der Sonnenuhr. Die Räderuhr dagegen bildete den Lauf der Gestirne mechanisch nach und setzte ihn um in die Bewegung ihrer Zeiger auf dem Zifferblatt. Somit wurde die irdische Räderuhr mechanisches Abbild der großen Himmelsmaschine und prägte das mechanistische Weltbild der Neuzeit: die Vorstellung von der Welt als Uhr.[51]

Wenn die Welt ein göttliches Uhrwerk war, welche Aufgaben blieben dann dem Uhrmachergott noch, nachdem er sein Werk geschaffen hatte? Hierüber entspann sich ein lebhafter Disput zwischen Leibniz und dem Newton-Schüler Samuel Clarke. Der Newton'sche Gott spielte nach wie vor eine ordnende Rolle: Er kompensierte zum Beispiel beständig die, wenn auch äußerst geringen, Reibungsverluste der Planeten-Bewegung, damit dem Universum keine Bewegungsmenge verloren ging, und er ordnete immer wieder die Bahnen der Planeten und Kometen, die sich gegenseitig störten.[52]

Leibniz bemerkte dazu süffisant, Newton und seine Anhänger hätten eine recht sonderbare Meinung von Gottes Wirken: „Nach ihrer Ansicht muss Gott von Zeit zu Zeit seine Uhr aufziehen, – sonst bliebe sie stehen." Ja, er müsse sogar immer wieder den Mechanismus ummodeln und ausbessern. Dies hieße „eine recht niedrige Vorstellung von Gottes Macht und Weisheit haben". Vielmehr habe Gott für alles im Voraus Sorge getragen, so dass „das Uhrwerk der Welt" keiner Nachbesserung bedürfe. Clarke erwiderte, es sei „keine Herabsetzung, sondern die wahre Verherrlichung seiner Werke, wenn man sagt, dass nichts ohne seine immerwährende Leitung und Aufsicht vor sich geht". Und so ziele die Lehre, „dass der Lauf der Welt die stete Leitung Gottes, des höchsten Herrschers, nicht nötig hat, darauf ab, Gott aus der Welt zu verbannen".[53]

---

[51] Maurice, Mayr: Welt als Uhr.
[52] Mason: Geschichte, S. 247.
[53] Leibniz: Hauptschriften, Bd. I, S. 120–127 (Streitschriften zwischen Leibniz und Clarke).

Clarke beschrieb hier geradezu prophetisch, wohin eine konsequente Weiterentwicklung des mechanistischen Weltbildes führen musste. Gut hundert Jahre später sollte Pierre-Simon Laplace[54] mit seinen Arbeiten zur Himmelsmechanik nachweisen, dass sich Störungen der Bewegung im Sonnensystem von selbst wieder ausgleichen. In diesem mechanisch stabilen System spielte Gott keine Rolle mehr. Dieser Hypothese, so Laplace, habe er nicht bedurft.[55]

Je mehr Gott im Zuge der Mechanisierung des Weltbildes in die Rolle eines „Ingenieurs im Ruhestand"[56] geriet, desto aktiver griff nun der Mensch in den Lauf der Natur ein, um sie seinen Zwecken nutzbar zu machen. Nach den Worten mittelalterlicher Kirchenväter hatten natürliche Vorbilder einst dazu gedient, sich vor den Unbilden der Natur zu schützen. Denn der Mensch komme im Gegensatz zu den anderen Lebewesen „ohne Wehr und ohne Hülle" zur Welt, dafür aber mit Verstandeskräften ausgestattet, die es ihm ermöglichen, die Natur als Vorbild zu nutzen, indem er etwa beim Bau eines Hauses ihm die Gestalt einer Bergkuppe gibt, die das Regenwasser ableitet, oder bei der Herstellung von Kleidung das Vorbild der Tiere mit ihren Schuppen, Federn oder Fellen vor Augen hat.[57]

Nach mittelalterlicher Auffassung war es darum gegangen, die äußerliche Form und Funktion eines natürlichen Vorbildes nachzuahmen. Doch jetzt erforschte man den inneren Mechanismus, mit dem die Natur diese Funktion bewirkt. Und man verband die Möglichkeit, die gewonnenen Erkenntnisse technisch anzuwenden, mit einem Herrschaftsanspruch über die Natur. Der Mensch suchte nun aus seiner unmittelbaren Naturabhängigkeit herauszutreten, ja, sich über die Natur zu stellen, obgleich er nach wie vor ein Teil von ihr blieb.

Das neue, heliozentrische Weltbild mit der Sonne im Mittelpunkt verdrängte die religiös verankerte Vorstellung, dass sich alles im Kosmos um die Erde drehe und damit auch der Mensch als Krone und Endzweck der Schöpfung eine Sonderstellung einnehme. Nun strebte der Mensch nach der Herrschaft über die Natur – eben die neuen naturwissenschaftlichen Kenntnisse nutzend, die ihn seine vermeintlich zentrale kosmische Position gekostet hatten. Denn diese neuen Kenntnisse stellten ihm Verfügungswissen über die Natur bereit.

---

[54] Hermann: Lexikon Geschichte der Physik, S. 190–194 (Laplace).

[55] Dijksterhuis: Mechanisierung, S. 548.

[56] Dijksterhuis: Mechanisierung, S. 549.

[57] Klemm: Technik, S. 61–62.

Naturgesetze wurden zu Herstellungsregeln. „Wissen ist Macht" war das Schlagwort, das Bacon geprägt hatte. Mathematik und Experiment waren das methodische Rüstzeug der Naturforscher (Abb. 2.5). Damit förderten sie Erkenntnisse zu Tage, die geeignet waren, die Natur unter Anwendung ihrer eigenen Gesetze nach menschlichem Willen zu formen und systematisch eine zweite, dem Menschen scheinbar angemessenere und zuträglichere Natur zu schaffen.

Das gemeinsame Fundament der Forschung – die experimentelle Methode und die Sprache der Mathematik – beschleunigte den Fortschritt

Abb. 2.5 Titelblatt von Georg Andreas Böckler: Theatrum Machinarum Novum, Schauplatz Der Mechanischen Künsten von Mühl- und Wasserwercken, Nürnberg 1661. Das Bild illustriert die enge Verknüpfung von Wissenschaft und Praxis in der neuzeitlichen Technik: links Archimedes mit Buch, Zirkel und Dreieck vor der Säule der Wissenschaft „Studium", rechts der Mechanicus mit Maßstab und Wasserrad vor der Säule der praktischen Arbeit „Labor". Gemeinsam ziehen sie den Vorhang beiseite und geben den Blick frei auf die Welt der mechanischen Künste, mit denen die Kräfte und Stoffe der Natur nutzbar gemacht werden. (© TECHNOSEUM, Foto: Klaus Luginsland)

des Wissens. Die verbindliche methodische Basis ermöglichte den wissenschaftlichen Austausch von Forschungsergebnissen. Briefwechsel sowie Berichte der Akademien und wissenschaftlichen Gesellschaften spielten hier eine bedeutende Rolle. Neue Erkenntnisse waren nun das Ergebnis der Kooperation von gleichzeitig Forschenden oder der Kumulation von Erkenntnissen über Generationen hinweg. Dies setzte eine gewaltige Dynamik der Evolution von Wissen in Gang – eines Verfügungswissens über die Natur, das durch Technisierung unserer Lebenswelt in ein neues Erdzeitalter geführt hat: das Anthropozän.

3

Getreue Abbildung der Wirklichkeit? – Eine Frage der Perspektive

Der Blick durchs Fenster und die Illusion der Räumlichkeit

Mit dem Entstehen der neuzeitlichen Naturwissenschaft bildeten sich im europäischen Kulturkreis auch neue Wahrnehmungsweisen heraus. Der Sehraum gewann in der Kunst der Renaissance an Tiefe. Die neu entwickelten perspektivischen Abbildungen dreidimensionaler Gegenstände auf einer zweidimensionalen Zeichenebene entsprachen in ihrer geometrischen Konstruktion den Vorstellungen von der mathematischen Ordnung der Welt. Heutzutage erscheinen uns solche Darstellungen als selbstverständlich, bildet doch jede Fotografie das Aufgenommene zentralperspektivisch ab – im Prinzip so, wie wir es auch ohne Kamera durch direktes Anschauen wahrnehmen würden.

Künstler wie Leonardo da Vinci, Leon Battista Alberti oder Albrecht Dürer untersuchten, in welchem Maße Gegenstände scheinbar kleiner werden mit zunehmender Entfernung vom Betrachter. Sie entwickelten mathematische und geometrische Methoden für die exakte Konstruktion der perspektivischen Abbildung und ersannen Apparaturen, die den Sehvorgang mechanisch nachbildeten und mit denen man ein annähernd genaues perspektivisches Bild zeichnen konnte.

Bei der Analyse des Sehvorgangs stützten sie sich auf die Schriften zur Optik des griechischen Mathematikers Euklid aus der Zeit um 300 v. Chr. und des arabischen Physikers Alhazen, der um das Jahr 1000 gelebt hatte.

© Springer-Verlag GmbH Deutschland, ein Teil von Springer Nature 2022
G. Zweckbronner, *Aufbruch ins Industriezeitalter – Zukunftswerkstätten der Neuzeit*,
https://doi.org/10.1007/978-3-662-60542-4_3

Euklid vertrat die Vorstellung einer Sehpyramide oder eines Sehkegels, aufgespannt zwischen Auge und angeschautem Objekt.[1] Allerdings meinte er, die Sehstrahlen gingen vom Auge aus und Sehen sei eine Art Abtasten mit Blicken. Alhazen hingegen erkannte, dass die Lichtstrahlen von den Objekten ausgehend ins Auge fallen und dass die Sehwahrnehmung im Gehirn stattfindet.[2]

Die geometrisch-optischen Grundlagen des Sehvorgangs waren also schon seit Längerem bekannt. Aber erst die Künstler der Renaissance griffen sie auf, um sie für geometrisch-perspektivische Darstellungen fruchtbar zu machen.[3] In der europäischen Malerei des Mittelalters hatte die sogenannte Bedeutungsperspektive vorgeherrscht: Die Größe der dargestellten Personen richtete sich nach deren Bedeutung und nicht nach dem Betrachtungsabstand. Personen höheren Ranges, wie Heilige, Gestalten der Bibel oder Fürsten, wurden im Vergleich zu den anderen größer dargestellt.

In der Renaissance dagegen ging es um den genauen Blick auf die Natur und in die Tiefe des Raums. Das Kunstwerk sollte nicht mehr eine Fläche mit Zeichen oder Sinnbildern von dreidimensionalen Gegenständen oder Personen sein, sondern deren getreues Abbild. Mit der perspektivischen Darstellung wollte man die Illusion einer Räumlichkeit erzeugen, die Naturtreue, Harmonie und ästhetische Vollkommenheit miteinander verbindet.[4] Je genauer sich jemand der Natur durch Nachahmung nähere, umso besser und künstlerischer werde sein Werk – so Dürer.[5] Die Formen auf der Zeichenfläche repräsentieren etwas, das in dem Raum dahinter ist. Alberti verglich ein Gemälde deshalb mit einem Fenster, „durch das wir hinausblicken in einen Ausschnitt der sichtbaren Welt".[6]

Vorerst beschreibe ich auf der Bildfläche ein rechtwinkeliges Viereck von beliebiger Größe, welches ich mir wie ein geöffnetes Fenster vorstelle, wodurch ich das erblicke, was hier gemalt werden soll.[7] (Leon Battista Alberti, um 1435).

---

[1] Panofsky: Dürer, S. 331–332.

[2] Belting: Florenz, S. 104–143; Fischer: Alhazen, S. 50–54.

[3] Belting: Florenz, S. 144–228; Hick: Optische Medien, S. 15–21.

[4] Panofsky: Dürer, S. 323–378.

[5] Panofsky: Dürer, S. 325.

[6] Zitiert nach Panofsky: Dürer, S. 329.

[7] Zitiert nach Borsi: Alberti, S. 302.

Um das Bild des Fensters aufzugreifen, das Alberti verwendet hatte: Die Fensterfläche durchschneidet den Euklid'schen Sehkegel zwischen Objekt und Auge, und dieser Querschnitt ist das perspektivisch korrekte Bild, das unser Auge wahrnimmt. Die Kunst besteht nun darin, dieses Bild, sozusagen den Sehkegel-Schnitt, zu fixieren und auf eine Zeichenfläche zu bringen: im Prinzip eine Aufgabe der Geometrie oder Messkunst, die „der rechte Grund ist aller Malerei", wie Dürer seine Hochschätzung dieses Zweiges der Mathematik formulierte.[8]

Um zu fixieren, wo die Sehstrahlen die Bildebene durchstoßen, wurden verschiedene Methoden entwickelt. Man konnte diesen Querschnitt mit Zirkel und Lineal exakt konstruieren, sofern es sich um geometrisch gut fassbare Objekte mit klaren Konturen und Linien handelte, wie zum Beispiel Straßenfluchten, Gebäude oder Innenräume. Andere Möglichkeiten boten Apparaturen, mit denen man perspektivische Bilder hinreichend genau für die Zwecke der Praxis zeichnen konnte (Abb. 3.1).

Beide Vorgehensweisen behandelte Dürer in seiner „Underweysung der messung mit dem zirckel und richtscheyt", also dem Lineal. Dieses berühmte Werk von 1525 zeigt, dass die neuen Kunsttheorien aus Italien auch in den Ländern nördlich der Alpen angekommen waren. Bei seinem Italienaufenthalt hatte sich Dürer mit der Perspektive in Theorie und Praxis vertraut gemacht. Und nach seiner Rückkehr wollte er mit der „Unterweisung" den bildenden Künstlern im deutschsprachigen Raum dieses Wissen und Können weitergeben.[9]

Mechanische Methoden für den praktischen Gebrauch

Dürer wandte sich nicht nur an Maler, sondern auch an Goldschmiede, Bildhauer, Steinmetze, Schreiner und alle, die beruflich mit Messen zu tun haben.[10] Sie sollten eine wissenschaftliche, das hieß mathematische Grundlage bekommen durch die Geometrie von Euklid, die Abhandlung der Kegelschnitte und die Lehre von der Perspektive aus Italien. Die „Unterweisung" fungierte „sozusagen als Drehtür zwischen dem Tempel der

---

[8] Dürer: Underweysung, Vorwort.

[9] Papesch: Dürer.

[10] Dürer: Underweysung, Vorwort.

Abb. 3.1 Porträtieren nach der Glasscheiben-Zeichenmethode (Albrecht Dürer: Underweysung der messung mit dem zirckel und richtscheyt, 1525). (© Deutsches Museum, München, Archiv BN 44468)

Mathematik und dem Marktplatz"[11]und regte in der Folgezeit eine große Zahl weiterer Schriften zur Perspektive an.[12]

Außer der exakten, aber aufwendigen geometrischen Konstruktion perspektivischer Ansichten beschrieb Dürer auch Geräte und Verfahren, die den Schnitt durch die Sehpyramide mechanisch nachbildeten. Mit ihnen konnte man auf einfache Weise zentralperspektivische Zeichnungen von beliebigen Motiven anfertigen, ohne die Ansicht konstruieren zu müssen (Abb. 3.2). Eine seiner Darstellungen hierzu zeigt einen sitzenden Mann, der auf einer Glasscheibe porträtiert wird. Die Zeichnungen auf dem Glas konnte man anschließend zum Beispiel auf feuchtes Papier abziehen.

---

[11] Panofsky: Dürer, S. 341.
[12] Rupprich: Dürer-Nachlass, S. 371.

Abb. 3.2 Mitmach-Station: Perspektivische Zeichnung nach Dürer mit Hilfe einer Glasscheibe. An einem Nachbau der Dürer'schen Anordnung kann man versuchen, perspektivisch Dinge zu zeichnen, die auf dem Tisch hinter der Glasscheibe liegen. Man schaut durch eine der Lochblenden und zeichnet mit dem Stift die Konturen und wichtige Details des ausgewählten Gegenstandes direkt auf die Glasscheibe. So bekommt man dessen Abbild in Zentralperspektive. Denn man hat auf der Glasplatte markiert, wo die Sehstrahlen auf ihrem Weg vom Gegenstand zum Auge die Zeichenebene, nämlich die Scheibe, durchdringen. Es macht also für das wahrnehmende Auge keinen Unterschied, ob ein Sehstrahl von der Zeichenebene kommt oder direkt vom Gegenstand. (© TECHNOSEUM, Foto: Klaus Luginsland)

Neben dieser Methode gab es noch weitere. Man konnte das, was man im Bild festhalten wollte, in einem Spiegel betrachten und das Gesehene direkt auf diesen zeichnen. Oder man schaute durch ein Fadengitter als zweidimensionales Koordinatensystem auf das Objekt und übertrug das Gesehene Punkt für Punkt auf das Zeichenblatt, das dieselbe Einteilung hatte wie das Fadengitter.[13] Bis zur Erfindung der Fotografie waren derlei Hilfskonstruktionen durchaus üblich.

All diese Methoden beruhten auf der Vorstellung, wie Alberti sie formuliert hatte, man erblicke durch ein Fenster den Ausschnitt der sichtbaren Welt, den man abbilden wolle, und halte ihn zeichnerisch fest. Eine wichtige Rolle spielt dabei immer der Augpunkt, also die Position des Lochs, durch das man beim Zeichnen schaut, ob auf die Glasscheibe, den Spiegel

---

[13] Battisti: Brunelleschi, S. 110–111, 360–361; Borsi: Alberti, S. 292–307.

oder das Fadengitter. Dieser Punkt ist in Dürers Darstellung verschiebbar. Sein Abstand von der Glasplatte, seine Höhe über dem Tisch und seine horizontale Lage können je nach gewünschtem Bildausschnitt eingestellt werden. Und genau genommen müsste das fertige Bild auch immer von diesem Augpunkt aus betrachtet werden, damit wieder der ursprüngliche räumliche Eindruck entsteht. Denn nur dann erreicht jeder Sehstrahl das Auge aus genau derselben Richtung, aus der er vom Objekt auf die Zeichenfläche gefallen ist.

> Wenn du etwas aus der Nähe abbilden und wenn du die Wirkung von natürlichen Dingen erreichen willst, so wird deine Perspektive immer unrichtig scheinen mit allen Verfälschungen und nicht übereinstimmenden Proportionen, die man sich bei einem schlechten Werk nur vorstellen kann, wenn der Betrachter dieser Darstellung sich nicht in angemessener Distanz und Höhe befindet und sein Auge nicht genau die Stellung hat, die der Bildung dieser Perspektive entspricht.[14] (Leonardo da Vinci, um 1500).

Kleinere Abweichungen vom korrekten Augpunkt toleriert unsere Wahrnehmung noch, sie kann den Seheindruck bis zu einem gewissen Grade korrigieren. Aber bei größeren Abweichungen nehmen wir Verzerrungen wahr. Wir kennen das auch von Fotografien, die mit starkem Teleobjektiv oder Weitwinkelobjektiv aufgenommen wurden und die wir aus normalem Betrachtungsabstand anschauen. Im einen Fall erscheint uns das Abgebildete zusammengedrückt, ohne Tiefe, flächig; im anderen wird eine Weiträumigkeit suggeriert, die manchmal geradezu aufgewölbt wirkt. Erst recht wird die Perspektive verzerrt, wenn wir zu schräg auf die Bilder sehen, egal mit welchem Objektiv sie aufgenommen wurden.

Mit Verzerrungen durch Schrägsicht befasste sich Dürer am Beispiel von Schriften auf Säulen, Türmen und Wandflächen. Läuft die Beschriftung Zeile für Zeile von oben nach unten und soll eine Person, die vor dem Bauwerk steht, sie gut lesen können, dann müssen die oberen Zeilen größer geschrieben sein als die unteren, und zwar um so viel, dass der Sehwinkel beim Betrachten in etwa gleich bleibt. Durch unterschiedliche Schriftgrößen wird also kompensiert, dass die oberen Zeilen weiter entfernt sind und dass der Blick schräger auf sie fällt.

---

[14] Zitiert nach Battisti: Brunelleschi, S. 103.

Einen Höhepunkt erlebte die perspektivische Illusionsmalerei in den Deckengemälden barocker Kirchen des 17. und 18. Jahrhunderts. Die Gemälde erwecken den Eindruck einer Räumlichkeit, die sich weit über die Decke des Kirchenraums hinaus zu öffnen scheint, als zeigten sie Szenen jenseits der gewölbten Malfläche. Verzerrungen, die sich aus den Wölbungen ergeben, sind meisterhaft kompensiert.

Eine ungleich profanere und zugleich schlichtere Anwendung perspektivischer Darstellungstechniken finden wir heute auch im Straßenverkehr: Richtungspfeile oder Geschwindigkeitsbegrenzungen auf Fahrbahnen, Kennzeichnungen von Rad- oder Fußwegen. Diesen lang-gezogen verzerrten Markierungen nähern wir uns aus größerer Entfernung unter schrägem Blickwinkel. Dadurch werden sie entzerrt und sind gut lesbar. Auch hier ist also der Augpunkt oder zumindest der Blickwinkel berücksichtigt, unter dem die Zeichen erkannt werden sollen.

Im Grunde wurde mit der Zentralperspektive an der Schwelle zur Neu-zeit ein Visualisierungs-Prozess angestoßen, der bis heute unsere technisch erzeugte Bilderwelt, fotografisch wie filmisch, zunehmend prägt.[15] Aktuell findet er in den digital generierten virtuellen Realitäten seine weitere, höchst suggestive Ausformung, zumal der Gesichtssinn, wie Bacon meinte, am stärksten von allen Sinnen auf uns wirkt.[16]

---

[15] Hick: Optische Medien; Belting: Florenz, S. 54–59, 282–287.
[16] Bacon: Organ, S. 176.

4

Jupitermonde und Fliegenbeine – Blick in neue Welten durch Fernrohr und Mikroskop

Mit dem Fernrohr zu den Sternen

Ging es bei der Zentralperspektive um die Abbildung von Gegenständen, die das Auge ohne Sehhilfen wahrnehmen konnte, wie zum Beispiel beim Blick durch ein Fenster, so bahnten sich um die Wende zum 17. Jahrhundert Epoche machende Entwicklungen auf dem Gebiet optischer Instrumente an: Fernrohr und Mikroskop erweiterten die visuelle Wahrnehmung in ungeahntem Maße und stießen Tore auf zu völlig neuen Welten. Zugleich gaben sie Anlass, die Stellung des Menschen im Weltganzen neu zu überdenken.

Frühe Formen dieser Instrumente werden meist den holländischen Brillenmachern Hans Lipperhey und Zacharias Jansen zugeschrieben.[1] Um die gleiche Zeit, als diese handwerklichen Produkte entstanden und bekannt wurden, wandte man sich auch in der neuen experimentellen Naturwissenschaft Phänomenen der Strahlenoptik zu. Man untersuchte den Sehvorgang und erforschte die Gesetze der Brechung des Lichts (Dioptrik) (Abb. 4.1) und der Spiegelung (Katoptrik).

Die Linse des Auges ist eine Sammellinse. Sie bündelt die einfallenden Sehstrahlen und projiziert auf die Netzhaut im Hintergrund des Auges ein verkleinertes Abbild dessen, was wir anschauen. Oder wie Johannes Kepler es ausdrückte: „Die Netzhaut wird bemalt von den farbigen Strahlen der

---

[1] Mason: Geschichte, S. 249; Hermann: Lexikon Geschichte der Physik, S. 108 (Fernrohr), 237–239 (Mikroskop).

© Springer-Verlag GmbH Deutschland, ein Teil von Springer Nature 2022
G. Zweckbronner, *Aufbruch ins Industriezeitalter – Zukunftswerkstätten der Neuzeit*,
https://doi.org/10.1007/978-3-662-60542-4_4

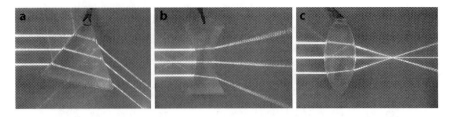

Abb. 4.1 Mitmach-Station: Lichtbrechung – Prisma **(a)**, Zerstreuungslinse **(b)**, Sammellinse **(c)**. Beim Prisma und bei den Linsen sieht man, dass die Lichtstrahlen gebrochen und zum dickeren Teil der Glaskörper hin abgelenkt werden. An den Grenzflächen werden sie teilweise reflektiert. Zerstreuungslinsen sind in der Mitte dünner als am Rand, deshalb brechen sie das Licht nach außen. Wegen ihrer hohlen Form bezeichnet man sie auch als Konkavlinsen. Sammellinsen hingegen sind bauchig und bündeln somit das Licht in einem Brennpunkt. Man nennt sie auch konvex. Die Entfernung des Brennpunktes von der Linsenmitte ist die sogenannte Brennweite. Sie ist umso kürzer, je stärker die Linse gekrümmt ist. (© TECHNOSEUM, Foto: Klaus Luginsland)

sichtbaren Welt", wodurch „eine Abbildung der sichtbaren Dinge auf der Netzhaut zustande kommt". Und „Sehen heißt die Reizung der Netzhaut fühlen".[2] Allerdings sind bei den Bildern auf unserer Netzhaut sowohl oben und unten als auch links und rechts vertauscht. Doch unser Gehirn hat gelernt, die Signale der Sehnerven so zu verarbeiten, dass wir alles richtig herum wahrnehmen und uns ohne Probleme in unserer Umgebung orientieren können.

Kepler veröffentlichte 1611 seine „Dioptrik oder Schilderung der Folgen, die sich aus der unlängst gemachten Erfindung der Fernrohre für das Sehen und die sichtbaren Gegenstände ergeben". Mit diesem Werk begründete er, auch Alhazens Schriften zur Optik aufgreifend,[3] die moderne experimentelle Optik.[4] Kepler konnte zeigen, dass dieselben Grundlagen, auf denen er einige Jahre zuvor seine Theorie des Sehens und der Wirkung einzelner Gläser aufgebaut hatte, auch für die Erklärung des Vergrößerungseffekts von Linsenkombinationen in Fernrohren ausreichten.[5]

Zu der großen Menge von Erfindungen dieses letzten Jahrhunderts ist vor einigen Jahren das Fernrohr hinzugekommen, welches man keineswegs unter die gewöhnlichen Instrumente rechnen darf. [...] Galilei aber feierte

---

[2] Kepler: Dioptrik, S. 28.
[3] Fischer: Alhazen, S. 51.
[4] Mason: Geschichte, S. 249.
[5] Kepler: Dioptrik, S. 4.

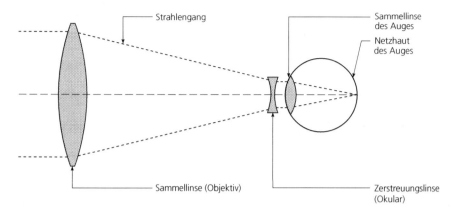

Strahlengang

Sammellinse des Auges

Netzhaut des Auges

Sammellinse (Objektiv)

Zerstreuungslinse (Okular)

Abb. 4.2 Galilei-Fernrohr. Um die Vergrößerungswirkung dieses Fernrohrs zu verstehen, kann man sich die gesamte Kombination aus Auge und Fernrohr als ein großes, vor allem verlängertes Auge vorstellen, das ein entsprechend vergrößertes Abbild liefert. Galilei verwendete eine Sammellinse als Objektiv, also zum betrachteten Objekt hin, und eine Zerstreuungslinse als Okular, also direkt vor dem Auge. Diese Zerstreuungslinse schwächt die Sammelwirkung der Augenlinse. So wirkt die Sammellinse des Fernrohr-Objektivs mit ihrem größeren Abstand von Auge und Netzhaut wie eine vorgelagerte Augenlinse mit längerer Brennweite. Dadurch wird ein größeres Bild des Objektes auf die Netzhaut projiziert – allerdings mit einem kleineren Gesichtsfeld, da die Netzhaut-Fläche durch diesen optischen Trick ja nicht größer geworden ist. (© TECHNOSEUM, Grafik: Frank Ketterl)

den schönsten Triumph durch die Nutzbarmachung des Instruments für die Erforschung der Geheimnisse der Astronomie. [...] Ich selbst habe nun, getragen von einem ehrenvollen Wetteifer, den Mathematikern ein neues Feld für die Betätigung ihres Scharfsinns eröffnet, indem ich die Ursachen und Grundlagen so heiß erstrebter und in ihrer erfreulichen Mannigfaltigkeit so vielgestaltiger Ergebnisse auf geometrische Gesetze zurückführte.[6] (Johannes Kepler, 1611)

Nachdem Galilei 1609 von der holländischen Erfindung des Fernrohrs gelesen hatte, erfand er dieses sozusagen nach und setzte es gleich für astronomische Beobachtungen ein. Mit der optischen Theorie befasste er sich nicht. Er kombinierte eine Zerstreuungslinse und eine Sammellinse und erzielte damit einen Vergrößerungseffekt (Abb. 4.2). Die Kunst der Vergrößerung besteht darin, ein größeres Abbild der sichtbaren Dinge auf die Netzhaut zu bringen. Hätten wir größere Augen, genauer: Wäre der Abstand zwischen der Sammellinse des Auges und der Netzhaut größer,

---

[6] Kepler: Dioptrik, S. 3.

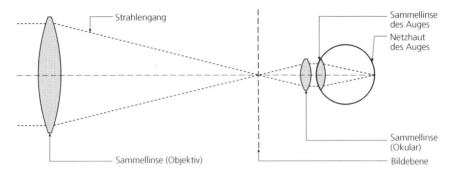

Abb. 4.3 Kepler-Fernrohr. Durch die Sammelwirkung der Objektivlinse kreuzen sich auf der Bildebene die Sehstrahlen, und es entsteht ein verkleinertes Abbild des betrachteten Objektes – um 180 Grad gedreht, wie bei Sammellinsen üblich. Würde man hier zum Beispiel eine Mattscheibe positionieren, dann könnte man dieses sogenannte reelle Zwischenbild tatsächlich sehen. Aber auch ohne Mattscheibe ist es an diesem Ort, gewissermaßen in der Luft schwebend. Betrachtet man dieses Bild nun durch das Okular, das wie eine starke Lupe wirkt, dann erscheint das Objekt deutlich größer, als man es ohne Fernrohr gesehen hätte. (© TECHNOSEUM, Grafik: Frank Ketterl)

dann wären auch die Bilder auf der Netzhaut größer.[7] Man kann das einfach ausprobieren, indem man mit verschieden starken Lupen das Bild gut beleuchteter Gegenstände, etwa eines Fensters, auf ein weißes Blatt Papier in Brennweiten-Abstand projiziert: Je größer die Brennweite, also je größer der Abstand zwischen Lupe und Papier, desto größer das Bild.

Kepler beschrieb den Galilei'schen Fernrohr-Typ in seiner „Dioptrik" und lieferte auch die Theorie dazu. Außerdem präsentierte er die Erfindung und Theorie seines eigenen, des sogenannten Kepler'schen oder astronomischen Fernrohrs (Abb. 4.3). Im Gegensatz zu Galilei verwendete Kepler zwei Sammellinsen, eine mit langer Brennweite als Objektiv und eine mit kurzer als Okular.

Kepler hatte mit seiner „Dioptrik" zwar die experimentelle Optik begründet, die Theorie der Fernrohre entwickelt und, wie er schrieb, den Mathematikern ein neues Feld für die Betätigung ihres Scharfsinns eröffnet. Aber er stellte mit dem Fernrohr keine Himmelsbeobachtungen an. Galilei hingegen befasste sich nicht mit der Theorie des Fernrohrs. Er richtete es sofort an den gestirnten Himmel, nutzte es also für astronomische Zwecke, was Kepler den schönsten Triumph nannte, den Galilei habe feiern können.

---

[7] Epstein: Denksport, S. 369–372.

Nachdem es aber in unseren Tagen Gott gefallen hat, dem Menschengeiste eine so wunderbare Erfindung zu vergönnen, welche die Schärfe unseres Gesichts vier-, sechs-, zehn-, zwanzig-, dreißig- und vierzigmal zu vergrößern vermag, sind unendlich viele Dinge, die uns entweder infolge ihrer Entfernung oder wegen ihrer außerordentlichen Kleinheit unsichtbar waren, mit Hilfe des Fernrohrs deutlich sichtbar geworden.[8] (Galileo Galilei, 1632)

Allerdings gehörte dem Kepler'schen Fernrohr die Zukunft in der Astronomie, weshalb es auch astronomisches Fernrohr genannt wird. Es ermöglichte stärkere Vergrößerungen als das Galilei'sche und hatte zudem den Vorteil, dass man es in der Folgezeit zum Messinstrument für Winkel- und Positionsbestimmungen weiter entwickeln konnte: Man brachte dort, wo das reelle Zwischenbild entsteht, ein Fadenkreuz an, mit dem sich Sternpositionen exakt anvisieren ließen. Dass man durch das Fernrohr alles um 180 Grad gedreht sah, störte bei Himmelsbeobachtungen nicht, zumal es im Universum ohnehin kein Oben und Unten gibt.

Das Galilei'sche Fernrohr zeigte das Gesehene aufrecht, war also für Beobachtungen auf der Erde geeignet und wird deshalb auch terrestrisch genannt. Wegen seines einfachen Aufbaus verwendet man es heutzutage vorwiegend als Opernglas, meist mit etwa dreifacher Vergrößerung. Ferngläser, deutlich stärker vergrößernd, folgen dem Kepler'schen Prinzip; Umkehrprismen drehen das Bild so, dass man es wieder aufrecht sieht.

Revolutionäre Entdeckungen am Himmel

Was war das nun für ein Triumph, den Galilei nach den Worten Keplers feiern konnte, indem er das Fernrohr gen Himmel richtete? Mit einem etwa 30fach vergrößernden Fernrohr entdeckte Galilei Folgendes: Die Milchstraße besteht aus einer Vielzahl einzelner Sterne; den Jupiter umkreisen vier Trabanten, was diesen Planeten in seinen Augen gleichsam zu einer zweiten Erde machte mit nicht nur einem, sondern sogar mit vier Monden;[9] auf dem Erd-Mond gibt es Gebirge und Täler, womit seines Erachtens die Erde ähnlich aussehen würde wie der Mond, wenn man sie von ihm aus beobachten könnte.[10] Was Galilei mit seinem Fernrohr entdeckte, erschütterte das bisherige geozentrische Weltbild von der zentralen

---

[8] Galilei: Dialog, S. 350.
[9] Galilei: Dialog, S. 355.
[10] Galilei: Dialog, S. 67.

und einmaligen Stellung der Erde und des Menschen im Kosmos. Eine Absage erteilte Galilei auch der Auffassung, alles, was am Himmel geschehe, sei auf die Fassungsgabe des Menschen zugeschnitten und diene seinem Nutzen.

> Wenn mir inzwischen gesagt wird, dass ein ungeheuerer sternenleerer Raum zwischen den Planetenbahnen und der Sternensphäre unnütz und zwecklos sei und müßig, dass es überflüssig sei, eine unermessliche, alle Fassungsgabe übersteigende Größe den Fixsternen als Behausung anzuweisen, so erwidere ich, dass es frevelhaft ist, unsere schwache Vernunft zum Richter zu setzen über die Werke Gottes, alles das im Weltall eitel oder überflüssig zu nennen, was nicht unserem Nutzen dient.[11] (Galileo Galilei, 1632)

Bei weiteren Beobachtungen sah er die Sonnenflecken, deren scheinbar sich verändernde Gestalt und Geschwindigkeit er als perspektivisches Phänomen erkannte, woraus er schloss, dass sie sich tatsächlich auf der Sonnenoberfläche bilden und mit ihr rotieren.[12] Auch diese Sonnenflecken, zumal sie entstehen und sich wieder auflösen können, passten nicht mehr in das alte Weltbild von der Makellosigkeit und Unveränderlichkeit der Himmelskörper, sondern zeigten, dass diese ebenfalls, wie die Erde, vom Wandel, von Entstehen und Vergehen geprägt sind. Da im Fernrohr die Planeten, die dem bloßem Auge nur als Lichtpunkte erscheinen, als scharf begrenzte Scheiben zu erkennen sind, sah Galilei auch, dass die Venus wechselnde Phasen hat wie der Mond, je nach ihrer Position beim Lauf um die Sonne – eine weitere Bestätigung des heliozentrischen Systems von Nikolaus Kopernikus.[13]

Dessen Hauptwerk „De revolutionibus orbium coelestium" war 1543 erschienen, in seinem Todesjahr. Man hatte seine Darlegung, die Erde drehe sich einmal täglich um sich selbst und bewege sich im Laufe eines Jahres um die Sonne, noch für ein unverbindliches Gedankenspiel halten können: eine mathematische Hypothese, mit der er die Vielfalt komplizierter Bewegungen der Himmelskörper reduzierte, astronomische Berechnungen erleichterte und für viele Himmelsbeobachtungen einfache Erklärungen fand. Der Eindruck, es handle sich nur um hypothetische Überlegungen, war bestärkt worden durch die Einleitung zu seinem Werk, die jedoch nicht aus seiner

---

[11] Galilei: Dialog, S. 385.
[12] Galilei: Dialog, S. 56–59.
[13] Hermann: Lexikon Geschichte der Physik, S. 180–182 (Kopernikus).

Feder stammte.[14] Kopernikus selbst hingegen war sehr wohl der Auffassung gewesen, sein Weltsystem entspreche der Wirklichkeit. Den Beweis für die Erd-Bewegung, die jeglicher Alltagserfahrung widersprach, musste er allerdings schuldig bleiben. Erst die Beobachtungen von Galilei nahmen der kopernikanischen Lehre den vermeintlich hypothetischen Charakter.

In der Mitte von allem thront die Sonne. Wie könnte es für diesen Licht-körper einen besseren Platz in diesem wunderschönen Tempel geben, als den, von dem aus er das Ganze auf einmal erhellen kann? Mit Recht nennt man ihn die Leuchte, den Geist, den Beherrscher des Universums [...]. Es ist, als befinde sich die Sonne auf einem königlichen Thron und herrsche über ihre Kinder, die sie umkreisen.[15] (Nikolaus Kopernikus, 1543)

Doch Triumph und Tragik lagen für Galilei dicht beieinander. Seine Erkenntnisse stießen auf erbitterten Widerstand der katholischen Kirche. Das Heilige Officium erklärte sie 1616 für ketzerisch, da sie der Heiligen Schrift widersprachen, und ermahnte Galilei, die Lehre des Kopernikus, die nun unter Zensur gestellt wurde, nicht mehr zu vertreten. Galilei ver-fasste daraufhin in den Folgejahren seinen „Dialogo", zu Deutsch „Dialog über die beiden hauptsächlichsten Weltsysteme, das ptolemäische und das kopernikanische", und brachte das Werk 1632 heraus – nicht in der Gelehrtensprache Latein, wie Kopernikus, sondern in der italienischen Volkssprache, denn er wollte auch interessierte Laien erreichen.

Galilei stellte hier das alte geozentrische Weltsystem des Ptolemäus[16] und das neue kopernikanische einander gegenüber, indem er drei Gesprächs-partner intensiv diskutieren ließ über das Für und Wider dieser beiden Systeme. Aber letztlich ist der „Dialogo" doch eine Verteidigung des wesent-lich einfacheren kopernikanischen Systems und eine Widerlegung der Vor-urteile gegen die Bewegung der Erde. Galileis Werk wurde umgehend verboten und er selbst wegen Ketzerei angeklagt und zum Widerruf der kopernikanischen Lehre verurteilt.

Wenn es nun zur Erzielung genau derselben Folgen [der Bewegung der Himmelskörper gegeneinander] gleichgültig ist, ob die Erde allein sich bewegt und das ganze übrige Weltall ruht oder die Erde ruht und das ganze Weltall in gemeinsamer Bewegung begriffen ist: wer möchte dann glauben, die Natur –

---

[14] Mason: Geschichte, S. 154–155.
[15] Zitiert nach Boas: Renaissance, S. 91 (aus: De revolutionibus).
[16] Krafft, Meyer-Abich: Große Naturwissenschaftler, S. 267–270 (Ptolemaios).

welche doch nach allgemeiner Ansicht nicht viele Mittel aufbietet, wo sie mit wenigen auskommen kann – habe es vorgezogen, eine unermessliche Zahl gewaltigster Körper sich bewegen zu lassen und zwar mit unglaublicher Geschwindigkeit, um zu bewirken, was durch die mäßige Bewegung eines einzigen um seinen eigenen Mittelpunkt sich erreichen ließe?[17] (Galileo Galilei,1632)

Dass Galilei der Prozess gemacht wurde, mahnte zwar andere Wissenschaftler wie zum Beispiel Descartes zur Vorsicht bei Veröffentlichungen zu kosmologischen Themen. Aber die Überlegenheit des heliozentrischen Weltbildes war schließlich nicht mehr von der Hand zu weisen. Galilei hatte mit seinen Beobachtungen den Weg bereitet, und seine Nachfolger entdeckten immer neue Belege für die Richtigkeit des kopernikanischen Systems. Voraussetzung dafür waren allerdings verbesserte Beobachtungs- und Messinstrumente.

Fortschritte in der Beobachtungstechnik

Die Qualität der Fernrohre war anfangs noch gering. Sie waren lichtschwach, es gab kaum fehlerloses Glas, und Linsenschleifen war eine hohe Kunst, die nicht viele beherrschten. Doch gesteigertes handwerkliches Können in Verbindung mit neuen wissenschaftlichen Erkenntnissen auf dem Gebiet der Optik führte bald zu besseren Fernrohren. Willebrord Snellius fand zum Beispiel, was Kepler noch vergeblich gesucht hatte: die exakte Formel für das Brechungsgesetz, die Descartes 1637 erstmals publizierte.[18] Newton stieß bei seinen Versuchen, Fernrohre mit größerer Schärfe zu bauen, in den 1660er-Jahren auf das Problem der Farbzerstreuung. An Prismen beobachtete er, wie vor ihm auch schon Kepler, die Zerlegung von Sonnenlicht in einzelne Farben. Er erkannte, dass diese Spektralfarben, aus denen weißes Licht zusammengesetzt ist, unterschiedlich stark gebrochen werden: Rot am wenigsten, Violett am stärksten. Da diese Farbzerstreuung – chromatische Aberration genannt – bei Prismen wie bei Linsen immer auftrat, schloss er, dass sich auch bei Linsenfernrohren Farbfehler grundsätzlich nicht vermeiden ließen: ein zwar naheliegender, aber doch voreiliger Schluss, wie sich noch zeigen sollte.

---

[17] Galilei: Dialog, S. 122.
[18] Mason: Geschichte, S. 250.

Abb. 4.4 Mitmach-Station: Hohlspiegel. Spiegel können wie Linsen wirken und Lichtstrahlen bündeln. Wenn man zum Beispiel eine Kette aus Spiegelelementen mit Hilfe von Schablonen zu Hohlspiegeln formt, dann laufen die parallel ankommenden Lichtstrahlen nach der Reflexion zusammen: in einer flächigen Zone bei einem Hohlspiegel mit der Kontur eines Kreisbogens (a) oder exakt in einem Brennpunkt bei einem parabelförmigen Spiegel (b). Nutzt man bei ersterem nur die Strahlen nahe des Zentrums oder wählt einen größeren Spiegelradius, dann bündelt er das Licht annähernd so genau in einem Brennpunkt wie der Spiegel mit Parabelform.

Was hier auf der zweidimensionalen Tischoberfläche geschieht, lässt sich ohne Weiteres auf den dreidimensionalen Raum übertragen. Hohlspiegel wirken also wie Sammellinsen. Deshalb kann man sie in optischen Instrumenten anstelle dieser Linsen verwenden. Für Spiegel wie für Linsen gilt: Je größer ihr Durchmesser, desto lichtstärker sind sie. Heutzutage werden in Großteleskopen Spiegel mit mehreren Metern Durchmesser verwendet. Linsen dieser Größe würden sich unter ihrem eigenen Gewicht verformen, da sie nur vom Rand her gefasst werden können. Die schweren Spiegel hingegen lassen sich rückseitig auf der gesamten Fläche fixieren. Bei größeren Durchmessern von bis zu 10 m und mehr besteht der Spiegel aus Einzelsegmenten. (© TECHNOSEUM, Foto: Klaus Luginsland)

> Die Vollkommenheit der Fernrohre wird durch die verschiedene Brechbarkeit der Lichtstrahlen beeinträchtigt.[19] (Isaac Newton, 1704)

Da er, so Newton, gesehen habe, dass es eine verzweifelte Sache sei, Linsenfernrohre verbessern zu wollen, habe er ein auf Reflexion beruhendes Perspektiv ersonnen, also ein Spiegelteleskop (Abb. 4.4). Anstelle der Objektivlinse verwendete er ein konkaves Metall als Hohlspiegel.[20] Im Gegensatz zur Brechung des Lichts in Linsen findet bei der Spiegelung an reflektierenden Flächen keine Farbzerstreuung statt. Für alle Farbanteile des weißen Lichts gilt das Reflexionsgesetz: Der Winkel des einfallenden Lichtstrahls ist gleich dem des reflektierten.

Erste Versuche mit Hohlspiegeln hatten vor Newton schon andere angestellt. Auch Arbeiten zur Theorie solcher Spiegelteleskope, etwa von Descartes, lagen bereits vor. Aber Newton konnte ein Teleskop entwickeln,

---

[19] Newton: Optik, S. 55.
[20] Newton: Optik, S. 68.

mit dem ab den frühen 1670er-Jahren ein neues Kapitel der Himmelsbeobachtung begann. Sein Spiegelteleskop war kürzer und damit handlicher
als Linsenfernrohre mit gleicher, etwa 40facher Vergrößerung.[21]

Spiegelteleskope hatten allerdings auch Nachteile. Sie waren nicht so
lichtstark wie Linsenfernrohre, da selbst gute Bronzespiegel nur die Hälfte
des Lichts reflektierten, während Linsen immerhin 90 Prozent durchließen.
Zudem trübte die reflektierende Oberfläche der Spiegel rasch ein, weshalb man intensiv nach besseren Spiegelmetall-Verbindungen suchte. Und
schließlich musste aus Gründen der Strahlengeometrie die Oberfläche von
Spiegeln sehr viel genauer geschliffen werden als die von Linsen, wenn man
zumindest gleich gute Abbildungen erreichen wollte.[22]

Die Bemühungen um bessere Fernrohre, sowohl mit Linsen als auch mit
Spiegeln, gingen also weiter. Theorie, Experiment und weiterentwickelte
Herstellungstechniken wirkten hier zusammen. Nachdem in Spiegeltele-
skopen zunächst nur Hohlspiegel mit kugelförmiger Oberfläche verwendet
worden waren, kamen gegen Mitte des 18. Jahrhunderts auch parabolische
Spiegel auf.[23] Präzisere Fertigungsmethoden und bessere Spiegelmaterialien
erhöhten weiter die Qualität.

Bei den Linsenfernrohren gab es eine epochale Neuerung: farbfehler-
freie, also achromatische Linsen. Es hatte sich gezeigt, dass Newtons
Schluss, Linsenfernrohre hätten grundsätzlich Farbfehler, falsch war. Durch
Kombination von Gläsern unterschiedlicher Brechkraft und Farbstreuung
konnte man Farbfehler vollständig kompensieren, wie Versuche ab den
1730er-Jahren nahelegten. John Dollond machte dieses Verfahren 1758
bekannt, rund 90 Jahre nach Newtons Spiegelteleskop, und er erhielt ein
Patent auf achromatische Linsen.[24]

Hand in Hand mit den laufenden Verbesserungen der Fernrohre gewann
man neue Erkenntnisse in der Himmelsbeobachtung, wie es Galilei schon
vermutet hatte: „Vielleicht werden von Tag zu Tag weitere, bedeutendere
Entdeckungen entweder von mir oder von anderen mit Hilfe eines ähnlichen Gerätes gemacht werden."[25] Nachdem Galilei bereits auf die merk-
würdige Form des Saturn gestoßen war, erkannte Christiaan Huygens den
Ring um diesen Planeten und sah auch den ersten Saturnmond. Giovanni

---

[21] Learner: Teleskop, S. 22–23.
[22] Learner: Teleskop, S. 53–54.
[23] Learner: Teleskop, S. 55.
[24] Learner: Teleskop, S. 63–65.
[25] Galilei: Sidereus, S. 84.

Domenico Cassini entdeckte vier weitere, erblickte die weißen Polkappen des Mars, beobachtete die Eigendrehung von Jupiter und Mars und bestimmte die Umlaufzeiten der Jupitermonde.[26]

Die endliche Geschwindigkeit des Lichts und die Weiten des Weltalls

Gerade diese Zeittafeln für die Jupitermonde wurden die Basis für eine Erkenntnis von epochaler Bedeutung für das künftige Weltverständnis. Der Däne Ole Römer hatte festgestellt, dass die Mond-Umlaufzeiten im Jahreslauf der Erde nicht konstant blieben. Sie waren größer, wenn sich die Erde vom Jupiter entfernte, und kleiner, wenn sie sich ihm näherte. Die Zeitverschiebungen hingen also mit den wechselnden Entfernungen zwischen Jupiter und Erde zusammen, die das Licht jeweils zurücklegen musste. Daraus schloss Römer im Jahr 1676, dass Licht sich nicht unendlich schnell ausbreitet, sondern mit endlicher Geschwindigkeit.

Da Jupiter die Sonne außerhalb der Erdbahn umkreist, liegt zwischen der kürzesten und der längsten Wegstrecke des Lichts der gesamte Durchmesser der Erdbahn. Und diese Bahn durchquerte das Licht nach Römers Berechnungen in 22 Minuten. Das Licht der Sonne brauchte demnach 11 Minuten, bis es die Erde erreichte – ein Wert, der nur um wenige Minuten zu hoch lag, wie Newton bald zeigte.[27]

> Das Licht breitet sich von den leuchtenden Körpern her in einer gewissen Zeit aus und braucht von der Sonne bis zur Erde etwa sieben bis acht Minuten. Dies ist zuerst von Römer, und dann auch von Anderen auf Grund der Verfinsterungen der Jupitermonde beobachtet worden. Diese Verfinsterungen treten, wenn die Erde zwischen Sonne und Jupiter steht, ungefähr 7 oder 8 Minuten früher ein, als sie nach den Tafeln sollten, und wenn die Erde hinter der Sonne steht, 7 bis 8 Minuten später, als sie eintreten müssten. Der Grund ist, dass das Licht der Trabanten im letzteren Falle um den Durchmesser der Erdbahn weiter zu gehen hat, als im ersteren Falle.[28] (Isaac Newton, 1704)

Trotz Römers klarer Befunde und der Bekräftigung durch Newton mochten sich zunächst nur wenige Fachkollegen von der herkömmlichen Vorstellung

---

[26] Hall: Naturwissenschaftliche Methode, S. 194.
[27] Hall: Naturwissenschaftliche Methode, S. 195.
[28] Newton: Optik, S. 182.

trennen, das Licht breite sich augenblicklich aus.[29] Dabei hatte bereits Galilei eine endliche Lichtgeschwindigkeit immerhin für möglich gehalten, konnte sie aber nicht messen.[30] Und Bacon hatte darüber nachgesonnen, ob man den Sternhimmel nicht vielleicht erst zeitversetzt sieht, weil das Licht große Entfernungen zurücklegen muss.

> Ein und der andre große Zweifel stößt uns jedoch auf, z. B. ob der gestirnte Himmel eben um die Zeit, wann er wirklich ist, oder erst etwas nachher von uns gesehen werde [...]. Es scheint uns wirklich unglaublich, dass das Bild oder die Strahlen der Himmelskörper durch die unermesslichen Räume plötzlich bemerkt werden sollen; es scheint, als müsse eine bedeutende Zeit darauf hingehen.[31] (Francis Bacon, 1620)

Erst fünfzig Jahre nach Römers Entdeckung setzte sich die Erkenntnis durch, dass Licht eine endliche Geschwindigkeit besitzt. Denn James Bradley war 1727 mit präziseren Messungen zu einem ähnlichen Wert für die Lichtgeschwindigkeit wie Römer gelangt.[32] Eigentlich hatte Bradley nach etwas anderem gesucht: nach einem direkten Beleg für die Bewegung der Erde um die Sonne. Wenn die Fixsterne sich nicht an der Innenseite einer Hohlkugel befinden, in deren Mitte die Erde steht, sondern frei im Raum verteilt sind, wie Galilei bereits postuliert hatte,[33] dann müsste man sie im Jahreslauf der Erde unter ständig wechselnden Blickwinkeln sehen und deshalb scheinbare Verschiebungen dieser Sterne gegeneinander beobachten können: die sogenannte Fixstern-Parallaxe. Man kennt diesen Effekt der Perspektive aus dem Alltag. Wenn man Gegenstände unterschiedlicher Entfernung von verschiedenen Positionen aus betrachtet, scheinen sie sich gegeneinander zu verschieben, ohne dass sie sich tatsächlich bewegen. Darauf beruht unsere räumliche Wahrnehmung und Orientierungsfähigkeit.

Und mit diesem perspektivisch geschulten Blick, mit diesem für die Kosmologie der Neuzeit zentralen räumlichen Vorstellungsvermögen[34] suchte man lange vergeblich die Fixstern-Parallaxe als Indiz für das neue Weltbild. Kopernikus und Galilei hatten schon darauf hingewiesen, dass man von der Parallaxe der Fixsterne nur deshalb nichts bemerkt, weil diese

---

[29] Hermann: Lexikon Geschichte der Physik, S. 206–207 (Lichtgeschwindigkeit).

[30] Galilei: Unterredungen, S. 39–40.

[31] Bacon: Organ, S. 195.

[32] Teichmann: Weltbild, S. 114–117.

[33] Galilei: Dialog, S. 400.

[34] Blumenberg: Genesis, S. 616–628.

unermesslich weit von der Erde entfernt sind.[35] Auch Bradley war kein Erfolg beschieden. Erst im Jahre 1838, gut zweihundert Jahre nachdem Galilei im „Dialogo" seine Argumente für die Bewegung der Erde ausführlich dargelegt hatte, gelang es schließlich Friedrich Wilhelm Bessel, die Parallaxe eines Fixsterns im Sternbild des Schwanen zu messen und so auch seine Entfernung zu bestimmen.[36] Damit hatte er den empirischen Beleg für die Bewegung der Erde um die Sonne gefunden, der Kopernikus und Galilei noch versagt geblieben war. Zugleich wurde damit offensichtlich, welche gewaltige Ausdehnung das Universum haben musste: Es reichte noch weit über die Vorstellungen hinaus, die man sich im 17. Jahrhundert davon gemacht hatte.

Newton war bereits in neue räumliche Größenordnungen vorgestoßen, als er aus seiner Gravitationstheorie folgenden Schluss zog: Die Sterne waren Sonnen mit eigenen Planeten, und zwischen diesen Planetensystemen mussten sich so große Räume erstrecken, dass keine Gravitation sie mehr überwinden konnte, denn sonst würden sie früher oder später aufeinander prallen.[37]

Die Erweiterung des Raumes ins nahezu Unendliche und die Vorstellung, er könnte mit unzähligen Sternen gefüllt sein, hatte auch über die Fachwelt hinaus Fantasien angeregt. Bernard le Bovier de Fontenelle veröffentlichte 1686 seine „Entretiens sur la pluralité des mondes", also Gespräche über die Vielheit der Welten. Er lieferte hier nicht nur eine populäre Einführung in die Astronomie seiner Zeit und in das kopernikanische System, wobei er das Geschehen am Himmel als Wirkung mechanischer Gesetzmäßigkeiten darstellte. Vielmehr ließ er auch dem Gedankenspiel freien Lauf, es könnte außer der Erde noch andere bewohnte Himmelskörper geben – eine weitere Relativierung der Position von Erde und Mensch im Universum.

Dies und die Tatsache, dass Gott in Fontenelles Darstellung keine Rolle mehr spielte, musste die Autorität der Kirche herausfordern. Das Werk kam umgehend auf den Index der verbotenen Bücher. Seiner Popularität tat dies keinen Abbruch: Es wurde eines der erfolgreichsten Bücher der Aufklärungszeit. Von Fontenelle immer wieder dem neuesten Stand der Forschung angepasst, erreichte es noch zu dessen Lebzeiten über dreißig Auflagen und

---

[35] Galilei: Dialog, S. 375.
[36] Teichmann: Weltbild, S. 121–122.
[37] Blumenberg: Genesis, S. 733.

erschien in italienischer, deutscher, holländischer, spanischer, russischer und neugriechischer Übersetzung.[38]

Der tiefe Blick in die Vergangenheit

Bacon hatte bereits angedeutet, dass wir beim Blick zu den Sternen in die Vergangenheit schauen, wenn das Licht erst nach längerer Reise unsere Erde erreicht. Nachdem es im 18. Jahrhundert keinen Zweifel mehr gab an der zwar unvorstellbar großen, aber doch endlichen Geschwindigkeit des Lichts, war offensichtlich: Der Raum erstreckt sich in einer zeitlichen Staffelung. Er kann nie im vollen Sinne gegenwärtig sein, denn je weiter wir in ihn mit Hilfe des Teleskops vordringen, in desto frühere Zeiten schauen wir. Der Blick in die Tiefe des Raums wird zum Blick in die Vergangenheit. Dinge, deren Licht unser Auge erreicht, existieren möglicherweise gar nicht mehr. Licht von Dingen, die schon längst existieren, hat uns vielleicht noch gar nicht erreicht.

Mit dem Raum weitete sich somit auch der zeitliche Horizont. Die Zeiträume, die sich nun auftaten, drohten die Grenzen der biblischen Chronologie von wenigen Jahrtausenden zu sprengen. Denn bei hinreichend großen Entfernungen der Fixsterne braucht das Licht für seinen Weg zur Erde mehr Zeit, als die Welt nach der Schöpfungsgeschichte alt ist.[39] Trotz aller Vorstellungen, wie die Welt allein durch das Wirken mechanischer Gesetze hätte entstehen sein können, war es zwar immer noch möglich, Gott als Schöpfer und Herrn des Universums zu sehen und seine Weisheit und Güte zu rühmen, wie es zum Beispiel der Herausgeber von Newtons „Mathematischen Prinzipien der Naturlehre" tat.[40] Aber die biblische Schöpfungsgeschichte war nicht mehr wörtlich zu nehmen.

Wie die Erforschung des Himmels bislang unvorstellbare Zeiträume eröffnete, sprengten inzwischen auch irdische Befunde überkommene Vorstellungen vom Alter der Welt. Denn wer sich auf der Erde etwas genauer umsah, konnte Indizien dafür entdecken, dass die Gesteinsschichten und die unzähligen Lebensformen das Ergebnis eines langen Entwicklungsprozesses sein mussten, der weit in vormenschliche Zeiten zurückreichte und immer

---

[38] Kleinert: Physikbücher, S. 28–37.
[39] Blumenberg: Genesis, S. 629, 733.
[40] Newton: Principien, S. 18–19.

noch andauerte.[41] Nicht erst wenige tausend Jahre konnte eine Welt alt sein, die solch eine Vielfalt von Naturerscheinungen hervorgebracht hat. Viele Jahrmillionen musste ein solcher Prozess gedauert haben. Er hatte in Sedimenten und Fossilien, also Versteinerungen früheren Lebens aus dem Tier- und Pflanzenreich, seine Spuren hinterlassen, die nun Schicht für Schicht freigelegt und geologisch erforscht wurden, unter anderem auch von Gottfried Wilhelm Leibniz und Robert Hooke.[42]

Im Zuge dieser Historisierung der belebten wie der unbelebten Natur trat an die Stelle der Schöpfungsgeschichte – und der daraus abgeleiteten Konstanz der Arten von Anbeginn – nun eine Entstehungs- und Evolutionsgeschichte der Natur. Zudem sprach vonseiten der Astronomie vieles dafür, dass auch Sterne und Sternsysteme sich ständig verändern.[43] Gestirn und Gestein zeugten also von großen Entwicklungszeiträumen. Immanuel Kant brachte in seiner „Allgemeinen Naturgeschichte und Theorie des Himmels" von 1755 den kosmologischen Evolutionsgedanken klar zum Ausdruck: Die Schöpfung war weder das Werk eines Augenblicks noch würde sie jemals vollendet sein.

> Es ist vielleicht eine Reihe von Millionen Jahren und Jahrhunderten verflossen, ehe die Sphäre der gebildeten Natur, darin wir uns befinden, zu der Vollkommenheit gediehen ist, die ihr jetzt beiwohnet; und es wird vielleicht ein eben so langer Periodus vergehen, bis die Natur einen eben so weiten Schritt in dem Chaos tut: allein die Sphäre der ausgebildeten Natur ist unaufhörlich beschäftigt, sich auszubreiten.[44] (Immanuel Kant, 1755)

Für Kant herrschte ein ewiges Entstehen und Vergehen in Natur und Kosmos. Und dieses Evolutionsdenken sprengte alle überkommenen Zeithorizonte und relativierte das gegenwärtige Entwicklungsstadium der Welt einschließlich der menschlichen Existenz. In dieser neuen Sichtweise wandelte sich der Mensch zu einer flüchtigen Erscheinung im kosmischen Geschehen.

> Wir dürfen aber den Untergang eines Weltgebäudes nicht als einen wahren Verlust der Natur bedauern. Sie beweiset ihren Reichtum in einer Art von Verschwendung, welche, indem einige Teile der Vergänglichkeit den Tribut

---

[41] Wendorff: Zeit, S. 309–321.
[42] Kant: Naturgeschichte, S. 186 (Nachwort Fritz Krafft).
[43] Engelhardt: Bewußtsein, S. 81–93.
[44] Kant: Naturgeschichte, S. 115.

bezahlen, sich durch unzählige neue Zeugungen in dem ganzen Umfange ihrer Vollkommenheit unbeschadet erhält. [...] Der Mensch, der das Meister-stück der Schöpfung zu sein scheinet, ist selbst von diesem Gesetze nicht ausgenommen. [...] Die Unendlichkeit der Schöpfung ist groß genug, um eine Welt, oder eine Milchstraße von Welten, gegen sie anzusehen, wie man eine Blume, oder ein Insekt, in Vergleichung gegen die Erde, ansiehet.[45] (Immanuel Kant, 1755)

Größe oder Kleinheit des Menschen waren eine Frage der Blickrichtung geworden. Je nachdem, ob er in den Makrokosmos oder den Mikro-kosmos schaute, konnte er sich winzig klein oder riesengroß fühlen. Blaise Pascal lenkte den Blick in die unendlichen Weiten des Universums und in das Reich der mikroskopisch kleinen Lebewesen, ja sogar spekulativ in den „Abgrund" der atomaren Welt, in der sich neue Unermesslichkeiten auf-taten: ein Weltraum im Kleinen wiederum mit Planeten und einer belebten Erde, auf der man weiter hinabsteigen konnte in noch kleinere Welten, und so weiter, immer wieder „das Gleiche ohne Ende und Abschluss findend".[46]

Denn, was ist zum Schluss der Mensch in der Natur? Ein Nichts vor dem Unendlichen, ein All gegenüber dem Nichts, eine Mitte zwischen Nichts und All. Unendlich entfernt von dem Begreifen der äußersten Grenzen, sind ihm das Ende aller Dinge und ihre Gründe undurchdringlich verborgen, unlösbares Geheimnis; er ist gleich unfähig, das Nichts zu fassen, aus dem er gehoben, wie das Unendliche, das ihn verschlingt.[47](Blaise Pascal, um 1660)

Mittlerweile haben sich dank neuerer wissenschaftlicher Forschungen Zeit-räume aufgetan, die das Auftreten des Homo sapiens nurmehr als Episode im Weltgeschehen erscheinen lassen. Sie reichen weit hinter die Geschichte der Menschheit zurück bis in die Entstehungszeit unseres Planeten – ja, bis zu den Anfängen des Universums, das rund dreimal so alt ist wie die Erde.

---

[45] Kant: Naturgeschichte, S. 120.
[46] Pascal: Gedanken Auswahl, S. 34.
[47] Pascal: Gedanken Auswahl, S. 35.

Das Mikroskop und die Welt des Allerkleinsten

Eine Vielheit von Welten entfaltete sich auch beim Blick durch das andere optische Instrument, das ebenfalls um 1600 erfunden worden war: das Mikroskop. Unsere Sicht, so schrieb Fontenelle, reiche von den Elefanten bis hinunter zu den Milben; dort ende unser Sehvermögen. Doch jenseits der Milben gebe es noch eine Unzahl kleinerer Tiere, denen die Milbe so groß wie ein Elefant erscheine und die wir mit bloßem Auge nicht zu erkennen vermögen.[48]

Das Fernrohr eröffnete den Blick in den Makrokosmos und beschleunigte den Umsturz des alten Weltbildes, das Mikroskop enthüllte den Mikrokosmos, die Welt des unvorstellbar Kleinen. Jedoch fanden die neuen Instrumente unterschiedlich schnell Eingang in die wissenschaftliche Anwendung. Das Fernrohr wurde rasch das Leitinstrument zur Himmelserforschung, und man wusste es auch in der Schifffahrt zu nutzen und beim Militär, wie schon Galilei 1609 dem Senat von Venedig vorgeschlagen hatte.[49] Dagegen folgte der Blick durch das Mikroskop zunächst kaum wissenschaftlichen Interessen. Erstaunt und fasziniert sah man unter dem Mikroskop eine Welt von Kleinstlebewesen, deren Vielfalt und Feingliedrigkeit niemand vermutet hatte.

Man beobachtete Flöhe, Fliegen, Motten und anderes Kleingetier, weshalb die ersten Mikroskope auch Flohgläser genannt wurden. Galilei zum Beispiel betrachtete diese Tiere mit „unendlicher Bewunderung", fand den Floh am schrecklichsten und die Mücke sowie die Motte am allerschönsten. Mit „großer Befriedigung" glaubte er gesehen zu haben, wie Fliegen es schafften, kopfüber an Glasflächen zu laufen.[50]

> Mit diesem Rohr habe ich Fliegen so groß wie Lämmer gesehen und habe festgestellt, dass sie über und über mit Haaren bedeckt sind und dass sie sehr spitze Nägel haben, mit denen sie sich aufrecht halten und auf Glas laufen, obwohl sie mit den Beinen nach oben hängen, indem sie die Spitze ihrer Nägel in die Poren des Glases stecken.[51] (Galileo Galilei, 1614)

---

[48] Sennett: Handwerk, S. 262.

[49] Blumenberg: Genesis, S. 751.

[50] Zitiert nach Gerlach: Mikroskopie, S. 29.

[51] Zitiert nach Gerlach: Mikroskopie, S. 28.

Die Vielfalt dieser Wunderwelt im Kleinen breitete Hooke in seinem reich bebilderten Werk „Micrographia" aus, das 1665 im Auftrag der Royal Society erschien und ganz der Mikroskopie gewidmet war. Auf etlichen Sitzungen hatte er dort zuvor seine Beobachtungen präsentiert. Er zeigte Details von Kleinstlebewesen wie das Facettenauge einer Fliege, aber auch Feinheiten diverser Materialien. So erkannte er zum Beispiel die Zellstruktur von Kork, und wegen der Ähnlichkeit dieser Korkzellen mit den Zellen der Honigwabe benannte er sie nach ihnen.[52]

So faszinierend diese Blicke ins bisher Unbekannte auch sein mochten, mit systematischer Forschung hatten sie noch wenig zu tun. Dies änderte sich ab Mitte des 17. Jahrhunderts durch die Arbeiten der Niederländer Antoni van Leeuwenhoek und Jan Swammerdam sowie des Italieners Marcello Malpighi. Sie erschlossen ein neues Forschungsfeld, das ohne Mikroskop überhaupt nicht zugänglich gewesen wäre: das Studium der lebenden Substanz.

Leeuwenhoek baute für eigene Beobachtungen statt der seinerzeit schon üblichen mehrlinsigen Mikroskope über 400 einlinsige, extrem stark vergrößernde Lupen mit Fixiervorrichtungen für die Untersuchungsobjekte. Damit erreichte er bis zu 270fache Vergrößerungen. Das Geheimnis zur Herstellung seiner starken Linsen behielt er für sich. Die kleinsten Objekte, die er beobachten konnte, waren etwa zweitausendstel Millimeter groß. Beispielsweise sah er Bakterien, Blutkörperchen, Spermatozoen und erkannte die Querstreifung der willkürlichen Muskulatur. Er studierte die Fortpflanzung von Kleinstlebewesen, zum Beispiel von Flöhen und Blattläusen. In Wassertropfen aus Teichen entdeckte er eine Vielzahl kleinster Organismen. Unter seiner Linse wimmelte es dort geradezu von winzigem Leben.[53]

Während Leeuwenhoek als Liebhaber der Mikroskopie und Autodidakt ans Werk ging, waren Swammerdam und Malpighi Mediziner. Gemeinsam gelten sie als Begründer der mikroskopischen Anatomie. Von ihnen führt eine direkte Linie zur Histologie und Zytologie, also der Gewebelehre und der Zellbiologie, wie sie im 19. Jahrhundert mikroskopisch intensiv erforscht wurden.[54] Heute sind feinste Gewebeschnitte unentbehrliche diagnostische Hilfsmittel in der Medizin.

---

[52] Hall: Naturwissenschaftliche Methode, S. 202.
[53] Hall: Naturwissenschaftliche Methode, S. 188–210; Herderlexikon: Naturwissenschaftler, S. 137 (Leeuwenhoek); Krafft, Meyer-Abich: Große Naturwissenschaftler, S. 206–207 (Leeuwenhoek).
[54] Hall: Naturwissenschaftliche Methode, S. 206.

Swammerdam schuf mit seinen Arbeiten zur Anatomie und Physiologie der Insekten, ihrer Fortpflanzung und der Stadien ihres Wachstums wichtige Grundlagen zur modernen Entomologie, also der Insektenkunde. Sein besonderes Augenmerk galt der Biene und der Eintagsfliege. Zugute kam ihm sein Geschick in der Herstellung und Handhabung von Hilfsmitteln der Mikroskopie: Er schliff äußerst scharfe Skalpelle und ersann spezielle Präparierverfahren für seine Objekte.

Malpighi befasste sich mit der Anatomie von Pflanzen und Tieren sowie mit der des Menschen. Zu seinen Hauptleistungen beim Erforschen der Feinstruktur lebender Gewebe zählt die Beobachtung des Kapillarkreislaufs von Blut. Damit bestätigte er die frühere Auffassung von William Harvey. Dieser hatte 1628 den Blutkreislauf durch die Arterien und Venen des menschlichen Körpers beschrieben und herausgefunden, dass die beständige Pumpleistung des Herzens das Blut in Bewegung hielt. Auch die Ventil-funktion der Venenklappen hatte Harvey entdeckt. Offen war für ihn nur die Frage geblieben, wie das Blut im Körpergewebe von den Arterien in die Venen gelangte. Diesen Übergang in der Kapillarstruktur konnte Malpighi nun unter dem Mikroskop beobachten, was Harvey noch nicht möglich gewesen war.[55]

Der Blick durchs Mikroskop offenbarte also vollkommen neue Strukturen, die der menschlichen Wahrnehmung zuvor verschlossen waren. Zu ihnen hatte man bis dahin nur spekulativ vordringen können, etwa mechanistischen Modellvorstellungen folgend. Viele erwarteten nun eine mechanische Welt im Kleinen, deren Funktion sich durch genaues Betrachten der mikroskopischen Details ebenso erschließen sollte wie dem Feinmechaniker die Funktion eines Uhrwerks, sobald er es geöffnet hatte. Die mechanistische Sicht in den Naturwissenschaften, deren markantester Vertreter Descartes gewesen war, zeigte sich somit auch in der anatomischen Forschung: Man suchte in der Struktur von Organismen eine Erklärung für ihre Vitalfunktionen[56] und wollte so, wenn auch vergeblich, dem Geheimnis des Lebens auf die Spur kommen.

Während das Fernrohr lediglich einen instrumentell geschärften Blick an den gestirnten Himmel bot und das dortige Geschehen in seinem ungestörten Gang zeigte, bedeutete die Verwendung des Mikroskops bereits einen Eingriff in die Natur. Hier ging in der Regel die Präparierung

---

[55] Hall: Naturwissenschaftliche Methode, S. 205; Boas: Renaissance, S. 304–312; Krafft, Meyer-Abich: Große Naturwissenschaftler, S. 219–220 (Malpighi).

[56] Hall: Naturwissenschaftliche Methode, S. 203.

des betrachteten Objekts voraus. Es war also der Blick in eine technisch zubereitete, sezierte Natur, der ihre Verborgenheiten enthüllen sollte, wie Bacon sich ausdrückte, als er sein zukunftsweisendes Programm einer experimentellen Naturwissenschaft darlegte.

Grenzen der Sinneswahrnehmung

Die Verwendung von Fernrohr und Mikroskop bedeutete den Abschied von der Auffassung, die ganze Welt sei auf den Menschen und sein natürliches Wahrnehmungsvermögen zugeschnitten, sei seiner unmittelbaren Sinneswahrnehmung zugänglich und diente seinem Nutzen und seiner Erbauung. Jetzt wurde klar: Dem Menschen war immer nur ein Ausschnitt der Natur zugänglich gewesen, nämlich der, den er mit seinen Sinnen unmittelbar erfassen konnte. Galileis Universitätskollegen in Padua hatten es noch abgelehnt, durch sein Fernrohr zu schauen. Man sollte dies nicht vorschnell als Ignoranz abtun. Dass sie sich diesem Blick mit der „Hartnäckigkeit einer Natter"[57] verweigerten, wie Galilei voller Entrüstung an Kepler schrieb, zeigt auch, wie schwer es fallen konnte, sich von der Vorstellung zu lösen, Welt und Auge seien aufeinander abgestimmt und keine wesentlichen Teile der Wirklichkeit seien dem natürlichen Gesichtssinn entzogen.[58]

Woher sollte man auch die Gewissheit nehmen, dass die künstlichen Instrumente dem Auge nicht Trugbilder vorgaukeln: „optische Täuschungen", gar „Wahngebilde der Glaslinsen"?[59] Allerdings zeigte der Einsatz des Fernrohrs in der Seefahrt, was es zu leisten vermochte: Man konnte zum Beispiel Küstenlinien oder Schiffe schon von größerer Entfernung aus sehen als bisher, und zwar in ihrer wahren Gestalt. Solche Erfahrungen dürften wohl auch dem Vorschlag des Astronomen Adrian Auzout zugrunde gelegen haben, Hooke möge zuerst einmal auf der Erde die Vergrößerungsleistung seines Fernrohrs testen, bevor er es mit der Erwartung an den Himmel richtete, einen von Tieren belebten Mond zu sehen.

Da wir auf der Erde keine Tiere haben, die größer sind als 18 Fuß im Durchmesser, bitte ich Mr. Hooke, sich die Mühe zu machen, festzustellen, ob er ein Tier von einem Fuß Durchmesser auf eine Entfernung von fünf Meilen

---

[57] Zitiert nach Blumenberg: Genesis, S. 763.
[58] Blumenberg: Genesis, S. 723–747; Blumenberg: Fernrohr, S. 7–21.
[59] Galilei: Dialog, S. 278, 351.

erkennen kann; dann mag er danach beurteilen, ob er erwarten darf, lebende Tiere auf dem Mond zu sehen, es sei denn, sie wären im Umfang tatsächlich unvergleichlich viel größer als unsere.[60] (Adrian Auzout, 1665)

Obwohl Fernrohr und Mikroskop als Schlüsselinstrumente die Tore zum Makrokosmos und zum Mikrokosmos öffneten und die visuelle Wahrnehmung enorm steigerten, wuchs mit dieser Erweiterung der Sinne auch das Misstrauen in deren Zuverlässigkeit. Die neuen Instrumente zeigten plötzlich Dinge, die kein Menschenauge je hatte sehen können, deckten also Mängel der menschlichen Sinne auf, deren man sich bis dahin gar nicht bewusst geworden war. Konnte man wirklich davon ausgehen, dass diese Mängel nun beseitigt waren? Oder war nicht weiterhin gegenüber jeder Art von Sinneswahrnehmung eine grundsätzliche Skepsis angebracht, wie sie bereits zweitausend Jahre zuvor Platon in seinem Höhlengleichnis zum Ausdruck gebracht hatte? Platon schilderte in diesem Gleichnis die Gefangenschaft des Menschen in seiner Sinnenwelt, vergleichbar einer Höhle, an deren Wänden er nur das Schattenbild der Dinge sehen kann, dieses aber für die Wirklichkeit hält.[61]

Dass der Weg über die Sinne in die Irre führen kann, machte im ausgehenden 16. Jahrhundert Michel de Montaigne noch einmal besonders deutlich: Das Menschenauge könne von der Wirklichkeit nur erfassen, was seiner Aufnahmefähigkeit entspreche.[62] Aber er bezweifelte nicht nur die Leistung des Gesichtssinns, der ja kurz danach durch Fernrohr und Mikroskop geschärft werden sollte. Seine Skepsis galt der gesamten Sinnesausstattung des Menschen.

Das erste, was ich über die fünf Sinne des Menschen denke, ist, dass ich es als zweifelhaft hinstelle, ob er über alle Sinne verfügt, die es gibt. Denn wenn einer fehlt, kann der Mangel durch unseren Verstand nicht entdeckt werden. […] Wir haben also unser Wahrheitsbild durch das Zusammenwirken unserer fünf Sinne, die wir zu Rate ziehen können, aufgebaut; aber vielleicht wären die gleichzeitigen Beiträge von acht oder zehn Sinnen nötig, um eine Wahrheit mit Sicherheit ihrem Wesen nach aufnehmen zu können.[63] (Michel de Montaigne, um 1580)

---

[60] Zitiert nach Hall: Naturwissenschaftliche Methode, S. 188.
[61] Szlezák: Höhlengleichnis.
[62] Montaigne: Essais, S. 218.
[63] Montaigne: Essais, S. 229.

Montaignes Worte vom Mangel der menschlichen Sinnesorgane sollten sich als prophetisch erweisen, wenn auch nicht seine Einschätzung, dass unser Verstand solch einen Mangel nicht entdecken könnte. Bereits zu seiner Zeit wurde die Wirkung des Magnetismus, für den der Mensch kein Sensorium hat, nicht nur entdeckt, sondern auch im Kompass genutzt. Im Zuge der weiteren naturwissenschaftlichen Forschung stieß der Mensch noch auf vieles, was seinen Sinnen nicht unmittelbar zugänglich ist, was er weder sehen noch hören, fühlen, riechen oder schmecken kann. Aber er konnte es sich mit Hilfe von Beobachtungs- und Messinstrumenten in seinen begrenzten Wahrnehmungskorridor hereinholen und technisch nutzbar machen.

Inzwischen sind uns Rundfunkwellen selbstverständlich, wir treiben Radioastronomie und Elektronenmikroskopie. Wir dringen nicht nur erkennend, sondern auch gestaltend vor in die Nano-Welt auf Molekül- und Atomebene und zu den Bausteinen des Lebens – alles nur instrumentell erschließbar. Wir wissen, dass es außerhalb unseres Sehspektrums ultraviolettes und infrarotes Licht, Röntgenstrahlen oder Mikrowellen gibt und dass sichtbares Licht polarisiert sein kann, wissen auch, dass jenseits unseres Hörspektrums Infraschall- und Ultraschallwellen schwingen, und nutzen all das in vielfältiger Weise. Elektrizität spüren und sehen wir nur durch ihre Wirkungen, direkt erkennbar ist sie für uns nicht. Im Gegensatz zu uns Menschen haben andere Lebewesen wie manche Säugetiere, Vögel oder Insekten sehr wohl Sensorien etwa für Ultraschall, polarisiertes Licht oder Magnetismus, mit deren Hilfe sie fantastische Orientierungsleistungen vollbringen. Überdies haben etliche von ihnen einen schärferen Gesichts- und feineren Geruchssinn als wir. Naturgegebene Mängel unserer biologischen Ausstattung können wir aber mittels Technik kompensieren – bis hin zur Erweiterung der Sinne durch Implantate, wie es heutzutage Anhänger des Transhumanismus betreiben mit dem Ziel, Mensch und Maschine miteinander zu verschmelzen.[64]

Wir sind also umgeben von physikalischen Effekten, die wir nicht direkt wahrnehmen können, die wir aber gezielt nutzen, um unsere Lebenswelt zu gestalten. Die Welt des Augenscheins und die Welt der Wissenschaft drifteten auseinander, seit Galilei und Newton die neuzeitliche Naturwissenschaft begründet haben und optische Instrumente bislang Unsichtbares

---

[64] Lenzen: Künstliche Intelligenz, S. 110–112; Eberl: Smarte Maschinen, S. 341–362.

enthüllten und zugleich das Vertrauen des Menschen in sein Sinnesvermögen erschütterten. Wissenschaftliche Erkenntnisse wie die von der zwar endlichen, aber unvorstellbar großen Lichtgeschwindigkeit entbehren jeder Anschaulichkeit.[65] Und selbst das scheinbar Offensichtliche, dass die Sonne um die Erde kreist, konnte sich als Täuschung erweisen, sobald Vernunft und instrumentell geschärfter Gesichtssinn den Augenschein überwunden, oder, wie Galilei es ausdrückte, über ihn triumphiert hatten.[66]

Selbst das Newton'sche Trägheitsgesetz, demzufolge Körper, auf die keine Kraft wirkt, in geradlinig gleichförmiger Bewegung verharren, dürfte heute noch für viele eine Herausforderung an den Alltagsverstand sein, denn es entzieht sich der unmittelbaren Erfahrung – von den paradox anmutenden Aussagen der Relativitäts- oder der Quantentheorie ganz zu schweigen. Der Dualismus etwa, dass Licht sowohl Welle als auch Teilchen sein kann, stößt an die Grenzen der Vorstellungskraft – ein Dualismus, zu dem Physiker in den 1920er-Jahren sich durchrangen, nachdem sie mit mechanistischen Bildern von der Natur des Lichts nicht mehr alle optischen Phänomene anschaulich erklären konnten. Und dennoch beruht auf derlei abstrakten Erkenntnissen und Gesetzmäßigkeiten die Funktion vieler Geräte, mit deren Bedienung wir im Alltag vertraut sind, auch wenn uns ihre wissenschaftlichen Hintergründe fremd bleiben.

Trotz aller Gefahr, von den Sinnen getäuscht zu werden, kam ihnen im Sensualismus des 17. Jahrhunderts ein hoher Erkenntniswert zu – galten sie doch als die einzigen Verbindungen des Verstandes zur Außenwelt. John Locke, der mit seinem „Versuch über den menschlichen Verstand" von 1690 die neuzeitliche Erkenntnistheorie begründete,[67] prägte hierzu den Satz: „Nichts ist im Geist, was nicht vorher in den Sinnen war." Doch Leibniz fügte hinzu: „ausgenommen der Geist selbst".[68] Damit betonte er die Erkenntnis stiftende Rolle des Verstandes, der dem Menschen noch vor jedem Sinneseindruck innewohnt. Dieses Bündnis von kritisch abwägender Vernunft und sinnlicher Erfahrung fand seine deutlichste Ausprägung im empirischen Rationalismus der Aufklärungszeit.

---

[65] Arendt: Vita activa, S. 267–272; Blumenberg: Genesis, S. 630.
[66] Galilei: Dialog, S. 342.
[67] Brandt: Locke, S. 362.
[68] Poser: Leibniz, S. 393.

5

Mechanisierung von Kopfarbeit – Rechnen mit Maschinen

Elementare Rechenhilfen

Bis vor wenigen Jahrzehnten waren mechanische Rechenmaschinen, mit Handkurbel oder mit Elektroantrieb, unentbehrlich und allgegenwärtig: im Forschungslabor, im Ingenieur- und Konstruktionsbüro, im Vermessungsamt, bei Banken und Versicherungen, in der kaufmännischen Buchführung von Firmen oder als Ladenkasse mit Klingelton in den Einkaufsgeschäften. Dann wurden sie binnen kürzester Zeit abgelöst durch moderne elektronische Datenverarbeitungs-Geräte.

Beide Gerätetypen, die herkömmlichen Rechenmaschinen und die elektronischen Rechner, haben ihre Wurzeln im 17. Jahrhundert. In die Phase der Mechanisierung des Weltbildes fielen die ersten Versuche, Rechenmaschinen zu entwickeln, also Kopfarbeit zu mechanisieren. Mathematik und Mechanik, ohnehin eng miteinander verknüpft, gingen hier eine besonders handgreifliche Verbindung ein. Ziel war es, beschwerliche geistige Routinearbeiten wie Addieren, Subtrahieren, Multiplizieren oder Dividieren einfacher und sicherer erledigen zu können. Astronomen, Naturwissenschaftler, Uhrmacher, Landvermesser, Karten- und Globenhersteller, Bankiers, Kaufleute, Steuerbeamte und Statistiker: sie alle verarbeiteten Daten nach festgelegten Rechenregeln und hätten leicht bedienbare, zuverlässige Rechenmaschinen gut gebrauchen können. Aber erst im frühen 19. Jahrhundert kamen Maschinen, die diesen Erwartungen tatsächlich entsprachen, erschwinglich und in genügender Zahl auf den Markt.

© Springer-Verlag GmbH Deutschland, ein Teil von Springer Nature 2022
G. Zweckbronner, *Aufbruch ins Industriezeitalter – Zukunftswerkstätten der Neuzeit*,
https://doi.org/10.1007/978-3-662-60542-4_5

Bis ins frühe 17. Jahrhundert standen zur Erleichterung von Rechenarbeit nur elementare Hilfsmittel zur Verfügung wie zum Beispiel der Rechentisch oder der Abakus.[1] Durch Verschieben von Rechensteinen auf einem Tisch oder von Kugeln auf Drähten in einem Rechenrahmen konnte man einfach addieren und subtrahieren sowie mit etwas mehr Aufwand multiplizieren und dividieren. Neu hinzu kamen um und nach 1600 die Logarithmentafel und der Rechenschieber zum Lösen von Multiplikations- und Divisionsaufgaben. Auch sie wurden klassische Rechenhilfsmittel bis zur Einführung der elektronischen Rechengeräte.

Das Rechnen mit Logarithmen hatten der Schweizer Jost Bürgi und der Schotte John Napier, beide Mathematiker, unabhängig voneinander eingeführt.[2] Multiplikationen und Divisionen wurden damit auf Additionen und Subtraktionen zurückgeführt. Diesem Prinzip folgte auch der Rechenschieber mit logarithmischer Einteilung. Seine Skalenabschnitte ließen sich durch Verschieben so aneinanderfügen, dass man die Ergebnisse von Multiplikation und Division sofort ablesen konnte. Napier, latinisiert Neper, ersann auch die nach ihm benannten Neper-Stäbchen (Abb. 5.1), die für Multiplikationen und Divisionen geeignet waren.[3]

Die weitere Entwicklung dieser Methode führte zum Rechenkasten des Mathematikers und Physikers Caspar Schott. Dieser Schott'sche Rechenkasten arbeitete nach dem Prinzip der Neper-Stäbchen. Aber statt der vierkantigen Holzstäbe hatte er zylindrische Rollen, auf deren Umfang jeweils das gesamte kleine Einmaleins stand, also sämtlicher Zahlen von 1 bis 9. Durch Drehen dieser Rollen ließ sich die zu multiplizierende Zahl einstellen und man konnte die Zwischenprodukte wie bei den Neper-Stäbchen sofort ablesen und zum Endergebnis der Multiplikation aufaddieren.

Die erste Rechenmaschine von Wilhelm Schickard

Mit Wilhelm Schickard, Professor für biblische Sprachen, Mathematik und Astronomie in Tübingen, begann die Entwicklung mechanischer Rechenmaschinen.[4] Von ihm sagte Kepler, er philosophiere „mit dem Kopf und

---

[1] Folkerts: Multiplikationsmethoden, S. 51–52; Lindner, Wohak, Zeltwanger: Planen, S. 37–39.

[2] Mackensen: Erste Sternwarte Europas: S. 28–31.

[3] Folkerts: Multiplikationsmethoden.

[4] Freytag Löringhoff: Rechenmaschine.

Abb. 5.1 Mitmach-Station: Neper-Stäbchen. Jede Längsfläche der vierkantigen Stäbchen trägt eine Zahl mit ihren Vielfachen aus dem kleinen Einmaleins. Da auf jedes Stäbchen nur vier Zahlen mit ihren Produkten passen, braucht man mehrere Stäbchen, um das gesamte kleine Einmaleins auf diese Weise darstellen zu können. Man legt die Stäbchen aneinander in der Ziffernfolge der zu multiplizierenden Zahl, zum Beispiel 8281, und sieht dann auf einen Blick alle zugehörigen Produkte aus dem kleinen Einmaleins. Jetzt kann man in der Zeile, die dem Multiplikationsfaktor entspricht, zum Beispiel Faktor 3, sofort alle Zwischenprodukte ablesen. Sie sind so angeordnet, dass man von rechts nach links die Einer, Zehner, Hunderter und so weiter direkt über die Diagonalen zusammenzählen und das Ergebnis der Multiplikation notieren kann: 24843. (© TECHNOSEUM, Foto: Klaus Luginsland)

mit der Hand".[5] Als Mathematiker und Astronom hatte Schickard viel mit Berechnungen zu tun. Auch damit dürfte sein Bemühen um eine Rechenmaschine zusammenhängen. Erhalten blieb seine Maschine allerdings nicht. Aber dass es ihm gelang, eine solche zu entwerfen und bauen zu lassen, geht aus einem Brief von 1623 an Kepler hervor.

> Ferner habe ich dasselbe was du rechnerisch gemacht hast, kürzlich auf mechanischem Wege versucht und eine aus elf vollständigen und sechs verstümmelten Rädchen bestehende Maschine konstruiert, welche gegebene Zahlen augenblicklich automatisch zusammenrechnet: addiert, subtrahiert, multipliziert und dividiert. Du würdest hell auflachen, wenn du da wärest und erlebtest, wie sie die Stellen links, wenn es über einen Zehner oder Hunderter weggeht, ganz von selbst erhöht, bzw. beim Subtrahieren ihnen etwas wegnimmt.[6] (Wilhelm Schickard an Johannes Kepler, 1623)

---

[5] Zitiert nach Mackensen: Rechenmaschinen, S. 88.
[6] Zitiert nach Freytag Löringhoff: Rechenmaschine, S. 289.

Abb. 5.2 Mitmach-Station: Rekonstruierte Rechenmaschine von Wilhelm Schickard.
Im oberen Teil der Maschine sind sechs drehbare Einmaleins-Walzen, ähnlich denen
beim Schott'schen Rechenkasten (**a**). Schieber gestatten ein rasches und sicheres
Ablesen der Zwischenprodukte auf den Walzen, in diesem Fall der Zwischenprodukte
von 1623 × 3: von links nach rechts 3, 18, 6, 9. Addiert man sie ihrem Stellenwert entsprechend wie bei den Neper-Stäbchen über die Diagonalen von rechts nach links
und nutzt dabei das mechanische Zählwerk im unteren Teil der Maschine, dann kann
man dort das Ergebnis der Multiplikation ablesen: 4869 (**b**). Möchte man die oben
auf den Walzen eingegebene Zahl mit einem mehrstelligen Faktor multiplizieren,
dann verfährt man mit dessen weiteren Stellen – Zehner, Hunderter usw. – genauso
wie mit der Einerstelle, muss allerdings bei der Eingabe der Zwischenprodukte in das
Zählwerk den steigenden Stellenwert beachten und jeweils versetzt bei den Zehnern,
Hundertern usw. beginnen. So wird das Endergebnis schrittweise aufgebaut.
(© TECHNOSEUM, Foto: Klaus Luginsland)

Schickard hatte für seine Maschine ein sechsstelliges Zählradwerk für
Addition und Subtraktion mit selbsttätigem Zehner-Übertrag entwickelt,
wofür er auch die im Brief erwähnten verstümmelten Rädchen brauchte
(Abb. 5.2). Offen bleiben muss, wie zuverlässig dieser Übertrag über

mehrere Stellen hinweg funktionierte. Denn wichtig hierfür sind die genaue Bearbeitung der Zahnräder, möglichst geringes Spiel zwischen den Zahnflanken und wenig Reibung. Und wie einer Notiz Schickards zu entnehmen ist, ließ die Qualität der Arbeit des von ihm beauftragten Mechanikers offenbar zu wünschen übrig.[7]

Auf jeden Fall gilt Schickard als Ersterfinder der Rechenmaschine mit automatischer Zehner-Übertragung. Leider ging seine Maschine verloren, und ein zweites Exemplar, das für Kepler in Arbeit war, wurde durch Feuer vernichtet, wie Schickard 1624 an Kepler schrieb.[8] Deshalb war auch über Aufbau und Funktionsweise der Maschine lange Zeit nichts bekannt, und spätere Entwickler von Rechenmaschinen konnten nicht bei Schickard anknüpfen. Erst Ende der 1950er-Jahre fand man aufgrund von Skizzen und Beschreibungen in den Nachlässen von Schickard und Kepler heraus, wie die Maschine aufgebaut war und funktioniert hatte, so dass es gelang, sie zu rekonstruieren.[9] Bis dahin hatte die Zwei-Spezies-Maschine von Pascal, die sogenannte Pascaline, als die erste Rechenmaschine gegolten.

Addieren und Subtrahieren mit der Pascaline

Pascal begann mit den Arbeiten zu seiner Maschine 1642, also rund 20 Jahre nach Schickard.[10] Anstoß gaben die aufwendigen Rechnungen, die er im Zusammenhang mit den Aufgaben seines Vaters, eines Steuerpächters, zu erledigen hatte. Es ging vor allem um Additions-Aufgaben in französischer Währung. Im Jahre 1645 überreichte er seine Maschine dem Kanzler Pierre Séguier, dem Vorgesetzten seines Vaters, mit einem Widmungsbrief. Hier schilderte er den Anlass seiner Bemühungen, eine Maschine zu ersinnen und nach seinen Angaben so bauen zu lassen, „dass sie aus sich allein und ohne irgendwelche geistige Arbeit die Operationen aller Gebiete der Arithmetik ausführt, ganz wie ich mir das vorgenommen hatte".[11]

Die Langwierigkeit und die Schwierigkeit der Methoden, die man bisher anwandte, brachten mich auf den Gedanken, ein rasch und leicht arbeitendes

---

[7] Mackensen: Rechenmaschine Leibniz, S. 47.
[8] Kepler: Werke, S. 503.
[9] Freytag Löringhoff: Rechenmaschine.
[10] Mackensen: Rechenmaschine Leibniz, S. 47–49.
[11] Zitiert nach Klemm: Technik, S. 176.

Hilfsmittel zu erfinden, das mich bei den umfangreichen Rechnungen unterstützen könne, mit denen ich seit einigen Jahren im Zusammenhang mit den Ämtern beschäftigt bin, mit denen Sie meinen Vater für den Dienst beehrten, den er Seiner Majestät in der oberen Normandie leistete. […] Die Kenntnisse in Geometrie, Physik und Mechanik lieferten mir den Plan dazu und gaben mir die Gewissheit, dass der Gebrauch einer solchen Maschine unfehlbar sein müsste, wenn nur ein Handwerker das Instrument so ausführen könnte, wie ich mir das Modell ausgedacht hatte.[12] (Blaise Pascal an den Kanzler Pierre Séguier, 1645)

Bei aller Annäherung ihrer Funktion an menschliche Denkleistungen sah Pascal in der Rechenmaschine nur ein technisches Mittel zur Entlastung von geistiger Arbeit. Zwar zeigte sie nach seinen Worten „Wirkungen, die dem Denken näher kommen als alles, was Tiere vollbringen; aber keine, von denen man sagen muss, dass sie Willen habe wie die Tiere" – und erst recht nicht wie der Mensch, könnte man hinzufügen. Denn, so Pascal, die „ganze Würde des Menschen liegt im Denken".[13]

Gescheitert wäre jenes Rechenmaschinen-Projekt allerdings fast an der handwerklichen Ausführung. Pascal, der mit Feder und Zirkel geschickter umgehen konnte als mit Metall und Hammer, wie er schrieb, war nämlich auf Feinmechaniker angewiesen, denen er sich verständlich machen musste, damit sie in der Lage waren, seine Ideen und Entwürfe technisch umzusetzen. Und gerade in dieser Zusammenarbeit traten zunächst schier unüberwindliche Probleme auf. Hier zeigte sich, dass der zukunftsweisende Prozess gegenseitiger Befruchtung von Theorie und Praxis, von wissenschaftlicher Idee und technischer Ausführung, eben erst in Gang kam.

Die „lebendige Rechenbank" von Gottfried Wilhelm Leibniz

Theorie und Praxis enger zusammenzuführen, war ein zentrales Anliegen von Leibniz. Dessen Wahlspruch „Theoria cum Praxi", also die Maxime, Theorie mit Praxis zu verbinden, bestimmte auch das Programm der Königlich-Preußischen Akademie der Wissenschaften, die 1700 auf sein Betreiben in Berlin gegründet wurde. Als Universalgelehrter forschte Leibniz auf nahezu allen Fachgebieten seiner Zeit, insbesondere auf dem

---

[12] Zitiert nach Klemm: Technik, S. 175–176.
[13] Pascal: Gedanken Auswahl, S. 81.

Feld der Mathematik und der Mathematisierung der Naturwissenschaft. Zu seinen großen Leistungen zählt die Infinitesimalrechnung. Er entwickelte sie unabhängig von Newton und schuf für dieses Kalkül die bis heute verwendete symbolische Schreibweise, die es für die Behandlung mathematischer und physikalischer Probleme besonders geeignet machte.

Schon früh wandte sich Leibniz auch dem Problem der Mechanisierung des Rechnens zu. Während eines Paris-Aufenthaltes studierte er die Pascal'sche Maschine gründlich. Er nannte sie ein „Probestück des glücklichsten Genies", aber ihren praktischen Nutzen schätzte er als gering ein, „da sie nur die Addition und Subtraktion erleichtert, deren Schwierigkeit ohnehin nicht groß ist, aber die Multiplikation und Division der früheren Rechnung überlässt".[14] Seine Pläne galten einer „lebendigen Rechenbank" für alle vier Grundrechenarten.[15] Von ihr versprach er sich Erleichterung und mehr Zuverlässigkeit bei der Ausführung von Rechenoperationen.

> Es ist unwürdig, die Zeit von hervorragenden Leuten mit knechtischen Rechenarbeiten zu verschwenden, weil bei Einsatz einer Maschine auch der Einfältigste die Ergebnisse sicher hinschreiben kann.[16] (Gottfried Wilhelm Leibniz, um 1670)

Unter anderem waren es mechanische Schrittzähler, die Leibniz zu seiner Maschine inspirierten. Mit denen konnte man, wie er sagte, seine eigenen Schritte zählen, ohne zu denken. Sie brachten ihn auf die Idee, „es ließe sich die ganze Arithmetik durch eine ähnliche Art von Werkzeug fördern".[17]

Leibniz gelang es, eine Vier-Spezies-Rechenmaschine zu entwickeln, also eine Maschine für alle vier Grundrechenarten. Das entscheidend neue Maschinenelement war die Staffelwalze: ein walzenförmiges Zahnrad mit unterschiedlichen Zahnbreiten in Stufungen von 0 bis 9. Die Staffelwalze kann axial verschoben werden, je nachdem, welchen Zahlenwert sie repräsentieren soll. Von ihrer Position hängt es ab, wie viele ihrer Zähne bei einer vollständigen Umdrehung wirksam sind, das heißt, um wie viele Zähne sie das eingreifende Gegenzahnrad dabei weiterdreht. Auf diese Weise ist gewissermaßen ein Schaltgetriebe entstanden, dessen Zahnradeingriffe über das Zahlen-Einstellwerk gesteuert werden. Derselbe Effekt lässt

---

[14] Zitiert nach Mackensen: Rechenmaschine Leibniz, S. 49.
[15] Mackensen: Rechenmaschine Leibniz, S. 52.
[16] Zitiert nach Popp, Stein: Leibniz, S. 84.
[17] Zitiert nach Mackensen: Rechenmaschinen, S. 87.

sich auch mit einem Sprossenrad erzielen, bei dem die wirksame Zähnezahl am Umfang eingestellt werden kann. Leibniz hatte diese Bauform ebenfalls entworfen, aber sie war fertigungstechnisch zu anspruchsvoll. Erst ab den 1870er-Jahren wurden Rechenmaschinen nach dem Sprossenrad-Prinzip gebaut.

Mit denselben Schwierigkeiten wie Pascal hatte auch Leibniz zu kämpfen: Er schilderte die Mühen der Zusammenarbeit mit den Mechanikern und musste erkennen, welch langer Weg zwischen der Idee und der praktischen, funktionstüchtigen Umsetzung lag.[18] Der vollständige Zehner-Übertrag über mehrere Stellen hinweg zum Beispiel ließ sich nicht realisieren.

Dennoch konnte sich Leibniz in der Welt der Wissenschaft Reputation verschaffen mit seinem Bemühen, Kopfarbeit durch Rechenmaschinen zu mechanisieren. Davon zeugt seine Aufnahme in die Royal Society, wo er sich 1673 mit dem ersten Modell seiner Maschine beworben hatte.[19] Überzeugender als die Rechenmaschine selber mit ihren Funktionsmängeln dürfte das Konzept gewesen sein, das dahinter stand.

Der geglückte Zehner-Übertrag von Philipp Matthäus Hahn

In der Folgezeit gab es weitere, letztlich vergebliche Versuche, die vier Grundrechenarten zuverlässig zu mechanisieren. Dies gelang erst rund hundert Jahre, nachdem Leibniz mit seinen Arbeiten zur Rechenmaschine begonnen hatte, einem württembergischen Pfarrer: Philipp Matthäus Hahn (Abb. 5.3). Neben seiner seelsorgerischen Tätigkeit befasste er sich mit dem Bau von Waagen, Taschenuhren und astronomischen Uhren. Er verband religiöse Weltsicht, rationales mechanisches Denken und technisches Können – eine Kombination, die in einer Zeit nicht erstaunen darf, in der man Gott noch als Mechaniker des Weltgetriebes sehen konnte, als vollkommenen Uhrmacher. Im Kleinen diesem Mechaniker-Gott nachzueifern offenbarte somit das große Wunder der gesamten Schöpfung.

Hahn bildete in seinen astronomischen Uhren und Planetarien den Lauf der Gestirne nach, und er wollte das so präzise wie möglich tun. Damit die angezeigten Positionen der Himmelskörper möglichst gut mit den astronomischen Daten übereinstimmten, waren ausgefeilte Mechanis-

---

[18] Lindner, Wohak, Zeltwanger: Planen, S. 224.
[19] Mackensen: Rechenmaschine Leibniz, S. 59–60.

Abb. 5.3 Rechenmaschine von Philipp Matthäus Hahn für alle vier Grundrechenarten, Kornwestheim 1770–1774. (Leihgabe S. K. H. Herzog von Urach, © TECHNOSEUM, Foto: Claude Seelig)

men vonnöten, bei denen er aber mit möglichst wenigen Zahnrädern aus-kommen wollte. Dies führte zu mühsamer Rechnerei und gab den Anstoß, eine Rechenmaschine, zunächst für den Eigenbedarf, zu entwickeln.

> Als ich aber einen Weg fand, die Revolutionen [d. h. die Umläufe] der Himmelskörper mit wenigeren Rädern ebenso genau darzustellen und auch in der Hin- und Herführung der Bewegungen manches kürzer zu fassen: so waren ganz neue langwierige und sehr beschwerliche Rechnungen hierzu vonnöten, also dass ich beinahe stumpf im Denken wurde und, wenn ich eine halbe Nacht hindurch gerechnet hatte, nimmer zwo Zahlen zuverlässig zusammenzählen konnte. Dieses brachte mich auf den Gedanken: ob nicht eine Rechnungs-Maschine möglich sei?[20] (Philipp Matthäus Hahn, 1774)

Hahn befasste sich intensiv mit den Arbeiten von Leibniz zur Rechen-maschine, und er ließ sich von dessen Fehlschlägen nicht entmutigen.

---

[20] Hahn: Mechanische Kunstwerke, S. XIV–XV.

Schritt für Schritt analysierte er sämtliche Rechenwege und überlegte, wie er sie mechanisieren könnte.

> Ich untersuchte die Quellen aller Rechnungen, ich fand, dass alles im Addieren und Subtrahieren bestehe und nur darauf ankomme, dass immer Einheiten von Einheiten, Zehner von Zehner usw. abgezogen werden.[21] (Philipp Matthäus Hahn, 1774)

Der Zehner-Übertrag bereitete auch ihm am meisten Kopfzerbrechen. Als er eine Lösung gefunden hatte, glaubte er voller Zuversicht, die Maschine in einigen Wochen fertigstellen zu können. Der Zeitplan erwies sich freilich als Illusion. Die Arbeit mit den Mechanikern in seiner Werkstatt war mühevoller als gedacht. Auch hier, wie bei Schickard, Pascal und Leibniz, bestand eine wichtige Aufgabe darin, sich den Mechanikern verständlich zu machen, die mit dem Bau der Maschinen betraut waren. Hahn, der nach eigenen Worten nie als Schlosser oder Uhrmacher gearbeitet hatte, sah seine Arbeit vor allem im „Nachdenken, Rechnen, Risse machen und Anordnen, die Arbeiten bei den Handwerksleuten visitieren, den Arbeitern Antwort geben auf ihr Befragen".[22]

Nach etlichen Rückschlägen konnte er schließlich um die Mitte der 1770er-Jahre die ersten wirklich funktionstüchtigen Exemplare seiner Rechenmaschine mit bis zu vierzehn Stellen für alle vier Grundrechenarten präsentieren. Hahn hatte das Leibniz'sche Staffelwalzen-Prinzip übernommen und das Problem des sicheren Zehner-Übertrags über sämtliche Stellen hinweg gelöst, an dem Leibniz noch gescheitert war (Abb. 5.4). Seine Maschine war so konzipiert, dass sie jeder Uhrmacher sollte reparieren und nachbauen können. Obwohl im Prinzip serienreif, wurden nur wenige Exemplare hergestellt.

Erst in den 1820er-Jahren begann mit Charles Xavier Thomas in Paris die industrielle Produktion von Rechenmaschinen nach dem Staffelwalzen-Prinzip.[23] Weitere Hersteller in Europa und den USA folgten. Auch der Leibniz'sche Entwurf des Sprossenrades wurde neben anderen technischen Neuerungen realisiert. Rechenmaschinen unterschiedlichster Bauformen und Spezialfunktionen hielten nun Einzug überall dort, wo große Zahlenmengen nach festen Rechenschemata bearbeitet werden mussten. Ein zweihundert Jahre lang beharrlich verfolgtes Ziel war erreicht.

---

[21] Hahn: Mechanische Kunstwerke, S. XV.
[22] Hahn: Mechanische Kunstwerke, S. XIX–XX.
[23] Oberliesen: Information, S. 195–202.

Abb. 5.4 Blick ins Innere der Hahn'schen Rechenmaschine. Links erkennt man eine der senkrecht verschiebbaren Staffelwalzen. Je nach Höhe und damit eingestelltem Zahlenwert greift sie mit null bis neun Zähnen in das rechte Zahnrad ein und dreht es um diesen Wert weiter. (© TECHNOSEUM, Foto: Klaus Luginsland)

Die Leibniz'sche Idee zu einer Dual-Rechenmaschine

Die Zeit der mechanischen Rechenmaschinen endete in den 1970er-Jahren ziemlich abrupt. Sie wurden verdrängt von Computern sowie Tisch- und Taschenrechnern. Zugleich verschwanden Logarithmentafeln und Rechenschieber von den Arbeitstischen. Doch auch die neue elektronische Datenverarbeitung und ihre binäre Null/Eins-Logik reichen mit ihren geistigen Wurzeln zurück ins 17. Jahrhundert, in die Anfangszeit der dezimalen Rechenmaschine. Und sie führen wieder zu Leibniz.

Dieser hatte in zweifacher Weise die Entwicklung der Rechentechnik geprägt: einmal durch seine Dezimal-Rechenmaschine mit der zukunftsweisenden Staffelwalzen-Technik, zum anderen durch seine Beschäftigung mit dem dualen Zahlensystem. In diesem System, das nur die Ziffern 0 und 1 kennt, lassen sich alle vier Grundrechenarten einfach ausführen. Zum Beispiel ergeben 0 plus 0 gleich 0, 0 plus 1 gleich 1, 1 plus 0 gleich 1 und schließlich 1 plus 1 gleich 10, also mit einem „Zweier"-Übertrag im Dualsystem auf die nächste Stelle, entsprechend dem „Zehner"-Übertrag im Dezimalsystem. Das kleine Einmaleins im Dualsystem ist noch einfacher: 0 mal 0 gleich 0, 0 mal 1 gleich 0, 1 mal 0 gleich 0, 1 mal 1 gleich 1.

> Das Addieren von Zahlen ist bei dieser Methode so leicht, dass diese nicht schneller diktiert als addiert werden können, so dass man die Zahlen gar nicht zu schreiben braucht, sondern sofort die Summen schreiben kann. [...] Ich gehe nun zur Multiplikation über. Hier ist es wiederum klar, dass man sich nichts Leichteres vorstellen kann.[24] (Gottfried Wilhelm Leibniz, 1679)

Diese Vorteile des einfachen Rechnens im dualen Zahlensystem nutzend, machte sich Leibniz auch Gedanken über eine Dual-Rechenmaschine. Wie er sich deren Funktionsweise vorstellte, beschrieb er 1679 in einer Ideenskizze, die er allerdings nie in die Realität umsetzte.

> Diese Art Kalkül könnte auch mit einer Maschine ausgeführt werden. Auf folgende Weise sicherlich sehr leicht und ohne Aufwand: Eine Büchse soll so mit Löchern versehen sein, dass diese geöffnet und geschlossen werden können. Sie sei offen an den Stellen, die jeweils 1 entsprechen, und bleibe geschlossen an denen, die 0 entsprechen. Durch die offenen Stellen lasse sie kleine Würfel oder Kugeln in Rinnen fallen, durch die anderen nichts. Sie werde so bewegt und von Spalte zu Spalte verschoben, wie die Multiplikation es erfordert. Die Rinnen sollen die Spalten darstellen, und kein Kügelchen soll aus einer Rinne in eine andere gelangen können, es sei denn, nachdem die Maschine in Bewegung gesetzt ist. Dann fließen alle Kügelchen in die nächste Rinne, wobei immer eines weggenommen wird, welches im Loch bleibt, sofern es allein den Ausgang passieren will. Denn die Sache kann so eingerichtet werden, dass notwendig immer zwei zusammen herauskommen, sonst sollen sie nicht herauskommen.[25] (Gottfried Wilhelm Leibniz, 1679)

Erst gut dreihundert Jahre später wurde nach dieser Leibniz'schen Idee ein Funktionsmodell erstellt (Abb. 5.5) – mit technischen Mitteln, die auch im 17. Jahrhundert zur Verfügung gestanden hätten.

Solch eine Maschine hätte zu Leibniz' Zeit wenig praktischen Wert gehabt: Die Umwandlungen der Zahlen von dezimal in dual und dann wieder zurück in dezimal wären zu aufwendig gewesen. Leibniz trug sich zwar noch mit Gedanken zu einem mechanischen Zahlenwandler sowie zu

---

[24] Zitiert nach Lindner, Wohak, Zeltwanger: Planen, S. 51.

[25] Zitiert nach Mackensen: Rechenmaschinen, S. 98.

Abb. 5.5 Mitmach-Station: Modell einer Dual-Rechenmaschine nach Leibniz. Mit diesem Modell kann man Additionen im Dualsystem durchführen. Die Zahlen gibt man ein, indem man Kugeln mit Hilfe des beweglichen Schiebers zu den unteren Fächern rollen lässt. Diese drei Fächer entsprechen den ersten drei Stellen im Dualsystem: von rechts nach links die Einer-, die Zweier- und die Viererstelle, also in Zweierpotenzen steigend, statt in Zehnerpotenzen wie beim Dezimalsystem. In jedem der Fächer gibt es immer nur zwei Möglichkeiten der Belegung: keine Kugel (Stellenwert 0), dann ist das Fach offen, oder eine Kugel (Stellenwert 1), dann ist es blockiert. Sobald eine weitere Kugel auf ein bereits belegtes Fach zu läuft, wird sie zum nächsten Fach mit dem höheren Stellenwert weitergeleitet und löst dabei einen Hebelmechanismus aus, der das belegte Fach mit dem niedrigeren Stellenwert leert. Es findet also ein mechanischer Übertrag auf die nächste Stelle statt: ein „Zweier"-Übertrag im Dualsystem, was dem „Zehner"-Übertrag im Dezimalsystem entspricht.

In der hier gezeigten Situation ist nur das zweite Fach belegt, was der Dualzahl 10 entspricht (dezimal 2). Möchte man nochmal die Dualzahl 10 dazu addieren, dann schiebt man, wie hier zu sehen, die nächste Kugel zum zweiten Fach. Da dies aber bereits belegt ist, wird diese Kugel weitergeleitet werden zum dritten Fach, wobei sie die Leerung des zweiten Faches auslöst. Dann wird nur noch das dritte Fach belegt sein, was der Dualzahl 100 entspricht (dezimal 4). Man hat also im Dualsystem die Addition $10+10=100$ durchgeführt (dezimal $2+2=4$). (© TECHNOSEUM, Foto: Klaus Luginsland)

einer Dual-Rechenmaschine mit Zahnrädern statt mit Kugeln. Aber zu einer Realisierung kam damals beides nicht.[26]

Dennoch wurde die Leibniz'sche Idee zur Basis der binären, zweiwertigen Logik elektromechanischer und elektronischer Datenverarbeitung. Sie schlägt eine Brücke vom mechanistischen Denken jener Zeit zur gegenwärtigen Computer-Technik. Moderne Rechner mit ihren elektronischen Bauelementen bewältigen allerdings in Sekundenbruchteilen Milliarden logischer Null-Eins-Operationen zuverlässig – in mechanischer Ausführung undenkbar. Dennoch sei am Rande erwähnt, dass der Computer-Pionier Konrad Zuse ab Mitte der 1930er-Jahre Überlegungen zu einem „mechanischen Gehirn" anstellte und zunächst einen programmgesteuerten binären Rechenautomaten aus mechanischen Schaltgliedern baute, die allerdings sehr unzuverlässig arbeiteten. Erst in der Folgezeit entwickelte er seine Rechenanlagen mit elektromechanischen Relais, Elektronenröhren und schließlich Transistoren.[27]

Wenn alles der Zahl unterworfen ist

Dass Leibniz sich so intensiv mit der Mechanisierung des Rechnens befasste, verweist auf einen größeren Zusammenhang in seinem philosophischen Denken: Er entwickelte Ideen zu einer universellen Zahlen- und Zeichensprache. Es müsse sich, meinte er, „eine Art Alphabet der menschlichen Gedanken ersinnen und durch die Verknüpfung seiner Buchstaben und die Analyse der Worte, die sich aus ihnen zusammensetzen, alles andere entdecken und beurteilen lassen".[28]

Leibniz strebte eine sogenannte Charakteristik an, eine mathematisch-philosophische Methode, die es ermöglicht, „die Lehren, die im praktischen Leben zumeist gebraucht werden, d. h. die Sätze der Moral und Metaphysik, nach einem unfehlbaren Rechenverfahren zu beherrschen". Diese Charakteristik sollte „alle Fragen insgesamt auf Zahlen reduzieren", damit man die Vernunftgründe abwägen könne. Denn es gebe nichts, das nicht der Zahl unterworfen wäre, und die Arithmetik, also das Zahlenrechnen, sei „eine Art Statik des Universums", eines Universums, das Gott rechnend erschaffen hatte. Die meisten Streitigkeiten, so Leibniz, rührten daher, dass

---

[26] Mackensen: Rechenmaschinen, S. 98.
[27] Petzold: Rechenkünstler, S. 174–220.
[28] Leibniz: Hauptschriften, Bd. I, S. 32 (Zur allgemeinen Charakteristik).

„die Sache nicht klar, d. h. nicht auf Zahlen zurückgeführt ist".[29] Denken und Rechnen fielen somit in eins zusammen, „alle Irrtümer [...] wären nichts als Rechenfehler".[30]

Es wird dann beim Auftreten von Streitfragen für zwei Philosophen nicht mehr Aufwand an wissenschaftlichem Gespräch erforderlich sein als für zwei Rechnerfachleute. Es wird genügen, Schreibzeug zur Hand zu nehmen, sich vor das Rechengerät zu setzen und zueinander (wenn es gefällt, in freundschaftlichem Ton) zu sagen: Lasst uns rechnen.[31] (Gottfried Wilhelm Leibniz, um 1680)

Leibniz, der die Leistungen von Malpighi, Swammerdam und Leeuwenhoek auf dem Gebiet der Mikroskopie außerordentlich schätzte, verglich die Steigerung der menschlichen Vernunft durch sein Zeichensystem mit der Erweiterung der optischen Wahrnehmung durch Fernrohr und Mikroskop. Er veranschlagte den Wert seines Systems sogar noch höher, da er den Verstand über die sinnliche Wahrnehmung stellte.

Sind nun die charakteristischen Zahlen einmal für die meisten Begriffe festgesetzt, so wird das Menschengeschlecht gleichsam ein neues Organ besitzen, das die Leistungsfähigkeit des Geistes weit mehr erhöhen wird, als die optischen Instrumente die Sehschärfe der Augen verstärken, und das die Mikroskope und Fernrohre im selben Maße übertreffen wird, wie die Vernunft dem Gesichtssinn überlegen ist.[32] (Gottfried Wilhelm Leibniz, nach 1666)

Diese Ansätze von Leibniz, Denkprozesse zu formalisieren und durch Rechnen zu ersetzen, verbunden mit dem visionären Anspruch, den menschlichen Geist damit auf eine neue Stufe zu heben, wirken bis in die digitale Revolution unserer Gegenwart hinein. Die Leibniz'sche Vision, sämtliche Fragen des praktischen Lebens, einschließlich der ethisch-moralischen, nach einem klaren Rechenschema unfehlbar entscheiden zu können, führt auch mitten in die gegenwärtigen Forschungen auf dem Gebiet der sogenannten künstlichen Intelligenz, etwa wenn beim Einsatz autonomer Fahrzeuge im Straßenverkehr eine Software im Ernstfall über Wohl und Wehe von Menschenleben abwägen und entscheiden soll.

---

[29] Leibniz: Hauptschriften, Bd. I, S. 30–38 (Zur allgemeinen Charakteristik).
[30] Zitiert nach Mittelstraß: Leonardo-Welt, S. 226.
[31] Zitiert nach Fröschl, Mattl, Werthner: Symbolverarbeitende Maschinen, S. 37.
[32] Leibniz: Hauptschriften, Bd. I, S. 35 (Zur allgemeinen Charakteristik).

Das Leibniz'sche Diktum, es gebe nichts, was der Zahl nicht unterworfen wäre, könnte als Motto über der durchgreifenden Digitalisierung in unserer Datenwelt stehen. In vielem würde er sich wohl bestätigt fühlen, seine Erwartungen wahrscheinlich sogar übertroffen sehen. Algorithmen, also Rechenvorschriften, verwandeln die sinnlich wahrnehmbare Welt in eine Abfolge von logischen Schaltzuständen, die dann mathematisch-maschinell behandelbar sind. Klappernde Tastaturen, Hebel- und Schiebermechanismen wurden abgelöst von Bedienoberflächen und Displays, mit denen wir inzwischen mehr oder weniger souverän umzugehen gelernt haben und die uns ein zunehmend digitalisiertes Bild von der Welt vermitteln. Digitale Anzeigen von Uhrzeit, Temperatur oder dergleichen suggerieren eine weit höhere Genauigkeit, als wenn wir diese Messgrößen auf analogen Skalen ablesen würden, unabhängig davon, durch welchen physikalischen Messvorgang sie zustande gekommen sind.

Allerdings: Die Vorstellung, alles ließe sich, der Spur des rechnenden Schöpfergottes folgend, in Zahlen ausdrücken und rational entscheiden, bleibt letztlich Illusion.[33] Denn jede Digitalisierung geht notwendig mit einem Informationsverlust einher. Nie kann sie bis in die letzten Feinheiten des Abzubildenden vordringen. Sie muss die Folgen von Nullen und Einsen, mit denen sie ein zunehmend engmaschiger werdendes Netz auswirft, immer irgendwo aus pragmatischen Gründen abbrechen, damit die anschwellende Datenflut noch in praktikabler Rechenzeit bearbeitet werden kann. Digitalisate von Dokumenten, Bildern, Musikstücken oder Wetterdaten, um nur einige wenige Beispiele herauszugreifen, bilden die nuancenreiche Wirklichkeit stets nur ausschnitthaft und näherungsweise in endlicher Auflösung ab. Sie bleiben also prinzipiell ein fragmentarisches Abbild, auch wenn Dichte und Menge der zu bewältigenden Daten ständig wachsen im internationalen Wettlauf um schnellere Hochleistungscomputer für Wissenschaft und Wirtschaft. Trotz dieser Einschränkungen ist unsere zunehmend digitalisierte und von Algorithmen geprägte Lebens- und Arbeitswelt in ihren Grundzügen eine Leibniz-Welt.[34]

---

[33] Fischer: Leibniz, S. 72–73.
[34] Mittelstraß: Leonardo-Welt, S. 222.

6

Statik und Dynamik – Mechanische Gesetze für die technische Praxis

Tragkräfte des Balkens

Das revolutionär neue Weltbild des 17. Jahrhunderts hatte zunächst kaum Auswirkungen auf den Lebens- und Arbeitsalltag. Es prägte primär das Denken in Kreisen der Wissenschaftler. Im engen Austausch untereinander entwickelten sie ihre Ideen und trieben die Forschung voran. Was in Gelehrtenstuben und Laboratorien erdacht und experimentell untersucht, in wissenschaftlichen Gesellschaften diskutiert und in Akademieberichten und weiteren wissenschaftlichen Journalen publiziert wurde, sollte erst einige Generationen später die von Bacon und Descartes in Aussicht gestellten Früchte tragen und zu Erfindungen führen, mit denen man die Welt umgestalten und neue Lebensbedingungen schaffen konnte.

Die Schwierigkeiten beispielsweise von Schickard, Pascal, Leibniz oder Hahn bei der Entwicklung funktionstüchtiger, alltagstauglicher Rechenmaschinen zeigten bereits: Zwischen Idee und Realisierung gab es noch lange eine Kluft. Sie galt es zu überwinden, von Theoretikern wie von Praktikern, damit der Leibniz'sche Anspruch „Theoria cum Praxi" eingelöst werden konnte.

Was die Leitwissenschaft der Zeit, die Mechanik, betrifft, war schon früh klar, welche Unterschiede es in der Behandlung mechanischer Probleme gab, je nachdem, ob ein Theoretiker oder ein Praktiker sich mit ihnen befasste. Worin sich ein rein spekulativer Mathematiker von einem praktischen Mechaniker unterscheidet, schilderte um 1600 Buonaiuto Lorini, ein

© Springer-Verlag GmbH Deutschland, ein Teil von Springer Nature 2022
G. Zweckbronner, *Aufbruch ins Industriezeitalter – Zukunftswerkstätten der Neuzeit*,
https://doi.org/10.1007/978-3-662-60542-4_6

italienischer Kriegsingenieur, der theoretische Kenntnisse mit praktischen Erfahrungen zu verbinden wusste.

> Dieser Unterschied liegt darin begründet, dass Beweise und Verhältnisse, die von Linien, Flächen und bloß eingebildeten, materielosen Körpern abgeleitet werden, nicht mehr genau gelten, wenn man sie auf materielle Gegenstände anwendet, weil die geistigen Vorstellungen des Mathematikers nicht jenen Hinderungen unterworfen sind, die von Natur aus der Materie eigen sind, mit der der Mechaniker arbeitet.[1] (Buonaiuto Lorini, 1597)

Diese Hinderungen, wie zum Beispiel Reibung oder Eigengewicht der Maschinenteile, waren auch Galilei und Newton bewusst, obwohl beide bei ihren Epoche machenden Gesetzen zunächst von idealisierten, in der Realität nicht anzutreffenden Bedingungen ausgingen: Galilei bei seinen Gesetzen des freien Falls im Vakuum, Newton bei seinem Trägheitsgesetz für kräftefreie Bewegungen. Aber Newton untersuchte auch die Bewegung von Körpern in zähen Medien und wies auf die Wirkung von Reibungswiderständen in Maschinen hin. Und als Galilei seine Fallgesetze 1638 vorstellte unter dem Titel „Unterredungen und mathematische Demonstrationen über zwei neue Wissenszweige, die Mechanik und die Fallgesetze betreffend", galten die Ausführungen zur Mechanik grundlegenden Erkenntnissen über die Festigkeit von Balken sowie ganzer Maschinen.

Galileis „Unterredungen" beginnen im Arsenal, dem Zeughaus von Venedig, also an einem Ort, der reichlich Beispiele aus der technischen Praxis bot: zum Beispiel Waffen und Schiffsausrüstungen. Die erste Frage, die erörtert wurde, galt der Festigkeit von Maschinen unterschiedlicher Größe, aber gleicher Proportion. Insbesondere ging es darum, zu klären, warum man „nicht ohne Weiteres vom kleinen Maßstab auf den großen schließen dürfe; manche Maschine gelingt im Kleinen, die im Großen nicht bestehen könnte".[2] Jede maßstäbliche Vergrößerung, wenn das Material immer dasselbe bleibt, bringt Einbußen an Festigkeit, weil das Gewicht der Maschine schneller wächst als ihre Tragfähigkeit, so das Ergebnis.

Keine Maschine kann man beliebig maßstäblich vergrößern, denn irgendwann bricht sie schon unter ihrem eigenen Gewicht zusammen, bevor sie Lasten von außen aufnehmen kann, wofür sie ja eigentlich gebaut wurde. Ein Holzstab zum Beispiel, horizontal in eine senkrechte Mauer eingelassen

---

[1] Zitiert nach Klemm: Technik, S. 157–158.
[2] Galilei: Unterredungen, S. 4.

und so groß, dass er sich gerade noch selber tragen kann, müsste schon brechen, wenn man ihn nur „um eines Haares Dicke" verlängern würde.[3]

Galilei zog daraus den Schluss, dass sowohl der Technik wie auch der Natur durch die Regeln der Mechanik klare Grenzen gesetzt sind, was die Größe ihrer Werke betrifft. Beispielsweise könne die Natur keine Bäume von übermäßiger Größe entstehen lassen, denn die Zweige würden unter ihrem Eigengewicht brechen.[4] Und umgekehrt nehme bei Verkleinerung die relative Stärke sogar zu: „Daher glaube ich, würde ein kleiner Hund zwei oder drei andere von gleicher Größe tragen können, während ein Pferd wohl kaum im Stande wäre, auch nur ein einziges Pferd auf seinem Rücken zu tragen."[5] Man könnte diesen Gedanken noch weiterspinnen: Heute wissen wir zum Beispiel, dass Ameisen das 30- bis 50-Fache ihres Körpergewichts tragen können.

Denn man kann geometrisch beweisen, dass die größeren Maschinen weniger widerstandsfähig sind als die kleineren: so dass schließlich nicht bloß für Maschinen und für alle Kunstprodukte, sondern auch für Objekte der Natur eine notwendige Grenze besteht, über welche weder Kunst noch Natur hinausgehen kann: wohlverstanden, wenn stets das Material dasselbe und völlige Proportionalität besteht.[6] (Galileo Galilei, 1638)

In diesem Zusammenhang bestimmte Galilei auch, wie lang senkrecht aufgehängte Stäbe oder Drähte aus unterschiedlichen Materialien mit beliebigem, aber über die Länge konstantem Querschnitt höchstens sein können, bevor sie unter ihrem eigenen Gewicht reißen[7] – eine Kenngröße, die heute Reißlänge genannt wird und ein Maß für die Zugfestigkeit von Materialien ist.

Ein Gewicht, das ein hängender Stab noch gut tragen kann, könnte denselben Stab allerdings brechen, wenn dieser auf der einen Seite horizontal eingespannt wird, das Gewicht am anderen Ende hängt und der Stab lang genug ist. Denn hier wirkt das Gewicht über einen Hebelarm von der Länge des Stabes und belastet den Querschnitt an der Einspannstelle stärker als bei reiner Zugbeanspruchung. Diese Überlegung stellte Galilei an, als er sich mit der Bruchfestigkeit horizontal eingespannter Balken befasste (Abb. 6.1).

---

[3] Galilei: Unterredungen, S. 5.
[4] Galilei: Unterredungen, S. 108.
[5] Galilei: Unterredungen, S. 109.
[6] Galilei: Unterredungen, S. 5.
[7] Galilei: Unterredungen, S. 17.

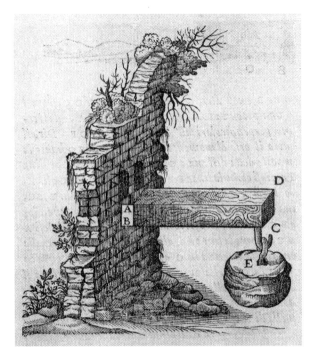

Abb. 6.1 Untersuchung des einseitig eingespannten Balkens, belastet durch Eigengewicht und angehängte Last (Galileo Galilei: Discorsi e dimostrazioni matematiche intorno a due nuove scienze, 1638). (© Deutsches Museum, München, Archiv BN 44671)

Auch hier ging er wieder von realistischen Belastungsfällen aus. Zur Hebelwirkung des Gewichts außen am Balken addierte er noch die Hebelwirkung des Balkengewichts.[8]

Im nächsten Schritt begründete er, warum ein Lineal, gewissermaßen ein kleines dünnes Brett, stärker belastet werden kann, wenn man es senkrecht einspannt statt flach. An der Einspannstelle wirkt beim senkrechten Lineal ein weit größerer „Hebelarm des Widerstandes" gegen die Belastung durch das angehängte Gewicht als beim flachen.[9] Die unterschiedliche Stabilität flacher Bauteile, je nachdem, wie sie belastet werden, entspricht auch unserer Alltagserfahrung (Abb. 6.2).

Deutlich wurde bei all diesen Darlegungen: Die größte Belastung eines horizontalen Balkens tritt da auf, wo er eingespannt ist. Das heißt, die übrigen Teile des Balkens sind überdimensioniert, also könnte Material

---

[8] Galilei: Unterredungen, S. 97–98.
[9] Galilei: Unterredungen, S. 99.

Abb. 6.2 Mitmach-Station: Biegebalken. Zwei Bretter aus demselben Material mit gleicher Breite, Dicke und Länge liegen jeweils an ihren Enden auf, das eine hochkant, das andere flach. Belastet man beide in der Mitte, dann stellt man fest: Das flach liegende Brett biegt sich deutlich durch, das hochkant gestellte gibt kaum nach, ist also viel belastbarer.

Die beiden Belastungs-Fälle sind dieselben, die Galilei am Beispiel des Lineals erläutert hat. Man muss sich nur vorstellen, die Bretter wären in der Mitte, dem Ort der größten Durchbiegung, horizontal eingespannt und würden an ihren Enden belastet. Dann hätte man genau die von Galilei beschriebene Anordnung. Könnte man den Spannungsverlauf in beiden Brettern sehen, würde man feststellen: Im oberen Teil, auf dem man steht, herrschen über die gesamte Länge Druckspannungen, im unteren Teil Zugspannungen. In der Mitte zwischen diesen beiden Zonen verläuft, ebenfalls über die ganze Länge der Bretter, die sogenannte neutrale Faser, die weder Zug noch Druck ausgesetzt ist. Je größer die Abstände zwischen den Druckkräften und den Zugkräften im Brett sind, desto stabiler ist es. Denn diese inneren Kräfte wirken dann über größere Hebel gegen die äußere Belastung. Deshalb biegt sich das hochkant gestellte Brett weniger stark durch als das flach liegende.

Diese Erkenntnis wird vielfach in Maschinen und Bauwerken genutzt. Doppel-T-Träger zum Beispiel haben in der Nähe der neutralen Faser einen relativ schmalen Steg, die Zonen größter Zug- und Druckkräfte sind verstärkt durch die außen liegenden breiten Flansche. (© TECHNOSEUM, Foto: Klaus Luginsland)

eingespart werden durch eine günstigere Formgebung. Galilei erkannte zutreffend, dass dies bei gleichbleibender Balkenbreite zu einem parabelförmigen Höhenprofil führen würde. Mit zunehmender Entfernung von der Einspannstelle reduziert sich die Dicke des Balkens und erspart ein Drittel des Materials und damit auch des Gewichts. In der Festigkeitslehre spricht man hier auch von Balken gleicher Festigkeit, da alle Querschnitte gleich stark belastet werden. Genutzt wird diese Erkenntnis bei Brücken und anderen Tragwerkskonstruktionen, um Eigengewicht zu sparen und damit die Belastbarkeit von außen zu erhöhen.

> Hieraus ersieht man, wie mit einer Gewichtsverminderung von 33 Prozent man Gebälke errichten kann, ohne die Festigkeit zu schädigen, was bei großen Schiffen zur Festigung des Verdeckes sehr nützlich sein kann; denn bei solchen Bauwerken ist die Leichtigkeit von großer Bedeutung.[10] (Galileo Galilei, 1638)

Um Leichtigkeit ging es auch beim Vergleich zwischen der Bruchfestigkeit von massiven und von hohlen Körpern. Galilei erläuterte, warum ein Rohr tragfähiger ist als ein Rundstab von gleicher Länge, gleichem Gewicht und aus demselben Material. Er verwies, wie schon beim einseitig eingespannten Lineal, auf die unterschiedlich langen Hebelarme des Widerstands an der Einspannstelle. Den längeren Hebel und damit die größere Widerstandsfähigkeit bietet in diesem Fall das Hohlprofil.[11]

Galilei schlug auch hier wieder eine Brücke zu den Werken der Natur. In der Tradition von Künstleringenieuren der Renaissance wie Leonardo oder Alberti stehend, sahen er und viele seiner Zeitgenossen in der Natur mechanische Prinzipien vorbildlich verwirklicht – ein Gedanke, der heutzutage dem weiten Forschungsfeld der Bionik zugrunde liegt.

> Zum Schluss der heutigen Erläuterungen will ich einiges über den Widerstand der hohlen festen Körper hinzufügen, deren sich die Kunst und die Natur in tausend Fällen bedient; hier wird ohne Gewichtsvermehrung die Festigkeit bedeutend gesteigert: so z. B. bei den Knochen der Vögel und bei vielen Rohren, die leicht sind und doch sehr bieg- und bruchfest: so dass, wenn ein Strohhalm, der eine Ähre trägt, die schwerer ist als der ganze Halm, aus derselben Masse bestünde aber massiv wäre, er viel weniger bieg- und bruchfest sein würde.[12] (Galileo Galilei, 1638)

---

[10] Galilei: Unterredungen, S. 118–119.
[11] Galilei: Unterredungen, S. 123–125.
[12] Galilei: Unterredungen, S. 123.

Natürlich wussten Baumeister und Ingenieure aus Erfahrung schon lange mit den gängigen Baustoffen Holz und Stein umzugehen und standfeste Brücken, Gebäude sowie stabile Maschinen zu bauen. Zur Tragfähigkeit und Durchbiegung von Balken hatte Leonardo bereits Regeln aufgestellt, ebenfalls zur Beziehung zwischen wachsender Spannweite und abnehmender Tragfähigkeit bei Balken gleichen Querschnitts. Zudem findet sich in seinen Aufzeichnungen die Skizze einer Versuchs- und Messanordnung zur Bestimmung der Reißfestigkeit von Draht, die er auch zur Untersuchung anderer Materialien wie etwa Holz oder Stein empfahl.[13]

Aber über den Kraftverlauf im Inneren eines Balkens, und wie daraus die Belastbarkeit berechnet werden könnte, wusste man bis in die frühe Neuzeit wenig. Auch Galilei hatte den genauen Kräfteverlauf im Material noch nicht richtig erfasst, hatte auch die Verformung vor dem Bruch nicht berücksichtigt, weshalb seine Formeln noch späterer Korrektur bedurften. Dennoch wies Galilei den Weg zu künftigen Forschungen auf diesem Gebiet. Mit ihm begann die Entwicklung der Festigkeitslehre sowie der experimentellen Werkstoffprüfung.[14]

Mathematiker und Physiker wie Edme Mariotte, Robert Hooke, Jakob Bernoulli oder Leonhard Euler führten Galileis Arbeiten fort und untersuchten, wie Tragfähigkeit und Durchbiegung von Balken aus verschiedenen Materialien rechnerisch bestimmt werden konnten. Das Hooke'sche Gesetz zum Beispiel besagt, dass Kraft und elastische Formänderung proportional sind.[15] Unentbehrliches mathematisches Hilfsmittel bei all diesen Arbeiten zur Balkentheorie war die von Leibniz und Newton inzwischen entwickelte Infinitesimalrechnung.

Gewölbestatik in Theorie und Praxis

Um die gleiche Zeit, zu der man anfing, den hölzernen Balken, also das zentrale Element zur Aufnahme von Lasten in der Bau- und Maschinentechnik, wissenschaftlich zu erforschen, begannen auch die ersten theoretischen Untersuchungen steinerner Gewölbe, wohl die wichtigsten Tragwerksformen bei Brücken und Gebäuden. Schon im Altertum wurden steinerne

---

[13] Uccelli: Konstruktion; Heinrich: Balken, S. 99–104.
[14] Krankenhagen, Laube: Werkstoffprüfung, S. 33–38.
[15] Szabó: Mechanische Prinzipien, S. 351–402; Roth, Stahl: Mechanik und Wärmelehre, S. 300–305.

Gewölbe gebaut. Besonders kühne Wölb- und Strebekonstruktionen finden wir bei den gotischen Kathedralen des Hoch- und Spätmittelalters. Diese Bauwerke zu errichten war möglich, weil die Baumeister mit den Werkstoffen vertraut waren, über ein reiches Erfahrungswissen verfügten und daraus Faustregeln für die Bemessung ableiten konnten. Freilich hielten nicht alle Bauwerke den Belastungen auf Dauer Stand, zumal, wenn mit ihnen herkömmliche Dimensionen gesprengt wurden, um etwa Brücken größerer Spannweite oder imposantere Kuppelbauten zu errichten. Dann zeigte sich drastisch, dass man auch bewährte Konstruktionsformen nicht beliebig vergrößern konnte, worauf Galilei eingangs seiner „Unterredungen" zur Balkenfestigkeit hingewiesen hatte.

Probleme bereitete bei Gewölben der Seitenschub. Diese Schubkraft infolge des Eigengewichts der Steine konnte, falls sie zu groß wurde, das Gewölbe seitlich auseinander drücken und zum Einsturz bringen. Erkannte man diese Gefahr rechtzeitig, konnte man beispielsweise die Widerlager zur Ableitung der Schubkräfte verstärken oder, speziell bei Kuppelbauten, zusätzliche ringsum laufende Zugringe anbringen, die den Bogenschub aufnahmen. Leonardo hatte die Bedeutung des Horizontalschubs erkannt, denn er skizzierte Versuchsanordnungen zur Bestimmung dieser Kraft bei verschiedenen Gewölbeformen. Ob er Messungen durchgeführt hat, ist ungewiss.[16]

Im ausgehenden 17. Jahrhundert begannen nun Physiker und Mathematiker, Gewölbe wissenschaftlich zu untersuchen. Ihr Interesse galt dem inneren Kräfteverlauf und der Tragfähigkeit verschiedener Bauformen. Praktiker begegneten diesen Untersuchungen mit Skepsis. Das zeigte sich in den Auseinandersetzungen, die es um die Beurteilung der Schäden an der vatikanischen Peterskuppel in Rom kurz vor Mitte des 18. Jahrhunderts gab. Um 1550 hatte Michelangelo Buonarotti diese Kuppel gewaltigen Ausmaßes entworfen, in mehreren Bauabschnitten war sie schließlich bis gegen Ende des 16. Jahrhunderts fertiggestellt worden. Nun hatten sich Risse gebildet, und drei Mathematiker sollten als Gutachter die Ursachen herausfinden und Vorschläge zur Behebung der Schäden unterbreiten. Ihr Urteil stieß auf heftige Kritik der Praktiker: Wenn man die Peterskuppel ohne Mathematik habe entwerfen und bauen können, so werde man sie auch restaurieren können ohne die Mithilfe der Mathematiker.

Eine vermittelnde Stellung in diesem Streit nahm Giovanni Poleni ein, Mathematiker, Physiker und praktischer Ingenieur. Zum Gutachten der Mathematiker über die Risse in der Peterskuppel äußerte er sich, bei aller

---

[16] Heinrich: Balken, S. 101–103.

Sympathie für die wissenschaftliche Vorgehensweise, doch eher skeptisch. Ihren Begründungen für die Schäden mochte er nicht folgen, aber bei den Maßnahmen zur Stabilisierung des Kuppelbaus stimmte er ihnen zu: Weitere eiserne Zugringe zur Aufnahme der Schubkräfte wurden 1743 und 1744 angebracht.[17]

Rund fünfzig Jahre zuvor hatten Philippe de La Hire und David Gregory herausgefunden, welche Form ein Gewölbe haben muss, damit in der Kuppelschale keine seitlichen Schubkräfte wirken, sondern nur Druckkräfte, die unten von den Widerlagern aufgenommen und in das Fundament abgeleitet werden. Diese optimale Form folgt aus der Kettenlinie, jener Hängekurve, die sich ergibt, wenn man eine Kette an beiden Enden fixiert und frei durchhängen lässt. Das Kräftegleichgewicht zwischen dem Gewicht der einzelnen Kettenglieder und den Zugkräften zwischen ihnen führt zu dieser stabilen Kurve.[18]

Spiegelt man die Kettenlinie, auch Seilkurve genannt, nach oben und verwendet Bauelemente, die Druckkräfte aufnehmen und übertragen können, dann kehren sich die Kraftverhältnisse genau um. Wie in der hängenden Kette wegen der Beweglichkeit der Kettenglieder nur Zugkräfte und keine Querkräfte übertragen werden, so wirken in einem stehenden Bogen mit Kettenlinien-Form nur Druckkräfte und keine seitlichen Schubkräfte (Abb 6.3). Lässt man den Kettenlinien-Bogen um seine senkrechte Mittelachse rotieren, dann erhält man die Idealform für ein stabiles und materialsparendes Kuppelgewölbe.

Von der Idealform einer Kettenlinie mit gleich schweren Gliedern ausgehend, untersuchte Poleni, welche Form sich einstellt, wenn die Kettenglieder unterschiedlich schwer sind – entsprechend der ungleichen Gewichtsverteilung über die Segmente in den Bögen und Kuppeln. Denn deren Dicke muss nach den aufzunehmenden Druckkräften dimensioniert sein: je größer die Druckkraft, desto größer die Querschnittsfläche und damit das Gewicht des Materials in diesem Bereich (Abb. 6.4). Poleni folgerte daraus: Entscheidend sei, dass die so gefundene modifizierte Kettenlinie, also die tatsächliche Druck- oder Stützlinie, immer innerhalb des Mauerwerksquerschnitts verläuft, was bei der Kuppel des Petersdoms der Fall ist.[19]

Das gegenseitige Misstrauen zwischen Theoretikern und Praktikern, wie es bei der Diskussion um die Schäden an der Peterskuppel zum Ausdruck kam,

---

[17] Straub: Bauingenieurkunst, S. 146–155.

[18] Straub: Bauingenieurkunst, S. 179–186; Heinrich: Balken, S. 35–39.

[19] Straub: Bauingenieurkunst, S. 180–183.

Abb. 6.3 Mitmach-Station: Kettenlinien-Bogen. Man kann sich von der Stabilität eines Kettenlinien-Bogens am Modell überzeugen. Zunächst baut man mit Klötz-chen auf dem Tisch die Form der Kette nach, die an der Tischkante hängt. Man fügt die Teile so aneinander, dass sie einen liegenden Gewölbebogen bilden. Dann klappt man die Tischfläche behutsam mit dem Bogen in die Senkrechte. Hat man sorgfältig gearbeitet, dann bleibt der Gewölbebogen stabil stehen, wenn man die Tischfläche wieder nach unten kippt. (© TECHNOSEUM, Foto: Klaus Luginsland)

ist nicht nur bezeichnend für die Frühzeit der Verwissenschaftlichung im Maschinen- und Bauwesen. Es begleitete die Entwicklung der Ingenieurwissen-schaften auch weiterhin. Die Rolle und Leistungsfähigkeit der Mathematik wurde zuweilen überschätzt, was den englischen Ingenieur Thomas Tredgold zu der Bemerkung veranlasste, die Standfestigkeit eines Gebäudes sei umgekehrt proportional zur Gelehrsamkeit seines Erbauers[20] – sicher

---

[20] Straub: Bauingenieurkunst, S. 154.

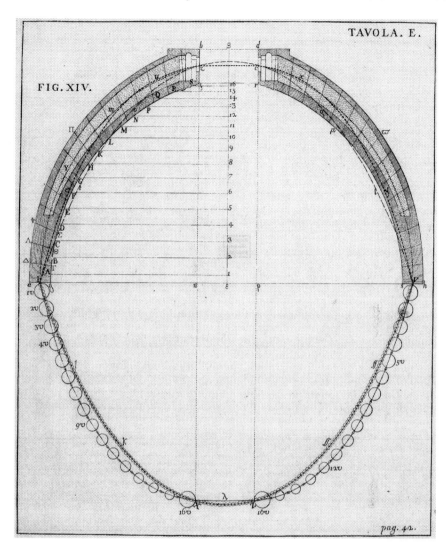

Abb. 6.4 Verlauf der Stützlinie innerhalb der Kuppelschale des Petersdoms, konstruiert als umgekehrte Kettenlinie mit unterschiedlich schweren Kettengliedern, entsprechend der Gewichtsverteilung in den Schalensegmenten (Giovanni Poleni: Memorie istoriche della gran cupola del Tempio Vaticano, 1748). (© Deutsches Museum, München, Archiv CD 84709)

ironisch zugespitzt aus dem Munde eines Mannes, der sich in der Zeit um 1800 durchaus wissenschaftlich und publizierend auf verschiedenen Gebieten der Technik betätigte.

Niemals dürfen wir uns auf bloße Hypothesen stützen; niemals dürfen wir den Anfang damit machen, irgendwelche Prinzipien zu erfinden, mit denen wir dann daran gehen, alles zu erklären. Womit wir vielmehr zu beginnen haben, ist die exakte Zergliederung der uns bekannten Phänomene. Wenn wir nicht den Kompass der Mathematik und die Fackel der Erfahrung zu Hilfe nehmen, so können wir nicht einen einzigen Schritt vorwärts tun.[21] (Voltaire, 1734)

Der Kompass der Mathematik und die Fackel der Erfahrung – damit benannte Voltaire in seinem „Traité de Métaphysique" von 1734 die Werkzeuge des empirischen Rationalismus. Mit ihrer Hilfe rückten im Zeitalter der Aufklärung Theorie und Praxis enger zusammen. Vor allem in Frankreich wurde die Verwissenschaftlichung der Technik vorangetrieben. Charles Augustin Coulomb begründete die Baustatik. Er bediente sich dabei auch der Infinitesimalrechnung, nämlich der Regeln von Maxima und Minima. Mit seiner Gewölbe- und Balkenbiegetheorie, seiner Bestimmung des Erddrucks gegen Futtermauern und dem nach ihm benannten Reibungsgesetz konnte er wichtige bautechnische Probleme wissenschaftlich und zugleich anschaulich lösen. So führte er beispielsweise den Gedanken von der reibungsfreien Kettenlinie als idealer Gewölbeform dichter an die Praxis heran. Er machte realistischere Annahmen, etwa zu Reibung und Fugenfestigkeit, um die wirklichen Risspunkte in zu schwachen Gewölben herauszufinden.[22]

Die Untersuchungen Coulombs und anderer Vorgänger griff Louis Marie Henri Navier auf und fügte sie zu einem Lehrgebäude, das bis heute die Grundlage der Baustatik und Festigkeitslehre für Ingenieure bildet.[23] Aus komplexen Sachverhalten schälte er heraus, was für das vorliegende technische Problem wesentlich war, untersuchte es mit mathematischen Methoden und bot, wo er keine geschlossenen Lösungen angeben konnte, Näherungslösungen, die auf der sicheren Seite lagen – ein praxisbezogenes Vorgehen in den Technikwissenschaften.

Das schwingende Pendel

Nichts in der Natur sei älter als die Bewegung, sagte Galilei. Ihr galt am Beginn der neuzeitlichen Naturwissenschaft das vornehmliche Interesse: der Bewegung von Körpern am Himmel wie auf der Erde, den Gesetzen von

---

[21] Zitiert nach Cassirer: Aufklärung, S. 14–15.
[22] Klemm: Technik, S. 266–268.
[23] Straub: Bauingenieurkunst, S. 193–199.

Trägheit, Beschleunigung und freiem Fall. Galileis Versuche auf der schiefen Ebene führten ihn zu einer weiteren wichtigen Bewegung: der Schwingung des Faden-Pendels.

Galilei wollte sich befreien „von dem Widerstande, der durch den Kontakt mit der geneigten Ebene entstehen könnte"[24] und befestigte Kugeln an Fäden, so dass keine Rollwiderstände mehr auftreten konnten. Statt gleichförmig beschleunigter Abwärtsbewegungen wie auf der schiefen Ebene erhielt er nun periodisch beschleunigte und verzögerte Bewegungen: Schwingungen der Kugeln um den tiefsten Punkt ihrer kreisbogenförmigen Bahn. Galilei schrieb, er habe dabei festgestellt, dass die Schwingungsfrequenz nur von der Länge des Fadens abhing, nicht von dem angehängten Gewicht.

Endlich habe ich zwei Kugeln genommen, eine aus Blei und eine aus Kork, jene gegen 100 mal schwerer als diese, und habe beide an zwei gleiche feine Fäden von 4 bis 5 Ellen Länge befestigt und aufgehängt; entfernte ich nun beide Kugeln aus der senkrechten Stellung und ließ sie zugleich los, so wurden Kreise von gleichen Halbmessern beschrieben, die Kugeln schwangen über die Senkrechte hinaus, kehrten auf denselben Wegen zurück, und nachdem sie wohl 100 mal hin- und hergegangen waren, zeigte sich deutlich, dass der schwerere Körper so sehr mit dem leichten übereinstimmte, dass weder in 100 noch in 1000 Schwingungen die kleinste Verschiedenheit zu merken war; sie bewegten sich in völlig gleichem Schritt.[25] (Galileo Galilei, 1638)

Zudem merkte Galilei an, auch die Schwingungsweite der Kugeln bei solch einem Kreispendel habe keinen Einfluss auf die Frequenz. Denn die Korkkugel, so habe er beobachtet, werde vom Luftwiderstand stärker abgebremst als die bleierne, schwinge deshalb immer weniger weit aus als diese, und trotzdem seien beide im Gleichtakt geblieben (Abb. 6.5). Schließlich fand er auch heraus, dass sich unterschiedliche Pendellängen verhalten wie die Quadrate der Zeiten, die sie für einen Schwingungsdurchgang brauchen. Soll also ein Pendel halb so schnell wie ein anderes schwingen, also mit der doppelten Schwingungszeit, so muss es die vierfache Länge haben.[26]

---

[24] Galilei: Unterredungen, S. 75.
[25] Galilei: Unterredungen, S. 75.
[26] Galilei: Unterredungen, S. 75–84.

> Vor allem müssen wir konstatieren, dass jedes Pendel eine so feste und bestimmte Schwingungsdauer hat, dass man dasselbe in keiner Weise in einer anderen Periode schwingen lassen kann, als nur in der ihm von Natur eigenen.[27] (Galileo Galilei, 1638)

In einem Punkt allerdings irrte Galilei: Die Frequenz hängt doch von der Schwingungsweite ab, das Kreispendel schwingt also nicht isochron. Bei kleinen Auslenkungswinkeln spielt das zwar kaum eine Rolle, aber lässt man das Pendel weiter ausschwingen, wächst die Schwingungsdauer.

Unter welchen Bedingungen ein Pendel isochron schwingt, legte Christiaan Huygens 1673 in seinem „Horologium oscillatorium" dar: Statt auf einem Kreisbogen muss sich die Pendelmasse auf einer Zykloide bewegen; dann hängt die Schwingungsdauer nicht mehr von der Auslenkung ab. Die Zykloide, auch Roll- oder Radkurve genannt, ist die Kurve, die ein Punkt am Umfang eines Kreises beschreibt, wenn man diesen Kreis auf einer Geraden abrollt. Markiert man zum Beispiel einen Fahrradreifen an der Außenseite des Mantels mit einem gut sichtbaren Punkt, dann beschreibt dieser, von der Seite betrachtet, beim Fahren eine Zykloide, also gewissermaßen eine nach oben geklappte Girlande. Klappt man sie nach unten, dann erhält man die Bahn des isochronen Pendels.

Huygens fand auch eine einfache Methode, das Pendelgewicht auf einer Zykloide zu führen, denn die Abrollkurve einer Zykloide ergibt wieder eine Zykloide. Er hängte also den Faden zwischen zwei zykloidenförmigen Backen auf, an deren gekrümmte Kontur dieser sich beim Hin- und Herschwingen abwechselnd so anschmiegte, dass der frei schwingende Teil des Fadens bei größeren Auslenkungen immer kürzer wurde und das Pendelgewicht auf einer Zykloidenbahn schwang.

Die Pendelbewegung gewann eine enorme praktische Bedeutung. Zuerst lag es nahe, sie zur Messung von Zeitintervallen zu nutzen, indem man die Schwingungen zählte. Der nächste Schritt war dann, einen Mechanismus zu ersinnen, der die Funktion eines Zählwerks hatte und zugleich dem Pendel laufend Energie zuführte, damit es nicht aufhörte zu schwingen. Galilei hinterließ den Entwurf zu solch einem Mechanismus, Hemmung genannt, also zum Prototyp einer Pendeluhr.[28]

---

[27] Galilei: Unterredungen, S. 85.
[28] Mason: Geschichte, S. 191.

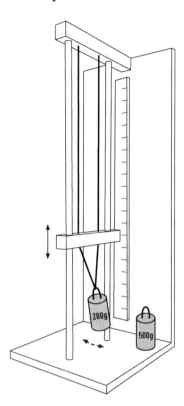

Abb. 6.5 Mitmach-Station: Pendel-Versuch. Hängt man unterschiedlich schwere Gewichte an den Faden und misst mit einer Stoppuhr jeweils die Schwingungszeiten, dann stellt man keinen Unterschied fest. Sie bleiben auch gleich bei unterschiedlichen, wenn auch nicht allzu großen Schwingungsweiten. Nur die Veränderungen der Pendellänge wirken sich deutlich auf die Schwingungsdauer aus: Je länger das Pendel, desto langsamer schwingt es.

Die physikalische Betrachtung des Vorgangs geht zunächst von einem idealen Pendel aus: dem sogenannten mathematischen Pendel. Bei ihm ist die gesamte schwingende Masse im angehängten Gewicht punktförmig konzentriert: Das Gewicht des Fadens und die Ausdehnung des angehängten Gewichts werden vernachlässigt. Das Versuchspendel hier kommt diesem Ideal sehr nahe. Durch Verschieben der Aufhängung kann man die Länge finden, bei der das Pendel von einem Durchgang durch den tiefsten Punkt bis zum nächsten, also für eine Halbschwingung, eine Sekunde braucht: 99,4 cm. Das ist in unseren geografischen Breiten die Länge für das sogenannte Sekundenpendel. (© TECHNOSEUM, Grafik: Frank Ketterl, nach Versuchsaufbau TECHNOSEUM)

Vom Zeitfluss zum Pendeltakt

Die erste funktionstüchtige Pendeluhr schuf 1657 Huygens – ohne von Galileis früherem Entwurf gewusst zu haben, wie er erklärte.[29] Nach seinen Anweisungen hatte sie ein Uhrmacher in Den Haag gebaut. Der Hemmungsmechanismus bewirkte zweierlei: Das Pendel gab beim Durchgang durch den Schwingungsmittelpunkt die Hemmung für einen kurzen Moment frei und das Räderwerk rückte den Uhrzeiger ein kleines Stückchen vor; gleichzeitig gab die Hemmung dem Pendel einen Impuls, der vom Aufzugsgewicht herrührte, so dass die Schwingung nicht wegen Reibungsverlusten zum Erliegen kam. Eine ausführliche Beschreibung veröffentlichte Huygens im Jahr darauf.[30]

Auch für das Zykloidenpendel entwickelte er eine Hemmung. Dennoch gehörte dem Kreispendel die Zukunft im Uhrenbau. Die einfachere Konstruktion mit weniger Reibung sprach für diese Bauart. Und wenn das Pendel nur wenige Grad ausschwang und seine Schwingungsweite überdies möglichst konstant gehalten wurde, eignete es sich für die Zeitmessung bestens.

Das technische Prinzip, die Zeit mechanisch zu messen, reichte allerdings schon wesentlich weiter zurück. Um 1300 bereits war die Räderuhr mit mechanischer Hemmung entwickelt worden.[31] Statt eines Pendels diente als Gangregler eine sogenannte Waag: ein horizontal drehbar gelagerter Balken mit angehängten, verschiebbaren Gewichten zur Regulierung des Ganges. Die Kraft des Aufzugsgewichts, vermittelt durch die Hemmung, bewegte die Waag hin und her. Die Zeiger-Bewegung folgte ihrem Takt. Doch im Gegensatz zum Pendel, dessen Schwingungsdauer durch die Länge der Stange klar festgelegt ist, war die Waag nicht schwingungsfähig und gab damit auch keine feste Frequenz vor. Ihre Hin- und Herbewegung bedurfte der ständig die Richtung wechselnden Beschleunigungs- und Bremskraft des Hemmungsmechanismus. Von diesem Wechselspiel der Kräfte war keine allzu große Ganggenauigkeit zu erwarten. Sie lag bei etwa 15 Minuten pro Tag.

Dennoch: Die Räderuhr mit mechanischer Hemmung war eine Erfindung großer kulturhistorischer Reichweite. Ihr technisches Grundprinzip unterschied sich von den bisherigen Methoden der Zeitmessung

---

[29] Huygens: Pendeluhr, S. 4–5; Padova: Erfindung der Zeit, S. 72–83.
[30] Huygens: Pendeluhr, S. 193–194.
[31] Wendorff: Zeit, S. 135–150.

grundlegend. Während der Schatten des Stabes bei der Sonnenuhr kontinuierlich wandert, das Wasser in der Auslaufuhr stetig fließt und der Docht in der Kerzenuhr gleichmäßig abbrennt, zergliedert die Mechanik der Räderuhr den Zeitfluss im Takt der Hemmung in immer kleinere mess- und zählbare Einheiten. Dieses Prinzip der Zergliederung ist bis zum heutigen Tage wirksam, wenn auch an die Stelle der Mechanik inzwischen die wesentlich präzisere Elektronik getreten ist.

Vieles spricht dafür, dass die Räderuhr im klösterlichen Bereich entwickelt wurde. Dort spielte die Einteilung von Tag und Nacht in Zeiten der Arbeit und des Gebets nach den Ordensregeln eine wichtige Rolle. Im 14. Jahrhundert entfaltete die Räderuhr bereits eine breite öffentliche Wirkung, zunächst in den großen europäischen Städten und Residenzen. An Rathäusern und Kirchtürmen regelte sie mit Zifferblattanzeige und Glockenschlag zunehmend das gesamte öffentliche Leben, sozusagen rund um die Uhr.[32]

Zudem begünstigte das mechanische Uhrwerk die Einführung einer neuen Stundenzählung. Bis dahin war die Zählung der Stunden in jahreszeitliche Rhythmen eingebunden. Denn man hatte Tag und Nacht jeweils in zwölf sogenannte Temporalstunden geteilt, deren Länge somit von den Jahreszeiten abhing: Im Sommer waren die zwölf Stunden des lichten Tages länger als die zwölf Nachtstunden, im Winter umgekehrt. Und das Verhältnis dieser Stundenlängen zueinander verschob sich kontinuierlich über den gesamten Jahreslauf. Mit der Räderuhr kam nun der Übergang von diesen unterschiedlich langen Temporalstunden zur neuen Stundenzählung mit 24 gleich langen Stunden pro Tag, den sogenannten Äquinoktialstunden. Die Mechanik der Räderuhr war zwar geeignet, unterschiedlich lange Stunden zu zählen, wenn man die Gewichte an der Waag zweimal täglich verschob, doch es lag nahe, den Vorteil zu nutzen, den Waag und Hemmung geboten hatten: die gleichmäßige Taktung des Zeitflusses.[33]

Die Uhr als globales Koordinierungsinstrument

Insbesondere prägte die Räderuhr als irdisches Abbild der großen Himmelsmaschine die Vorstellung von der Welt als Uhr im mechanistischen Weltbild der Neuzeit. Zugleich war sie Zeichen und Instrument eines neuen

---

[32] Dohrn-van Rossum: Geschichte der Stunde, S. 121–163.
[33] Wendorff: Zeit, S. 146–147.

quantifizierenden, planenden, auf Nützlichkeit ausgerichteten Zeit-bewusstseins, das die europäische Geschichte, und längst nicht mehr nur diese, bis heute geprägt hat. Die Uhr wurde global zum beherrschenden Koordinierungs- und Kontrollinstrument.

Für diese epochale Rolle der Uhr fand der Kulturhistoriker Lewis Mumford die einprägsamen Worte, nicht die Dampfmaschine, sondern die Uhr sei die Schlüsselerfindung für das Industriezeitalter gewesen[34] – wenn sie auch, so muss man hinzufügen, schon aus vorindustrieller Zeit stammte. Aber ihre dominierende Wirksamkeit entfaltete sie im Zuge der Industrialisierung im Verbund mit den neuen Produktions-, Verkehrs- und Kommunikationsmitteln. Die Macht, die wir der Uhr über unser gesamtes privates und gesellschaftliches Leben eingeräumt haben, ist ein typisches Produkt des Industrialisierungsprozesses.

Die Erfindung der Pendeluhr durch Huygens brachte eine sprunghafte Steigerung der Genauigkeit. Nun wurde es auch sinnvoll, Minuten- und sogar Sekundenzeiger in Uhren einzubauen. Erreichten die bisherigen Räderuhren bestenfalls eine Genauigkeit von etwa 5 Minuten pro Tag, so stieß man mit den Pendeluhren bereits in den Sekundenbereich vor.[35] Da einfache Pendel, die nur aus einer Materialsorte bestanden, sich bei Temperaturschwankungen verlängerten oder verkürzten, bei höherer Temperatur also langsamer schwangen als bei niedrigerer, entwickelte man sogenannte Kompensationspendel aus Materialien unterschiedlicher Wärme-dehnung, mit denen die Pendellänge über einen größeren Temperatur-bereich konstant gehalten wurde. Auf diese Weise und mit verbesserten Hemmungs-Konstruktionen erzielte man bald Genauigkeiten von weniger als einer Sekunde pro Tag.

Für wissenschaftliche Zwecke, etwa astronomische Beobachtungen, ging man noch einige Schritte weiter. Eine Kompensationspendeluhr von John Arnold aus dem Jahre 1779 zum Beispiel, die in der Mannheimer Stern-warte stand, ging bei einem Testlauf über 131 Tage nur gut eine Sekunde nach.[36] Die Genauigkeit von Pendeluhren wurde bis ins 20. Jahrhundert hinein weiter gesteigert auf wenige Tausendstelsekunden pro Tag. Dann erst übertrafen ab den 1930er-Jahren Quarzuhren und ab den 1950er-Jahren Atomuhren die Genauigkeit der Pendeluhren um ein Vielfaches.

---

[34] Mumford: Technics, S. 14.
[35] Wendorff: Zeit, S. 246–248.
[36] Budde: Sternwarte, S. 81.

Obwohl die Uhren immer genauer wurden, blieb doch der Lauf der Sonne das Maß für die Zeit, eigentlich der Lauf der Sonne von der Erde aus betrachtet, also letztlich die Erdrotation. Sie gab die Zeit vor, die astronomisch gemessen wurde, nach ihr stellte man die Uhren und bewertete deren Genauigkeit. Dann zeigte sich 1936: Die Quarzuhr als neues technisches Abbild der rotierenden Erde übertraf das Original in Punkto Präzision. Als Uhr war die Erde zu ungenau geworden. Sie unterliegt jahreszeitlichen Schwankungen, und die ständige Gezeitenreibung macht sie immer langsamer.[37] Deshalb wurde 1967 die astronomische Sekunden-Definition, die auf der Erdumdrehung beruhte, abgelöst durch die atomare auf der Basis von Schwingungen in der Cäsium-Atomuhr.

Auch wenn der ganze Globus nun von einem Zeitnetz überzogen ist, das synchron schwingt im Takt hochpräziser Atomuhren, die in Millionen von Jahren eine Sekunde falsch gehen – die Drehung der Erde ist weiterhin maßgebend für die Zeitbestimmung. Damit die technisch gemessene und die astronomisch bestimmte Zeit nicht im Laufe der Jahre auseinanderdriften, müssen die Atomuhren immer wieder mit der Erdrotation synchronisiert werden, indem man eine sogenannte Schaltsekunde hinzufügt. Zur Zeit geschieht dies ungefähr alle anderthalb Jahre.

Die Pendeluhr von Huygens war immerhin schon so genau gewesen, dass man durch sie 1672, wenige Jahre nach ihrer Erfindung, auf eine Merkwürdigkeit stieß: Sie lief in Äquatornähe langsamer als in Paris. Vergleichsuhr war natürlich die rotierende Erde, deren Drehung man durch astronomische Messungen bestimmen konnte. Und in der Erdrotation fanden Huygens und Newton auch den Schlüssel zur Klärung dieses Phänomens. Wegen ihr sei die Erde an den Polen abgeplattet und am Äquator gedehnt – wo bei einer Umfangsgeschwindigkeit von 1670 Stundenkilometern die stärkste Fliehkraft-Wirkung herrscht. Also ist hier der Abstand vom Erdmittelpunkt, dem Schwerkraftzentrum, größer und damit die Gravitation kleiner, wodurch das Pendelgewicht reduziert wird. Hinzu kommt wegen der Erdrotation ein weiterer Effekt der Fliehkraft. Da diese am Äquator größer ist als in Paris und weil sie der Schwerkraft entgegen wirkt, reduziert sie das Gewicht des Pendels zusätzlich. Aus diesen Gründen schwingt es in Äquatornähe langsamer als in Paris.[38]

---

[37] Teichmann: Weltbild, S. 169, 225.
[38] Teichmann: Weltbild, S. 161–162.

Die unterschiedlichen Schwingungs-Frequenzen des Pendels lieferten somit ein weiteres starkes Indiz für die Eigendrehung der Erde. Denn würde sich der Fixsternhimmel täglich um die ruhende Erde drehen, dann wirkten auf sie keine verformenden Fliehkräfte – ebenso wenig wie auf das ruhende Wasser in Newtons Eimer-Experiment, solange sich lediglich der Eimer dreht. Solche Kräfte treten nur auf, wenn die Erde selbst rotiert, und zwar bezüglich des ruhend gedachten absoluten Newton'schen Raums.

Aber war die Erde wegen der Fliehkraft-Wirkung tatsächlich an den Polen abgeplattet oder glich sie eher einem stehend rotierenden Ei, wie es ursprünglich die Wirbeltheorie von Descartes nahegelegt hatte? Darüber entspann sich eine kontroverse Diskussion. Eindeutig geklärt wurde diese Frage erst, als die französische Akademie der Wissenschaften Ende der 1730er-Jahre Breitengrad-Messungen am Äquator, in Peru, und am nördlichen Polarkreis, in Lappland, durchführen ließ. Es zeigte sich: Die Breitengrade am Äquator waren kürzer als in Lappland. Und damit war die Abplattung der Erde erwiesen.[39]

Das Bild von der Erde bekam, im Wortsinn, immer deutlichere Konturen. Aber Schwierigkeiten bereitete im Zeitalter der überseeischen Entdeckungen und Eroberungen durch die Europäer, also der beginnenden „europäischen Weltgeschichte",[40] immer noch die Orientierung auf der Erdoberfläche: die Navigation in den Weiten der Weltmeere, fernab ab von sichtbaren Küstenlinien. Die geografische Breite zu bestimmen, war kein Problem; sie entsprach der Höhe des Polarsterns über dem Horizont. Aber um herauszufinden, wie weit man sich nach Osten oder nach Westen bewegt hatte, also auf welcher geografischen Länge man sich befand, gab es nach wie vor keine befriedigende Lösung. Um 1500 lag die Genauigkeit, besser die Ungenauigkeit, der Längenbestimmung noch bei 1700 km, zweihundert Jahre später immerhin schon bei 50 bis 100 km.[41]

An verschiedenen Methoden wurde gearbeitet, auch an solchen, für die astronomische Messungen, genaue Sterntafeln und aufwendige Berechnungen an Bord der Schiffe notwendig waren. Aber letztlich erfolgreich war die Methode, eine exakt laufende Uhr mit an Bord zu führen und ihre Zeitanzeige, die Bezugszeit, zu vergleichen mit der Zeit des Ortes, an dem man sich gerade befand. Diese Ortszeit konnte zum Beispiel nach dem

---

[39] Teichmann: Weltbild, S. 134–136.
[40] Konetzke: Entdeckungen, S. 537.
[41] Wendorff: Zeit, S. 266.

Sonnenstand bestimmt werden. Eine Stunde Unterschied zwischen Bezugszeit und Ortszeit bedeutet eine Spanne von fünfzehn Längengraden, pro
Längengrad also vier Minuten. Am Äquator, wo der Abstand zwischen den
Längengraden am größten ist, entspricht eine Minute somit knapp 28 km
oder eine Sekunde 464 m.

Huygens hatte mit seiner Pendeluhr genau diese chronometrische
Methode im Sinn gehabt. Aber er scheiterte daran, dass die Pendel-
schwingungen sich mit den Schwankungen des Schiffes überlagerten und
somit die Zeitanzeige verfälschten. Aussichtsreicher war es, statt des Pendels
als Gangregler eine Unruh-Feder zu verwenden, denn deren Schwingungen
sind unabhängig von der Schwerkraft. An einer transportablen Uhr mit
solch einem Schwingsystem arbeiteten Huygens und Hooke unabhängig
voneinander, ohne allerdings selber zu einem befriedigenden Ergebnis zu
gelangen.[42]

Das technische Prinzip jedoch war tragfähig und führte schließlich
1761 zu dem berühmten Marine-Chronometer Nr. 4 von John Harrison.
Mit ihm erhielt er den Preis, den das britische Parlament 1714 nach einer
Denkschrift Newtons ausgeschrieben hatte für die Lösung des sogenannten
Longitudinalproblems.[43] Die in der Ausschreibung geforderte Genauigkeit
übertraf Harrison bei Weitem. Auf der Erprobungsreise nach Jamaika ging
sein Chronometer nur wenige Sekunden nach; verlangt waren zwei Minuten
gewesen.[44] Chronometer, auch von anderen Herstellern gebaut und weiter
entwickelt, waren bald an Bord jedes Kriegs- oder Handelsschiffes. Sie
gingen auch nach monatelangen Fahrten auf rauer See und durch extreme
Klimazonen mit großen Temperaturschwankungen fast sekundengenau.
Voraussetzung für eine genaue Längenberechnung war allerdings, dass
auch die Ortszeit an Bord mit ähnlicher Genauigkeit bestimmt werden
konnte, und dies, wie auch die Ermittlung der geografischen Breite, geschah
nach wie vor durch Himmelsbeobachtung mittels weiterentwickelter
astronomischer Instrumente. Zu Beginn des 20. Jahrhunderts konnten
präzise Zeitzeichen drahtlos übermittelt werden und die Funknavigation
wurde entwickelt. Das inzwischen übliche Verfahren der Ortsbestimmung
ist die Satellitennavigation.[45]

---

[42] Mason: Geschichte, S. 322–323.
[43] Padova: Erfindung der Zeit, S. 273–279.
[44] Wendorff: Zeit, S. 267; Bassermann-Jordan: Uhren, S. 174, 378, 384.
[45] Freiesleben: Navigation, S. 80–126.

Unsere heutige Uhrzeit fußt also auf den Anfängen der präzisen Zeitmessung mit Hilfe schwingungsfähiger mechanischer Systeme im
17. Jahrhundert und auf den damaligen Bemühungen um eine präzise
Längenbestimmung auf See. Sich mit diesem Problem zu befassen, war eine
Aufgabe der 1675 in Greenwich bei London gegründeten königlichen Sternwarte gewesen.[46] Die Greenwich-Time, astronomisch bestimmt und per
Chronometer überall hin transportiert, wurde weltweit zur Bezugzeit. Und
sie blieb es auch, als 1884 infolge der rasanten Entwicklung von Eisenbahn
und Telegrafie der gesamte Erdball in Zeitzonen eingeteilt wurde, die heute
noch gültig sind und sich auf den Nullmeridian von Greenwich beziehen.[47]

Die Suche nach dem wahren Kraftmaß der Bewegung

Im 17. und frühen 18. Jahrhundert entspann sich eine wissenschaftliche
Debatte über das wahre Kraftmaß.[48] Gemeint waren nicht die Kräfte, mit
denen einfache Maschinen wie Hebel, Schraube, Flaschenzug und dergleichen betrieben wurden, auch nicht die statischen Kräfte, die einen
Balken oder ein Gewölbe auf Zug, Druck und Biegung beanspruchten.
Vielmehr ging es um Kräfte im dynamischen Sinne, wenn Masse und
Geschwindigkeit ins Spiel kamen, wie etwa bei Stoßvorgängen. Einig-
keit bestand darin, dass es eine physikalische Größe geben müsse, die trotz
aller Veränderungen von Lage und Geschwindigkeit der beteiligten Massen
erhalten bleibt. Ja, sogar die gesamte Bewegungsquantität in der Welt sollte
seit Anbeginn unverändert geblieben sein. Das erschien vernunftgemäß und
Gottes würdig.

> Die Alten haben, soweit bekannt, allein eine Wissenschaft der toten Kraft
> gekannt, und diese ist es, die gemeinhin als Mechanik bezeichnet wird.
> Sie handelt vom Hebel, der Winde, der schiefen Ebene – zu der Keil und
> Schraube gehören – vom Gleichgewicht der flüssigen Körper und ähnlichen
> Problemen […]. Wenngleich sich nun die Gesetze der toten Kraft in gewisser
> Weise auf die lebendige übertragen lassen, so bedarf es dabei doch großer

---

[46] Mason: Geschichte, S. 321–322.
[47] Wendorff: Zeit, S. 267.
[48] Hermann: Lexikon Geschichte der Physik, S. 29–30 (Bewegungsgröße), 90–92 (Energie).

Vorsicht. Hat man sich doch gerade hier zu dem Irrtum verleiten lassen, die Kraft ganz allgemein mit dem Produkt von Masse und Geschwindigkeit zu verwechseln.[49] (Gottfried Wilhelm Leibniz, 1695)

Die Streitfrage war also: Wie berechnet man diese Bewegungsgröße? Ist es das Produkt aus Masse und Geschwindigkeit? Diese Auffassung vertrat Descartes. Oder muss man die Masse mit dem Quadrat ihrer Geschwindigkeit multiplizieren? So legte es Leibniz 1686 dar in seinem „kurzen Beweis eines wichtigen Irrtums, den Descartes und andere in der Aufstellung eines Naturgesetzes, nach dem Gott stets dieselbe Bewegungsquantität erhalten soll, begangen haben".[50] Dieses Produkt aus Masse und dem Quadrat ihrer Geschwindigkeit nannte Leibniz lebendige Kraft – im Gegensatz zu den toten, statisch wirkenden Kräften.

Des Rätsels Lösung war schließlich: Beide Produkte sind Erhaltungsgrößen, das Produkt aus Masse und dem Quadrat der Geschwindigkeit sowie das Produkt aus Masse und Geschwindigkeit, sofern man bei Letzterem beachtet, dass die Geschwindigkeit eine Richtung hat und das Produkt somit ein Vektor ist (Abb. 6.6). Im ersten Fall, also der lebendigen Kraft, handelt es sich um den doppelten Wert dessen, was wir heute kinetische Energie oder Bewegungsenergie nennen. Diese Größe führt also zum mechanischen Energieerhaltungssatz. Den Vektor im zweiten Fall kennen wir inzwischen als Impuls, dessen Konstanz der Impulserhaltungssatz beschreibt.

Das Interesse an den Gesetzen und den Kraftwirkungen des Stoßes war seinerzeit so groß, dass Huygens und andere 1668 auf Wunsch der Londoner Royal Society die Ergebnisse ihrer Untersuchungen darlegten. Acht Jahre danach veröffentlichte Mariotte seine Schrift über den Stoß von Körpern.[51] An diese Vorarbeiten knüpfte Leibniz an, als er sich mit Stoßvorgängen und den Erhaltungsgrößen befasste.[52] Auch ihm war natürlich klar, dass es keine absolut elastischen Stöße gibt. Ein mehr oder minder großer unelastischer Anteil ist immer mit im Spiel. Und deshalb geht auch immer ein Teil der lebendigen Kraft verloren – aber nur scheinbar, wie Leibniz betonte. Seine Begründung weist bereits in Richtung

---

[49] Leibniz: Hauptschriften, Bd. I, S. 265 (Specimen dynamicum).

[50] Leibniz: Hauptschriften, Bd. I, S. 246–255 (Kurzer Beweis), Hermann: Weltreich, S. 82–88.

[51] Hermann: Lexikon Geschichte der Physik, S. 223–224 (Mariotte).

[52] Leibniz: Hauptschriften, Bd. I, S. 256–272 (Specimen dynamicum); Szabó: Mechanische Prinzipien, S. 427–459.

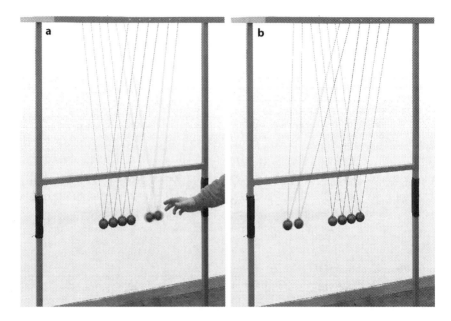

Abb. 6.6 Mitmach-Station: Stoßmaschine. Die wohl bekannteste Demonstration elastischer Stöße bietet die sogenannte Stoßmaschine, mit der Mariotte schon in den 1670er-Jahren experimentiert hatte. Mit ihr lässt sich die Gültigkeit beider Erhaltungssätze veranschaulichen. Eine Reihe gleich schwerer elastischer Kugeln aus Stahl – im Original waren es Elfenbeinkugeln – ist so an Fäden aufgehängt, dass sie eine Linie bilden und einander leicht berühren. Zieht man eine oder mehrere Kugeln auf einer Seite nach außen und lässt sie gegen die ruhenden Kugeln zurückschwingen (a), dann werden auf der anderen Seite genauso viele Kugeln weggestoßen, wie auf der einen Seite aufgetroffen sind (b). Die übrigen Kugeln bewegen sich nicht.

Nach dem Impulserhaltungssatz ist das Produkt aus Masse und Geschwindigkeit der stoßenden Kugeln gleich dem der gestoßenen auf der anderen Seite. Gälte nur dieser Satz, dann könnten zum Beispiel zwei Kugeln auch eine Kugel mit der doppelten Geschwindigkeit wegstoßen. Aber das widerspräche dem Energieerhaltungssatz, denn die Bewegungsenergie, die sich nach dem Quadrat der Geschwindigkeit bemisst, hätte sich dann verdoppelt. Die beobachteten Stoßvorgänge sind also die einzigen, die beiden Gesetzen genügen. (© TECHNOSEUM, Foto: Klaus Luginsland)

eines umfassenden Energieerhaltungssatzes, bei dem auch Wärme eine mechanische Erklärung findet.

Ich hatte behauptet, die tätigen Kräfte erhielten sich in der Welt. Man wendet mir ein, dass zwei weiche oder nicht elastische Körper bei ihrem Zusammenstoß einen Kräfteverlust erleiden. Darauf erwidere ich, dass dies nicht der Fall ist. Betrachtet man nur die Gesamtmassen und ihre Gesamtbewegung, so geht hier freilich Kraft verloren; sie wird jedoch auf die Teile übertragen, indem diese innerlich durch die Kraft des Zusammentreffens oder des Stoßes erregt werden. Ein Verlust tritt also nur scheinbar ein: die Kräfte sind nicht zunichte geworden, sondern nur in den winzig kleinen Teilen zerstreut; sie sind damit nicht verloren, sondern es ist nur dasselbe, wie bei Umwechslung von großem Gelde in kleines geschehen.[53] (Gottfried Wilhelm Leibniz, um 1715)

Leibniz räumte allerdings ein, es gebe keinen Beweis dafür, dass sich die Bewegungsquantität in der Natur erhalten müsse. Dem widerspreche sogar die Erfahrung, wenn wir den Stoß von Körpern beobachten. Seine Anschauung gründe sich einzig und allein auf dem Prinzip der Gleichheit von Ursache und Wirkung. Und wegen dieses Prinzips „erhält sich immer das Quantum, das zur Hervorbringung einer bestimmten Wirkung, zur Erhebung eines Gewichts auf eine bestimmte Höhe, zur Spannung einer Feder, zur Mitteilung einer bestimmten Geschwindigkeit etc. erforderlich ist, ohne dass in der Gesamtwirkung das geringste gewonnen werden oder verloren gehen kann," – auch wenn oft ein Teil davon durch die Körper oder ihre Umgebung absorbiert werde.[54]

Die unfehlbare mechanische Ordnung in der Leibniz'schen Welt

Wenn der ganze Weltenlauf mechanischen Gesetzen folgt, kann es keinen Zufall geben, wie Leibniz in seiner kleinen Schrift „Von dem Verhängnisse" darlegte.[55] Alles ist „mit Zahl, Maß und Gewicht oder Kraft gleichsam abgezirkelt". Wenn zum Beispiel zwei Kugeln in der Luft aufeinanderträfen und man wisse von jeder ihre Größe, Bahn und Geschwindigkeit vor dem Stoß, so könne man vorausberechnen, wie sie sich danach bewegen. Das gelte auch, wenn man beliebig viele Kugeln oder auch Körper anderer Gestalt nehmen würde. Was hier im Kleinen mathematisch bestimmt ablief, galt bei Leibniz auch für das Weltganze. Diesen abgezirkelten Lauf der Dinge nannte er Verhängnis.

---

[53] Leibniz: Hauptschriften, Bd. I, S. 203–204 (Streitschriften zwischen Leibniz und Clarke).

[54] Leibniz: Hauptschriften, Bd. I, S. 277–278 (Briefwechsel zwischen Leibniz und de l'Hospital).

[55] Leibniz: Hauptschriften, Bd. II, S. 129–134 (Von dem Verhängnisse).

Dass alles durch ein festgestelltes Verhängnis hervorgebracht werde, ist eben so gewiss, als dass drei mal drei neun ist. Denn das Verhängnis besteht darin, dass alles an einander hängt wie eine Kette und eben so unfehlbar geschehen wird, ehe es geschehen, als unfehlbar es geschehen ist, wenn es geschehen.[56] (Gottfried Wilhelm Leibniz, 1695)

Somit gehe in der ganzen weiten Welt alles mathematisch, das heißt unfehlbar zu. Leibniz entwickelte hier einen Gedankengang, den wir über hundert Jahre später auch bei Laplace und seinem fiktiven Weltgeist wiederfinden. Wenn jemand, so Leibniz, genügende Einsicht in die inneren Teile der Dinge haben könnte und dabei Gedächtnis und Verstand genug hätte, um alle Umstände zu erfassen und in Rechnung zu bringen, „würde er ein Prophet sein, und in dem Gegenwärtigen das Zukünftige sehen, gleichsam als in einem Spiegel". Wie in den Samen der Pflanzen und Tiere stecke „die ganze künftige Welt in der gegenwärtigen" und sei „vollkommen vorgebildet". Kein Zufall könne von außen dazu kommen, denn außer ihr sei ja nichts.

Dass wir dennoch an Zufälle glauben, liegt nach Leibniz an der Beschränktheit unseres Verstandes. Für den sei es unmöglich, künftige Ereignisse vorherzusehen. Denn die Welt bestehe aus unendlich vielen Dingen, die zusammenwirken. Nichts sei so klein oder so weit entfernt, als dass es nicht etwas beitrage nach seinem Maß. Und solche kleinen Dinge machten oft mächtige Veränderungen: „Ich pflege zu sagen, eine Fliege könne den ganzen Staat verändern, wenn sie einem großen König vor der Nase herumsauset, so eben in wichtigen Ratschlägen begriffen."

Auch wenn Leibniz hier die Psyche eines Menschen mit ins Spiel brachte, der gerade dabei war, eine womöglich weitreichende Entscheidung zu treffen: In seinem Bild vom unfehlbar geordneten Weltenlauf bildeten Physis und Psyche eine untrennbare Einheit, so dass immer „die Spannkräfte der Körper bereit sind, von selbst in der richtigen Weise zu spielen, in dem Augenblicke, wo die Seele einen entsprechenden Willen oder Gedanken hat: einen Gedanken, in dem auch sie wiederum ihrerseits mit den vorhergehenden Zuständen des Körpers übereinstimmt".[57] Leibniz bewegte sich damit in dem weiten Feld von Zufall und Notwendigkeit, Willensfreiheit und Determinismus. Hier ist die moderne Hirnforschung inzwischen mit neurowissenschaftlichen Experimenten auf überraschende Befunde gestoßen

---

[56] Leibniz: Hauptschriften, Bd. II, S. 129 (Von dem Verhängnisse).
[57] Leibniz: Hauptschriften, Bd. II, S. 220 (Briefwechsel zwischen Leibniz und Arnauld).

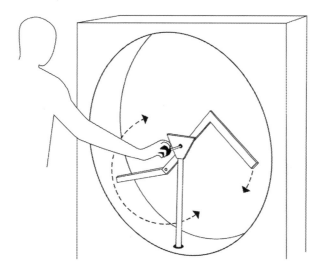

Abb. 6.7 Mitmach-Station: Chaos-Pendel. Dieses Pendel ist mittlerweile ein klassisches Beispiel geworden für deterministisch-chaotische Bewegungen. Setzt man mit dem Drehknauf den Mechanismus kurz in Bewegung und überlässt ihn dann sich selbst, kann man die überraschendsten Bewegungen des hin und her schleudernden Winkelarms beobachten. Sie verlaufen chaotisch und unvorhersehbar, obwohl hier nur die Gesetze der Mechanik wirken.[59] (© TECHNOSEUM, Grafik: Frank Ketterl, nach Versuchsaufbau Phänomenta)

und hat kontroverse Debatten darüber entfacht, ob wir tatsächlich so frei entscheiden können, wie wir meinen, und wie weit wir dann verantwortlich sind für unsere Entscheidungen und die daraus resultierenden Handlungen sowie deren Folgen.

Die Leibniz'schen Überlegungen zum unvorhersehbaren und dennoch geordneten Lauf der Welt, in der kleine Ursachen große Wirkungen hervorrufen können, weisen in die Richtung dessen, was die neuere Chaosforschung deterministisches Chaos nennt.[58] Dieser Begriff klingt zunächst widersprüchlich. Gemeint sind hochempfindliche komplexe Systeme, deren Entwicklung nicht oder zumindest nicht für einen längeren Zeitraum exakt vorhersagbar ist, wie zum Beispiel das Wetter. Solche Systeme verhalten sich scheinbar chaotisch – und das, obwohl alle Gesetzmäßigkeiten, denen sie deterministisch folgen, vollständig bekannt sind (Abb. 6.7). Der Grund

---

[58] Wikipedia: Deterministisches Chaos.
[59] Wikipedia: Doppelpendel.

liegt darin, dass bereits geringste Änderungen der Anfangsbedingungen oder kleinste Störungen im Ablauf, wie das sprichwörtlich gewordene Schlagen eines Schmetterlingsflügels, unvorhersehbare Wirkungen auslösen können. Es ist unmöglich, sämtliche dieser Einflüsse zahlenmäßig hinreichend genau zu erfassen und rechnerisch zu bewältigen. Aber die Unberechenbarkeit solcher Systeme ist nicht nur von Nachteil. Ihr chaotisches Verhalten ist etwa bei Glücksspielen sogar erwünscht: beim Würfeln, beim Roulette-Spiel oder bei der wöchentlichen Ziehung der Lottozahlen.

Die Leibniz'sche Vision von der vollständigen mathematischen Erfassbarkeit der Welt bleibt also letztlich Illusion. Wir müssen uns immer mit Ausschnitten und Näherungen begnügen, wenn wir versuchen, die unermessliche Vielfalt der Wirklichkeit in mathematische Modelle zu fassen. Ob man die Unfehlbarkeit der Ordnung im Lauf der Welt anerkennt oder an den Zufall glaubt, war für Leibniz eine Frage der Perspektive. Er verglich das mit der Betrachtung eines Gemäldes, das nur aus einem bestimmten Blickwinkel richtig wahrzunehmen ist.

> Allein wir müssen uns mit den Augen des Verstandes dahin stellen, wo wir mit den Augen des Leibes nicht stehen, noch stehen können. Zum Exempel wenn man den Lauf der Sterne auf unsrer Erdkugel betrachtet, darin wir stehen, so kommt ein wunderliches verwirrtes Wesen heraus [...]. Aber nachdem man endlich ausgefunden, dass man das Auge in die Sonne stellen müsse, wenn man den Lauf des Himmels recht betrachten will, und dass alsdann alles wunderbar schön herauskomme, so sieht man, dass die vermeinte Unordnung und Verwirrung unseres Verstandes Schuld gewesen, und nicht der Natur.[60] (Gottfried Wilhelm Leibniz, 1695)

Statt also den Augen des Leibes zu vertrauen, schaute Leibniz mit denen des Verstandes. Ihm gab er den Vorzug gegenüber der unmittelbaren sinnlichen Wahrnehmung. Dies führte ihn auch zu der Auffassung, lebendige Kraft gehe nur scheinbar verloren und finde sich als Bewegung kleinster Teilchen wieder, womit er dem allgemeinen Energieerhaltungssatz sehr nahe kam. Das Prinzip der Erhaltung lebendiger Kräfte schuf in der Folgezeit eine enge Verbindung von physikalischer Theorie und technischer Praxis. Dort förderte es die energetische Betrachtungsweise, die auf Steigerung des Wirkungsgrades von Maschinen aller Art gerichtet war.

---

[60] Leibniz: Hauptschriften, Bd. II, S. 131–132 (Von dem Verhängnisse).

7

Die lebendige Kraft des Wassers – Vom Effekt zum Wirkungsgrad

Anfänge der Maschinenwissenschaft

Zur selben Zeit, als Naturwissenschaftler die Wirkung statischer und dynamischer Kräfte untersuchten und sich der Lösung praktischer Probleme zuwandten, zeigte sich die Verbindung von Theorie und Praxis auch in den Maschinenbüchern. Diese Schriften erschienen nicht in der Gelehrtensprache Latein, sondern in den jeweiligen Landessprachen. Sie waren also auch an jene adressiert, die im herkömmlichen Sinne nicht als gelehrt galten. Ihre Verfasser waren Ingenieure, die damit eine immer wichtiger werdende Mittlerrolle zwischen Naturwissenschaftlern und Handwerkern einnahmen.

Beide Seiten konnten voneinander lernen. Denn die Versuche von Mathematikern und Physikern, ihre Theorien im praktischen Maschinenbau anzuwenden, scheiterten oft – bei aller „Theoria cum Praxi"-Programmatik der Aufklärungszeit. Zum Teil fiel es den Theoretikern schwer, sich den Praktikern in den Werkstätten und auf den Baustellen verständlich zu machen. Zu idealisiert waren oft ihre Vorstellungen und sie unterschätzten die fertigungstechnischen Probleme, die sich der Umsetzung ihre Ideen in den Weg stellten. Das hatten auch schon Pascal und Leibniz bei der Arbeit an ihren Rechenmaschinen erfahren müssen, Leibniz ein weiteres Mal, als es ihm nicht gelang, mit Windkraft Bergwerke im Oberharz zu entwässern.[1] Und nachdem sich Euler erfolglos um die Wasserversorgung der

---

[1] Kleinert: Technik und Naturwissenschaften, S. 285–288.

© Springer-Verlag GmbH Deutschland, ein Teil von Springer Nature 2022
G. Zweckbronner, *Aufbruch ins Industriezeitalter – Zukunftswerkstätten der Neuzeit*,
https://doi.org/10.1007/978-3-662-60542-4_7

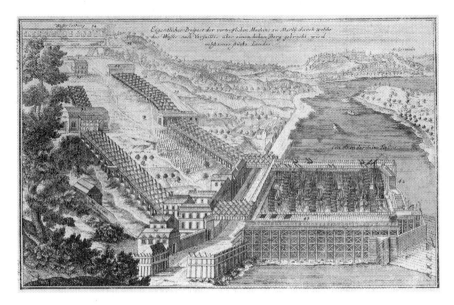

Abb. 7.1 Wasserhebemaschine bei Marly (Jacob Leupold: Theatri Machinarum Hydraulicarum, Teil 2, 1725). (© Deutsches Museum, München, Archiv BN 09998)

Springbrunnen von Sanssouci bemüht hatte, ließ Friedrich der Große 1778 in einem Brief an Voltaire seinem Spott freien Lauf.

> Ich wollte in meinem Garten einen Springbrunnen anlegen; Euler berechnete die Leistung der Räder, die das Wasser in einen Behälter heben sollten, damit es dann, durch Kanäle geleitet, in Sanssouci in Springbrunnen wieder in die Höhe steige. Mein Hebewerk ist nach mathematischen Berechnungen ausgeführt worden, und doch hat es keinen Tropfen Wasser bis auf fünfzig Schritt vom Behälter heben können. Eitelkeit der Eitelkeiten! Eitelkeit der Mathematik![2] (Friedrich der Große, 1778)

Das Werk von Praktikern hingegen war die riesige Wasserhebe-Anlage von Marly gewesen. Seit den 1680er-Jahren drückte sie mit 14 Wasserrädern und 221 Pumpen das Wasser der Seine über mehrere Stufen 162 m hoch und versorgte damit im Schlosspark von Versailles die Wasserspiele (Abb. 7.1). Hier waren allerdings die Grenzen des herkömmlichen Kraftmaschinenbaus erreicht. Die 80 PS Leistung der Anlage erforderten einen ungeheuren finanziellen und baulichen Aufwand. Auch die laufenden Kosten für

---

[2] Zitiert nach Klemm: Technik, S. 265.

Wartung und Reparaturen waren enorm. Doch bei diesem Prestige-Projekt Ludwigs XIV. zählte einzig und allein der Effekt, koste es, was es wolle. Nach gut 130 Jahren Betriebszeit wurde die Anlage schließlich durch eine leistungsfähigere ersetzt.[3]

Eine ausführliche Beschreibung der „großen Maschine bei Marly" als einer „der mächtigsten und kostbarsten Wasserkünste in Europa" lieferte Jacob Leupold.[4] Er verband diese Beschreibung zugleich mit einer kritischen Analyse einzelner Bauteile. Mit dem Leipziger Mechaniker, Maschinenbauer und Bergwerkskommissar Leupold begann im frühen 18. Jahrhundert eine neue Phase der Maschinenkunde. In den sieben Bänden seines „Theatrum Machinarum", erschienen von 1724 bis 1727, stellte er nahezu sämtliche Gebiete der Technik seiner Zeit dar: Grundsätze mechanischer Wissenschaften, Wasserbau und Wasserkünste, Hebezeuge, Wägetechnik, Brückenbau, Rechen- und Messtechnik. Neben der Wirkung von Wasserkräften auf Maschinen untersuchte er auch deren Antrieb durch Mensch und Tier, Wind und Feuer sowie durch Gewichts- und Federwerke, die letztlich ihrerseits wieder mit menschlicher Muskelkraft aufgezogen werden mussten. Und er betonte, die vorteilhafte maschinelle Anwendung all dieser Kräfte müsse „mehr aus Erfahrung und Experimenten, als durch bloße Spekulationen auf dem Papier" untersucht werden.[5]

Leupold war in Mathematik und mechanischen Wissenschaften durch Universitätsstudien bewandert, als Instrumentenbauer betrieb er eine mechanische Werkstätte. Er nahm somit eine Mittlerstellung ein zwischen der Handwerkerschicht und dem Gelehrtenstand, zumal er auch Mitglied der Preußischen Akademie der Wissenschaften war. James Watt schöpfte aus seinen Büchern genauso wie Philipp Matthäus Hahn. In erster Linie wandte sich Leupold an solche Praktiker, die keine Gelegenheit hatten, viele Schriften zu studieren, und dennoch für ihre Arbeit fundiertes Wissen über die Mechanik benötigten.

> Daher noch täglich sich viel neue Künstler und Inventions-Meister finden, die lauter Wunderwerke zu machen wissen, und Kraft ohne Kraft ausüben, oder mit einem Pfund so viel als mit zweien, oder mit einem Pferd so viel als sonst mit zweien tun wollen, ja gar das Perpetuum mobile ist ihnen nur ein Geringes. Aber alles dieses närrische Zeug und Windmacherei entstehet bloß

---

[3] Klemm: Technik, S. 204–207; Kleinert: Technik und Naturwissenschaften, S. 286–287.
[4] Leupold: Theatri Machinarum Hydraulicarum, Teil 2, S. 38–45.
[5] Leupold: Theatrum Machinarum Generale, Vorrede.

daher: weil solche Leute kein Fundament haben, und Kraft, Last und Zeit nicht zu berechnen wissen.[6] (Jacob Leupold, 1724)

Leupold unterzog die ältere Maschinenliteratur einer kritischen Analyse. Er schälte aus den oft mit Zierrat überladenen Darstellungen und schier endlosen Aneinanderreihungen von Flaschenzügen, Hebeln und Schraubenwinden das technisch Wesentliche heraus, zerlegte also die Maschinen sozusagen in ihre Elemente. Deren Funktion und Zweckmäßigkeit des Zusammenwirkens prüfte er durch Rechnung und Versuch. Seiner nüchternen Analyse entsprachen die sachlichen Zeichnungen.

Herauszufinden galt es nach Leupold, „was die Maschine nach der Theorie tun sollte, und was hingegen in praxi geschieht". Dann solle man versuchen, dem theoretischen Wert so nahe wie möglich zu kommen: „durch Vermeidung oder Abschaffung der Friktion", also der Reibung, „und rechter Applikation der Kraft". Dies seien die einzigen Mittel und Wege, wiewohl niemand diese Ziele „in Ewigkeit gänzlich" erreichen könne.[7] Als einer der ersten forderte Leupold damit eine möglichst effiziente Ausführung von Maschinen. Maßgeblich bei Konstruktion und Bewertung von Maschinen wurde damit der Wirkungsgrad, also der Grad der Ausnutzung zugeführter Energie in Kraft- und Arbeitsmaschinen.

Das Prinzip der lebendigen Kräfte im Maschinenbau

Ein geeignetes Mittel, Maschinen nach ihrem Wirkungsgrad zu untersuchen und die maximal mögliche Leistung zu ermitteln, stand im Prinzip der Erhaltung lebendiger Kräfte zur Verfügung, einer mechanischen Vorform des Energieerhaltungssatzes. Dieses Prinzip, auch kurz Prinzip der lebendigen Kräfte genannt, war im 17. Jahrhundert aus den Untersuchungen dynamischer Vorgänge in der Mechanik hervorgegangen. Nun wurde es zu einem wichtigen Bindeglied zwischen theoretischer Mechanik und praktischem Maschinenbau. Unter der lebendigen Kraft eines Körpers – den Begriff hatte bekanntlich Leibniz geprägt – verstand man zunächst das Produkt aus seiner Masse und dem Quadrat seiner Geschwindigkeit, im 19. Jahrhunderts dann die Hälfte dieses Produkts, die kinetische Energie.

---

[6] Leupold: Theatrum Machinarum Generale, Vorrede.
[7] Leupold: Theatri Machinarum Hydraulicarum, Teil 2, Vorrede.

Mit diesem Prinzip konnte man Übertragungen und Umwandlungen mechanischer Energie in beliebigen Mechanismen berechnen. Dabei schärfte es insbesondere den Blick für unterschiedlich bedingte Energieverluste. Energie konnte verloren gehen etwa durch Reibung, unelastische Stöße, Entweichen ungenutzter lebendiger Kräfte oder Erzeugung überschüssiger Bewegungen. Kurz: Das Prinzip der lebendigen Kräfte hing aufs engste mit dem Streben nach technischer Effizienz zusammen. Und es gab wertvolle Kriterien an die Hand zur systematischen Erhöhung des Wirkungsgrades.

Bis zu welchem Grad die lebendigen Kräfte ausgenutzt wurden, galt im Kreise der französischen Maschinentheoretiker des 18. und 19. Jahrhunderts als das „wahre Maß für den Wert einer Maschine".[8] Alle Arbeitsleistungen – sei es von Mensch, Tier, Wasser, Wind, Schießpulver oder Speicherelementen wie zusammengedrückten Federn – ließen sich in lebendiger Kraft angeben.[9] Sie hatte, wie Joseph de Montgolfier es ausdrückte, den Rang einer „Ware" erhalten, die ihren Preis habe und mit der man sparsam umgehen müsse. Der Preis entspreche dem Bedarf nach ihr und der Schwierigkeit, sie an entlegenen Orten zu finden.[10]

Nach den Worten von Jean Victor Poncelet hatten „die Mechaniker eine besondere Art von Einheit der Leistung, oder wie Navier sich ausdrückt, eine Art mechanischer Münze annehmen müssen, vermittelst welcher man alle Arten von Leistungen oder Arbeiten der Maschinen und Motoren untereinander vergleichen kann, so dass in dem Zahlenausdrucke dieser Leistungen oder Arbeiten durchaus nichts Willkürliches bleibt".[11] Erinnert sei hier an Leibniz, der betonte, lebendige Kraft gehe bei Stößen unelastischer Körper nur scheinbar verloren, sie werde in den winzig kleinen Teilen dieser Körper zerstreut und es geschehe dasselbe, wie beim Wechseln von großem Geld in kleines. Naviers mechanische Münze entsprach somit den großen Geldstücken von Leibniz. Dessen kleineres Wechselgeld kam erst ins Spiel mit der mechanischen Wärmetheorie.

Die Stärke des Prinzips der lebendigen Kräfte lag darin, dass man die Leistungsfähigkeit einer Maschine mit Hilfe ihrer Energiebilanz – modern gesprochen – bestimmen konnte, ohne auf technische Details eingehen zu müssen. Das Prinzip liefere ein exaktes Maß, „um an Hand von Fakten all die angeblichen Erfindungen einzuschätzen, deren Urheber ohne die

---

[8] Montgolfier: Bélier hydraulique, S. 173.
[9] Carnot: Rapport.
[10] Montgolfier: Mémoire, S. 118–119.
[11] Poncelet: Lehrbuch, Bd. 1, S. 4.

mindeste Kenntnis der Prinzipien der Mechanik die Akademien und die Verwaltung belästigen", so Coulomb, der sich auch intensiv mit den Gesetzen der Reibung befasste.[12] Die französische Akademie der Wissenschaften hatte 1775 beschlossen, derlei „Belästigungen" abzuwehren und keine Entwürfe mehr für ein mechanisches Perpetuum mobile zu prüfen. Denn von vorn herein stand fest: Solche Mechanismen können nicht dauerhaft ohne Energiezufuhr laufen, da lohnte sich die mühsame Analyse ihres teilweise recht komplizierten Aufbaus nicht.[13]

Wirkung des Wassers in Rad und Turbine

Die Kraft des Wassers gehört, neben der Muskelkraft von Mensch und Tier sowie der Windkraft, zu den elementaren Energiequellen, die bereits im Altertum genutzt wurden. Im europäischen Hochmittelalter begann die große Zeit der Wassermühlen. Längs von Flussläufen siedelten sich Betriebe an, in denen die Kraft des Wassers Mahlsteine, Sägegatter, Blasebälge, Schmiedehämmer oder Stampfwerke antrieb.[14] Das Zusammenspiel aller technischen Elemente in diesen Betrieben, einschließlich der Führung des Wassers zum Rad, war das Ergebnis sinnreicher Planung und gediegener handwerklicher Ausführung. Die Mühlenbauer, geschätzte Fachleute von hohem Ansehen, verfügten über reiches Erfahrungswissen und waren Meister in der Holz- und Metallbearbeitung.[15] Einer dieser Fachleute hatte auch die große Wasserhebe-Anlage von Marly gebaut, bei der es allerdings mehr um den Effekt als um die Effizienz ging.

Bevor die Dampfmaschine eine zentrale Antriebsmaschine der Industrialisierung wurde, lieferten Wasserräder den größten Teil der Energie für Bergwerke, Mühlen, Pumpstationen, Schmieden und andere Produktionsstätten. Daher das große Interesse im 18. und 19. Jahrhundert, auf theoretischem und experimentellem Wege die Wirkungsweise und den Wirkungsgrad dieser Räder zu untersuchen und zu verbessern.[16]

Die beiden Hauptbauformen sind das oberschlächtige und das unterschlächtige Wasserrad. Beim oberschlächtigen läuft das Wasser von oben in

---

[12] Coulomb: Observations, S. 81; Hermann: Lexikon Geschichte der Physik, S. 317–318 (Reibung).

[13] Klemm: Kulturgeschichte, S. 237.

[14] Klemm: Kulturgeschichte, S. 90–92; Varchmin, Radkau: Energie, S. 42–49.

[15] Klemm: Technik, S. 238–239.

[16] Varchmin, Radkau: Energie, S. 50–53.

die Zellen des Rades, die Schaufeln des unterschlächtigen werden auf der Unterseite angeströmt. Welche Bauart eingesetzt wurde, hing auch von der Geländeformation ab. In flachen Gegenden eigneten sich unterschlächtige Räder am besten. Wer Wasserräder einmal in Betrieb gesehen hat, dem wird sofort klar geworden sein, wie sie funktionieren: Das anströmende Wasser drückt gegen die Schaufeln oder die Zellen am Umfang des Rades, dieses setzt sich in Bewegung und treibt über fast genauso einfach zu durchschauende Mechanismen die Maschinen im Inneren des Gebäudes an. Die prinzipielle Funktion eines Wasserrades scheint also keine großen Probleme zu bergen.

Und doch ist die Sache gar nicht so trivial, wenn man sich intensiver mit der Wirkung des Wassers auf ober- und unterschlächtige Wasserräder befasst – so wie es Wissenschaftler der französischen Schule der Technikwissenschaften im 18. Jahrhundert taten. Sie untersuchten die Kraftübertragung in den Rädern und wollten herausfinden, welchen Wirkungsgrad Wasserräder unterschiedlicher Bauform hatten, also welcher Anteil der zugeführten Energie des Wassers tatsächlich an die Räder weitergegeben wurde. Sie fanden heraus, dass theoretisch oberschlächtige Wasserräder die zugeführte Energie des Wassers vollständig ausnutzen können, unterschlächtige Räder nur zur Hälfte.[17]

Und wie sah es in der Praxis aus? Der englische Ingenieur John Smeaton untersuchte diese beiden Wasserrad-Typen experimentell (Abb. 7.2). Seine Ergebnisse veröffentlichte er 1759 in den Philosophical Transactions of the Royal Society.[18]

Smeatons Messungen zeigten, dass oberschlächtige Räder rund zwei Drittel der zugeführten Wasserenergie umsetzen können, unterschlächtige rund ein Drittel. Damit bestätigte er zugleich, dass oberschlächtige Räder doppelt so leistungsfähig waren wie unterschlächtige. Um diesen Unterschied in der Leistung zu verstehen, muss man sich etwas genauer vor Augen führen, wie das Wasser in den beiden Bautypen jeweils wirkt (Abb. 7.3). Es gibt nämlich einen fundamentalen Unterschied zwischen den beiden Wirkprinzipien „oberschlächtig" und „unterschlächtig".

Beim oberschlächtigen Rad läuft das Wasser von oben auf das Rad, füllt dort die Zellen am Radumfang und drückt sie durch sein Gewicht stetig nach unten, wo es dann wieder ausfließt. Es wirkt also direkt durch seine potenzielle Energie oder Lageenergie. Die ergibt sich aus der Wassermenge

---

[17] Zweckbronner: Prinzip der lebendigen Kräfte, S. 95–100.
[18] Smeaton: Experimental Enquiry, S. 100–138.

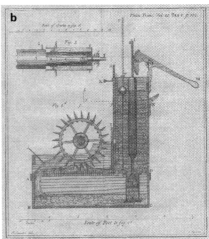

Abb. 7.2 Versuchsaufbau zur Messung des Wirkungsgrades von Wasserrädern, hier mit unterschlächtig wirkendem Rad. Die Leistung der Räder wurde über die Arbeit zum Heben von Gewichten ermittelt (**a**). Gestrichelt ist die Wasserführung für den Versuch mit oberschlächtigem Rad eingezeichnet (**b**). (John Smeaton: An experimental Enquiry concerning the natural Powers of Water and Wind to turn Mills, and other Machines, depending on a circular Motion, 1759). (© Württembergisches Landesmuseum Stuttgart)

und dem Raddurchmesser, also der Höhendifferenz zwischen dem höchsten und dem tiefsten Punkt des Rades. Theoretisch könnte somit die gesamte Wasserenergie genutzt werden: wenn nämlich das Wasser nur durch sein Gewicht wirkt und das Rad so langsam läuft, dass das Wasser unten aus den Schaufeln fällt, ohne nennenswerte kinetische Energie mit sich zu führen. In der Praxis können, wie Smeaton das auch bei seinen Messungen am Modell herausfand, bis zu zwei Drittel der Wasserenergie genutzt werden. Doch nicht überall lassen sich die leistungsfähigeren oberschlächtigen Räder einsetzen. In flacherem Gelände reicht oft das Gefälle nicht aus.

Beim unterschlächtigen Rad wirkt das Wasser durch seine kinetische Energie. Es strömt gegen die geraden Schaufeln und gibt über Stoßkraft-Wirkung Energie an das Rad ab, bevor es wegfließt. Aber das Wasser kann nie seine gesamte Energie an das Rad abgeben, und das aus zwei Gründen: Es wirkt auf die Schaufeln durch unelastischen Stoß, was zu Energieverlusten führt, und es hat beim Wegströmen immer noch die Geschwindigkeit der Schaufeln am Radumfang und nimmt deshalb ungenutzte Bewegungsenergie mit, die nicht an das Rad abgegeben wurde und damit für den Antrieb verloren ist. Je schneller das unterschlächtige Rad läuft, desto

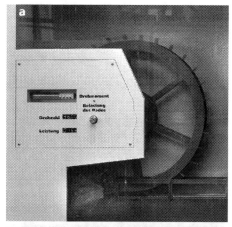

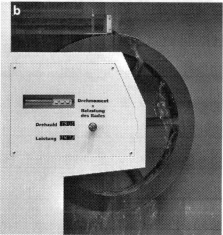

Abb. 7.3 Mitmach-Station: Versuchs-Modell nach Smeaton. Beiden Rädern, dem unterschlächtigen **(a)** und dem oberschlächtigen **(b)**, strömt die gleiche Wasser-menge zu. Auf das oberschlächtige läuft das Wasser direkt, das Wasser für das unter-schlächtige füllt zuerst einen senkrecht stehenden Behälter, wie er auf der Zeichnung von Smeaton zu sehen ist. Durch den Druck des Wassers auf die Ausfluss-Öffnung unten wird die potentielle Energie des Wassers in Bewegungsenergie umgewandelt. Mit dieser Energie strömt es dann in dem waagrechten Gerinne gegen die Schaufeln des unterschlächtigen Rades.

An beiden Rädern kann man die Belastung verändern, also das Drehmoment, das sie bewältigen müssen. Drehzahl und Leistung werden laufend angezeigt. Durch Ver-änderung der Belastung und damit auch der Drehzahl findet man heraus, wann die Räder jeweils ihr Maximum leisten. Und man findet Smeatons Ergebnis bestätigt: Die Maximal-Leistung des oberschlächtigen Rades ist deutlich größer als die des unter-schlächtigen. (© TECHNOSEUM, Foto: Klaus Luginsland).

größer werden diese Verluste durch ungenutzt wegströmende kinetische Energie; und je langsamer es läuft, desto größer werden die Verluste durch unelastischen Stoß des Wassers auf die Schaufeln – ein unauflösbares Dilemma bei unterschlächtigen Wasserrädern mit geraden Schaufeln. Die optimale Radumfangs-Geschwindigkeit liegt bei der halben Anström-Geschwindigkeit des Wassers. Aber auch dann könnte theoretisch die zugeführte Energie des Wassers maximal zur Hälfte ausgenutzt werden – in der Praxis bis zu einem Drittel.

Erst 1825 gelang es Poncelet, Professor für Technische Mechanik in Metz, durch eine entscheidende Neuerung die Ausbeute unterschlächtiger Wasserräder zu verdoppeln. Er hatte sich intensiv mit den Problemen der Dynamik befasst, also dem Wirken von Trägheitskräften in rotierenden oder hin und her gehenden Maschinenteilen oder der Übertragung von Wasserkräften.

> Die ganze Aufgabe, wie man nach dem Prinzip der lebendigen Kräfte weiß, besteht darin, dafür zu sorgen, dass das Wasser weder bei seinem Eintritt in das Rad noch in dessen Innerem irgend einen Stoß ausübt und das Rad gleichmäßig verlässt, ohne die geringste merkliche Geschwindigkeit beizubehalten.[19] (Jean Victor Poncelet, 1827)

Beim Poncelet'schen Wasserrad sind die Schaufeln so gekrümmt, dass das Wasser nahezu stoßfrei einströmt, ohne Stoßverlust in den Schaufeln ein Stück weit hochsteigt, dann umkehrt und rückwärts gegen die Drehrichtung des Rades wieder herausfließt. In den Schaufeln gibt es durch kontinuierlichen Druck seine Energie verlustarm an das Rad ab. Wenn der Radumfang halb so schnell ist wie das zuströmende Wasser, hat es beim Verlassen der Schaufeln keine absolute Geschwindigkeit mehr, also in Bezug auf die Umgebung gemessen. Dann fließt keine lebendige Kraft ungenutzt davon. Auf diese Weise sind beide sich scheinbar widersprechenden Forderungen des Prinzips der lebendigen Kräfte erfüllt.

Dieses Prinzip setzte klare Grenzen des Machbaren. Aber es erzwang keine bestimmte technische Lösung, sondern ließ reichlich Spielraum für unterschiedlichste konstruktive Ausführungen. Als Poncelet sein unterschlächtiges Rad mit gekrümmten Schaufeln vorstellte, hatte eine andere Entwicklung zur effizienteren Nutzung der Wasserkraft bereits eingesetzt: die Entwicklung von Turbinen. Erst im 19. Jahrhundert standen mit Gusseisen und Stahl die Werkstoffe und die entsprechenden Fertigungstechniken

---

[19] Poncelet: Mémoire, S. 7.

für den Bau effizienter Wasserräder und Turbinen zur Verfügung. So konnten die wissenschaftlichen Erkenntnisse des 17. und 18. Jahrhunderts zu Mechanik und Hydrodynamik konstruktiv umgesetzt werden.[20] Der Übergang zwischen Wasserrad und Turbine ist fließend, und vor allem das Poncelet'sche Rad nimmt hier von seinem Funktionsprinzip her gesehen eine Mittelstellung ein.

> Das wesentlich Neue an der naturwissenschaftlichen Technik ist die Nutzbarmachung von Naturkräften auf eine Weise, die dem uneingeweihten Beobachter nicht einleuchtet, sondern die das Ergebnis bewussten Forschens ist. […] Die Verwendung der Wasserkraft in einer altmodischen Wassermühle ist vorwissenschaftlich, weil der ganze Mechanismus auch dem Laien klar ist; aber die moderne Nutzbarmachung der Wasserkräfte mittels Turbinen ist wissenschaftlich, da der dadurch ausgelöste Vorgang einer Person ohne naturwissenschaftliche Kenntnis völlig überraschend kommt. Natürlich ist die Trennungslinie zwischen wissenschaftlicher und vorwissenschaftlicher Technik keine scharfe, und niemand kann genau angeben, wo die eine aufhört und die andere anfängt.[21] (Bertrand Russell, 1953)

Turbinen setzen Gewicht und Strömung des Wassers, also seine potenzielle Energie und seine Bewegungsenergie, sehr effizient in mechanisch nutzbare Arbeit um. Ihr Wirkungsgrad liegt bei über 90 Prozent im Gegensatz zu den knapp 70 Prozent der besten Wasserräder. Turbinen mit ihrer geschlossenen Bauform sind deshalb so effektiv, weil das Wasser nur mit geringen Spritz- und Stoßverlusten in ihnen geleitet wird und auf die gekrümmten Schaufeln des Laufrades wirkt. Der Wasserdurchfluss lässt sich stufenlos regulieren – je nach verfügbarer Wassermenge, benötigter Leistung und erforderlicher Drehzahl, die um ein Vielfaches größer ist als die eines Wasserrades. Neben dem höheren Wirkungsgrad und der guten Regelbarkeit haben Turbinen gegenüber Wasserrädern einen weiteren energietechnischen Vorteil: Je nach Bautyp lassen sie sich auch bei stärkeren Gefällen und für wesentlich größere Leistungen einsetzen. Moderne Turbinen können vieltausendfach mehr leisten als Wasserräder.

Wo es keine ausreichenden Kohlevorkommen zum Betrieb von Dampfmaschinen gab, aber genügend Wasser floss, wie in Regionen Frankreichs oder Deutschlands, blieb Wasserkraft noch lange die wichtigste Energiequelle der Industrialisierung. Aber nach wie vor war ihre Nutzung abhängig

---

[20] Varchmin, Radkau: Energie, S. 53–64; Braun: Wasserturbinen.
[21] Russell: Naturwissenschaftliches Zeitalter, S. 125.

von witterungsbedingten und jahreszeitlichen Schwankungen des Wasserangebots. Knapp wurde Wasser nicht nur in Zeiten großer Trockenheit,
sondern auch, wenn im Winter die Flüsse vereisten. Hinzu kam natürlich als
weitere Einschränkung die Standort-Gebundenheit der Wasserkraftanlagen.

Diese Bindung an den Ort des Wasserangebots war allerdings seit der
Wende zum 20. Jahrhundert kein Problem mehr. Die Nutzung der Wasser-
kraft erlebte einen Aufschwung, als man sie zur Gewinnung elektrischen
Stroms einsetzen konnte: Elektrizitätswerke wandelten mittels Turbinen und
Generatoren Wasserkraft in elektrische Energie, und Strom ließ sich über
Land dorthin leiten, wo er gebraucht wurde. Große Kraftwerke entstanden:
Laufkraftwerke in Flüssen, Speicherkraftwerke in Gebirgen für Gefälle bis
zu mehreren hundert Metern, Pumpspeicherwerke zum Zwischenspeichern
von Energie, die bei Belastungsspitzen wieder ins Netz rückgespeist wird,
und schließlich Gezeitenkraftwerke, in denen der Tidenhub zwischen Flut
und Ebbe Turbinen antreibt. Hier wird die Rotation der Erde genutzt, nur
wenige Generationen nachdem noch darüber gestritten wurde, ob sie sich
überhaupt dreht. Wasserkraft als erneuerbare Energiequelle hat bis heute
nichts an Bedeutung eingebüßt. Im Gegenteil, sie ist aktueller denn je.[22]

---

[22] Dannenberg, Duracak, Hafner, Kitzing: Energien der Zukunft, S. 96–114.

8

Kräfte der Luft und des Feuers – Neue Antriebsmaschinen für die Industrialisierung

Vakuum, ja oder nein?

Bereits im 17. Jahrhundert begann die Suche nach neuen Möglichkeiten, Kräfte der Natur zu nutzen. Wegweisend war hier Otto von Guericke, Bürgermeister von Magdeburg und experimentierender Naturwissenschaftler.[1] Zunächst griff er eine Frage auf, die seit der Antike Naturforscher und Philosophen umgetrieben hatte und die nun im mechanistischen Denken der Zeit erneut kontrovers diskutiert wurde: die Frage, ob es in der Natur einen leeren Raum, also ein Vakuum, geben könne oder ob alles mit Materie erfüllt sei wegen des sogenannten Horror vacui, einer Scheu der Natur vor dem Leeren. In Descartes mechanistischem Weltbild musste alles mit Materie erfüllt sein, und war sie noch so fein, da er jegliches Naturgeschehen als Wirkung von Druck- und Stoßkräften kleinster Teilchen erklärte. Doch es gab auch Beobachtungen, die nahelegten, dass es einen leeren Raum geben müsste.

Galilei hatte schon festgestellt, dass man Wasser mit einer Saugpumpe nicht höher als etwa zehn Meter heben kann, weil dann die Wassersäule abreißt.[2] Evangelista Torricelli beobachtete bei einer wesentlich schwereren Flüssigkeit Ähnliches: Eine Quecksilbersäule in einem oben geschlossenen und unten offenen Glasrohr kann maximal rund 760 mm hoch sein. Über ihr, im oberen Teil des Rohres, muss sich also ein Vakuum gebildet haben.

---

[1] Krafft: Otto von Guericke.
[2] Galilei: Unterredungen, S. 16–17.

© Springer-Verlag GmbH Deutschland, ein Teil von Springer Nature 2022
G. Zweckbronner, *Aufbruch ins Industriezeitalter – Zukunftswerkstätten der Neuzeit*,
https://doi.org/10.1007/978-3-662-60542-4_8

Er erklärte diese Begrenzung der Säulenhöhe mit der Wirkung des äußeren Luftdrucks. Dessen Größe kann somit in Millimetern Quecksilbersäule oder Torr, nach Torricelli benannt, gemessen werden, wie heute auch noch gebräuchlich. Das Gewicht der Luft drückt die Quecksilbersäule bis zu dieser Höhe in das Glasrohr, denn, so Torricelli, „wir leben am Grunde eines Luftmeers".[3]

Eine Bestätigung dieser Erklärung brachte Pascal. Auf dessen Bitte hatte sein Schwager 1648 die Höhe der Quecksilbersäule in Clermont-Ferrand gemessen sowie auf dem Gipfel des Puy de Dôme, und dort oben war die Säule tatsächlich kürzer gewesen.[4] Pascals Name blieb mit dem Phänomen des Luftdrucks verbunden: Nach ihm ist die offizielle Maßeinheit für Druck im internationalen Einheitensystem benannt.

> Falls die Höhe der Quecksilbersäule auf dem Berg geringer ist, so würde daraus folgen, dass der Luftdruck allein das Quecksilber in der Röhre in der Schwebe hält, nicht aber der Abscheu vor dem Leeren. Denn es ist gewiss, dass am Fuß des Berges viel mehr Luft drückt als auf dem Gipfel, während man nicht sagen könnte, dass die Natur am Fuß des Berges einen größeren Abscheu vor dem Leeren habe als oben.[5] (Blaise Pascal, um 1648)

Zur Klärung der Streitfrage um den leeren Raum versuchte Guericke, durch Pumpversuche ein Vakuum herzustellen. Denn, so sein Credo: „Vor dem Zeugnis der Tatsachen muss ja leeres Gerede verstummen."[6] Und er konnte Tatsachen schaffen: Nach mehreren Versuchen gelang es ihm, mit einer von ihm entwickelten Luftpumpe ein Vakuum zu erzeugen – oder zumindest einen nahezu luftleeren Raum.[7]

Fernrohr und Mikroskop hatten dem Auge neue Welten eröffnet. Mit der Luftpumpe, genauer der Saugpumpe, konnte man nun etwas erzeugen, was sich bis dahin nur als Idee vorstellen ließ und so zu den grundlegenden Bewegungs-Gesetzen von Galilei und Newton geführt hatte: einen leeren Raum. Man war damit in der Lage, hier auf der Erde künstlich Bedingungen zu schaffen, die sonst nur in kosmischen Sphären herrschten. Guerickes Luftpumpe wurde rasch in Fachkreisen bekannt. In verbesserten Ausführungen gehörte sie bald zur Grundausstattung jedes naturwissenschaftlichen

---

[3] Zitiert nach Hermann: Lexikon Geschichte der Physik, S. 382 (Vakuum); 378–379 (Torricelli).

[4] Hermann: Lexikon Geschichte der Physik, S. 25 (Barometer).

[5] Zitiert nach Hermann: Lexikon Geschichte der Physik, S. 278 (Pascal).

[6] Guericke: Versuche, Vorrede.

[7] Hermann: Lexikon Geschichte der Physik, S. 214–216 (Luftpumpe), 382–383 (Vakuum).

Abb. 8.1 Schauversuch in Magdeburg 1657 zur Kraftwirkung des atmosphärischen Luftdrucks: Die Pferde konnten zwei evakuierte Halbkugeln nicht auseinander reißen (Otto von Guericke: Experimenta Nova (ut vocantur) Magdeburgica De Vacuo Spatio, 1672). (© Royal Astronomical Society/Science Photo Library)

Laboratoriums. Sie brachte, wie die neuen optischen Instrumente, eine Erweiterung der menschlichen Erfahrungswelt und legte den Grundstein zu völlig neuen Möglichkeiten der technischen Nutzung.

Aufsehen erregte Guerickes öffentlicher Versuch 1657 mit den sogenannten Magdeburger Halbkugeln (Abb. 8.1). Zwei passgenau aneinander gesetzte leergepumpte Halbkugeln wurden nur durch die Kraft des äußeren Luftdrucks zusammengehalten, und sechzehn Pferde, acht auf jeder Seite, waren nicht in der Lage, die beiden Hälften auseinander zu reißen. Guericke hätte für seinen Versuch, nebenbei bemerkt, statt der sechzehn Pferde nur die Hälfte gebraucht, wenn er eine der beiden Halbkugeln zum Beispiel an einen Baumstamm gebunden hätte. Tatsächlich wirkte also nur die Kraft von acht Pferden. Die Demonstration wäre dann natürlich nicht mehr so eindrucksvoll gewesen.

Wie vor ihm schon Galilei, erkannte auch Guericke, dass Wasser in einer Rohrleitung bis maximal etwa zehn Meter hoch gesaugt werden kann. Aber er beobachtete noch ein Weiteres: Die Wassersäule in seinem Versuchsrohr war im Laufe der Tage mal höher, mal niedriger. Das konnte nicht an einem vermeintlichen Horror vacui liegen, sondern musste von außen verursacht sein, nämlich vom Luftdruck und seinen Schwankungen.

> Aus diesem Versuchsergebnis, das mir ganz unverhofft zufiel, konnte ich nur den Schluss ziehen, dass die Scheu vor dem Leeren auf die Schwere der Luft rings um die Erde, d. h. auf ihren Druck zurückzuführen ist, der das Wasser zum Eindringen und zur Erfüllung eines jeden sonst stoffleeren Raumes nötigt, und zwar in einem dem Luftdruck entsprechenden Betrage. [...] Die Höhenschwankungen liefern deshalb den sichersten Beweis dafür, dass nicht nur das Steigen des Wassers als solches, sondern auch die Steighöhenunterschiede einer äußeren Ursache ihren Ursprung verdanken.[8] (Otto von Guericke, 1672)

Darüber hinaus stellten Guericke und Pascal einen Zusammenhang zwischen der wechselnden Höhe von Wasser- bzw. Quecksilbersäule und der Wetterlage fest. Dass man solche Schwankungen des Luftdrucks auch zum Antrieb von Mechanismen nutzen kann, zeigte rund hundert Jahre später der englische Uhrmacher James Cox. Seine noch heute erhaltene Bodenstanduhr wurde durch das Steigen und Sinken einer Quecksilber-Säule ständig aufgezogen.[9]

Als zentral für die künftige Entwicklung von leistungsfähigen Kraftmaschinen erwies sich Guerickes Demonstration, dass der Luftdruck auch Arbeit verrichten konnte (Abb. 8.2). An einer Art Kran ließ er den äußeren Luftdruck einen Kolben in einen zuvor leergepumpten Zylinder drücken (Abb. 8.3). Dabei hob der Kolben über ein Seil mit Umlenkrollen ein Gewicht von etwa 1300 Kilo.

> Mit der eben beschriebenen Vorrichtung wird ein zwölf- oder fünfzehnjähriger Junge ein Gewicht – und selbst das schwerste – zu heben vermögen.[10] (Otto von Guericke, 1672).

Guerickes Vorgehen ist ein anschauliches Beispiel für die neue, Theorie und Experiment verbindende Naturwissenschaft. Und es zeigt, wie man experimentell gewonnene Erkenntnisse über die Natur, in diesem Fall die Wirkung des atmosphärischen Luftdrucks, technisch nutzbar machen

---

[8] Guericke: Versuche, S. 109.
[9] Abeler: Uhrenbuch, S. 173.
[10] Guericke: Versuche, S. 123.

Abb. 8.2 Demonstration der Arbeitsfähigkeit des Luftdrucks: Heben eines Gewichts von 1300 kg (Otto von Guericke: Experimenta Nova (ut vocantur) Magdeburgica De Vacuo Spatio, 1672). (© UIG/Universal History Archive/Science Photo Library)

kann: Man schafft mit einer Maschine Bedingungen, unter denen die Natur kraft ihrer eigenen Gesetze wirksam wird. Und Naturgesetze können so miteinander kombiniert werden, dass am Ende der technisch erzeugten Wirkungskette etwas geschieht, was die Natur von sich aus nicht hervorgebracht hätte.

Für Guericke war diese Art der Naturerforschung das methodische Fundament permanenten wissenschaftlichen Fortschritts. Er hoffte nicht nur, „es würde die Naturwissenschaft (unter Verzicht auf leeren Streit) mit den mathematischen Wissenschaften ein Bündnis schließen". Er knüpfte daran auch noch weiter gespannte Erwartungen. Solch ein Bündnis sei „nicht Aufgabe nur eines Zeitalters, geschweige denn eines einzelnen Mannes". Doch wenn jedermann sich zu diesem „Forschungsverfahren" bekenne, würden zweifellos „neue Geheimnisse der Natur tagtäglich gelöst werden".[11] In der Tat: Diese gemeinsame methodische Basis beschleunigte den Fortschritt des Wissens, denn gleichzeitig Forschende konnten

---

[11] Guericke: Versuche, Vorrede.

Abb. 8.3 Mitmach-Station: Guericke-Kran. Mit einem vereinfachten Nachbau lässt sich dieser Versuch wiederholen. Die Palette mit den Gewichten ist über ein Seil und zwei Umlenkrollen mit dem Zylinderkolben verbunden. Zu Beginn liegt sie auf dem Boden und der Kolben steht im Zylinder ganz oben. Die Rohrverbindung zwischen Zylinder und Unterdruckgefäß ist durch ein Ventil unterbrochen. Dann saugt man mit der Vakuumpumpe per Hand Luft aus dem Unterdruckgefäß. Anschließend öffnet man das Ventil zwischen Unterdruckgefäß und Zylinder, wie auf dem Bild zu sehen. Dadurch wird Luft aus dem Zylinder gesaugt und auch dort entsteht ein Unterdruck. Nun schiebt der äußere Luftdruck den Kolben nach unten in den Zylinder und zieht dabei über das Seil die Palette mit den Gewichten hoch. (© TECHNOSEUM, Foto: Klaus Luginsland)

produktiv kooperieren und nachfolgende Generationen konnten auf deren Ergebnissen aufbauen.

Mit dem Entstehen der experimentellen Naturwissenschaft hatte auch eine Technisierung der Forschung eingesetzt. Fernrohre, Mikroskope, Luftpumpen, Thermometer, Barometer, Präzisionswaagen, Pendeluhren oder

Vermessungsgeräte sowie sinnreiche Versuchsanordnungen und verfeinerte Messmethoden machten viele Beobachtungen überhaupt erst möglich. Mit ihnen konnte man experimentelle Bedingungen schaffen, die tiefere Einblicke in bisher verborgene Zusammenhänge und Gesetzmäßigkeiten der Natur boten.[12] Wissenschaftliche Forschung war somit zunehmend an den Stand der Apparate-Technik gebunden. Umgekehrt flossen naturwissenschaftliche Erkenntnisse und Fragestellungen auch in die Arbeit der Instrumentenbauer ein. Hier kam ein Prozess der gegenseitigen Befruchtung in Gang, der die weitere Entwicklung der Naturwissenschaften und ihrer instrumentellen Ausstattung mit zunehmender Intensität prägen sollte.

Schießpulver und Wasserdampf

Die Experimente und Demonstrationen von Guericke regten die Suche nach neuen Kraftmaschinen an, die leistungsfähiger waren als Wind- und Wasserräder und erst recht als die Muskelkräfte von Mensch und Tier.[13] Diese neuen Maschinen sollten nicht nur Pumpen für die recht aufwendig gewordenen Wasserspiele in den barocken Gartenanlagen antreiben. Vor allem für Wasserhebe-Anlagen in den Bergwerken sollten sie eingesetzt werden, um das Grubenwasser zu fördern – eine Aufgabe, die immer drängender wurde, je tiefer man die Schächte trieb in einer Zeit zunehmender Holzknappheit und wachsenden Bedarfs an Kohle als Brennstoff zur gewerblichen Nutzung.

Ganz in Guerickes Sinne wurden seine Erkenntnisse aufgegriffen und weitergeführt. Denn eine praktikable Vorrichtung zum Heben großer Lasten war Guerickes Kran noch nicht. Bevor der Luftdruck Arbeit verrichten konnte, musste das Unterdruckgefäß von Hand leergepumpt werden – und mit derselben Muskelkraft hätte man die Last zum Beispiel auch per Flaschenzug nach oben bringen können. Gelänge es aber, ohne Muskelkraft einen luftverdünnten Raum zu schaffen, dann wäre tatsächlich eine neue Kraftquelle gefunden, die menschliche Arbeit entlasten oder gar ersetzen könnte. Deshalb begann ab Mitte des 17. Jahrhunderts die Suche nach Verfahren, in Gefäßen Unterdruck zu erzeugen, ohne eine Pumpe zu verwenden.

---

[12] Klemm: Technik, S. 163–165; Teichmann: Weltbild, S. 105; Arendt: Vita activa, S. 287–297.
[13] Varchmin, Radkau: Energie, S. 83–109.

An der Pariser Akademie der Wissenschaften probierte es 1673 Huygens mit Hilfe von Schießpulver. Seine Versuchsmaschine bestand aus einem senkrechten zylindrischen Rohr mit einem Kolben oben, der nicht aus dem Rohr herausgleiten konnte, weil ihn ein Anschlag daran hinderte. Huygens brachte in dem Rohr Schießpulver zur Explosion, die heißen Explosionsgase entwichen durch Ventile nach außen, aber keine Luft konnte durch die Ventile ins Rohr zurückströmen. So entstand beim Abkühlen des Rohres im Inneren ein Unterdruck gegenüber der Atmosphäre, und der Kolben wurde von der umgebenden Luft in den Zylinder gedrückt. Die Kraft, mit der dies geschah, konnte zum Beispiel, wie beim Guericke-Kran, zum Heben einer Last genutzt werden. Ähnliche Gedanken zu einem atmosphärischen Schießpulvermotor hatte auch schon Leonardo zu Papier gebracht, aber auch hier war es bei einem nicht realisierten, die technischen Möglichkeiten seiner Zeit übersteigenden Entwurf geblieben, verborgen in seinen Manuskripten.[14] An Leonardo hatte Huygens also nicht anknüpfen können.

> Die Kraft des Schießpulvers hat bisher nur zu gewaltsamen Wirkungen gedient […]. Die heftige Wirkung des Pulvers ist durch diese Erfindung auf eine Bewegung eingeschränkt, welche sich beherrscht wie die eines großen Gewichts. Und sie kann nicht nur zu all den Zwecken dienen, wo das Gewicht angewandt wird, sondern auch bei der Mehrzahl der Fälle, wo man die Kraft der Menschen und Tiere gebraucht, derart, dass man sie anwenden könnte, um gewaltige Steine für die Bauwerke in die Höhe zu bringen, um Obelisken aufzurichten, um die Wasser für die Springbrunnen aufsteigen zu lassen und um Mühlen zum Getreidemahlen anzutreiben, wo man nicht die Bequemlichkeit oder genügend Raum hat, Pferde zu benutzen. Und dieser Motor hat das Gute, dass er keine Unterhaltungskosten verursacht während der Zeit, wo man ihn nicht gebraucht.[15] (Christiaan Huygens, 1673)

Huygens verband mit seiner Schießpulvermaschine Erwartungen, die weit über ihren stationären Einsatz hinausgingen: Er sah in ihr ein Mittel, „neue Arten von Fahrzeugen für Wasser und Land zu erfinden. Und obgleich es vielleicht widersinnig klingen wird, scheint es nicht unmöglich, irgendein Gefährt zu finden, um sich in der Luft zu bewegen, da ja das große Hindernis bei der Kunst des Fliegens bis jetzt in der Schwierigkeit bestand, sehr leichte Maschinen zu bauen, die eine recht gewaltige Bewegung erzeugen

---

[14] Klemm: Kulturgeschichte, S. 135.
[15] Zitiert nach Klemm: Technik, S. 212.

können".[16] Aber die Schießpulvermaschine kam über das Versuchsstadium nicht hinaus. Zu gefährlich war der Umgang mit dem Schießpulver, hinzu kamen Probleme mit der Dichtung, und schließlich eignete sich die gesamte Handhabung der Maschine nicht für einen Dauerbetrieb. Die Idee aber muss wohl fasziniert haben, denn bis zum Ende des 19. Jahrhunderts gab es immer wieder Entwürfe für Schießpulvermotoren unterschiedlichster Bauart. Ihre Urheber hatten, wie bereits Huygens, auch den Antrieb von Schiffen, Wagen oder Flugzeugen im Sinn.[17]

Um die Zeit der Versuche von Huygens holte man auch dessen Rat ein wegen des Baus der Wasserhebe-Anlage von Marly. Doch die empfohlene Schießpulver-Technik konnte Jean-Baptiste Colbert, als Begründer der Akademie der Wissenschaften dem Wirken dieser Einrichtung zwar zugetan, offenbar nicht überzeugen.[18] Deshalb griff er auf den Betrieb mit Wasserkraft zurück und beauftragte einen versierten Mühlenbauer, auch wenn dies zu einem gewaltigen technischen und finanziellen Aufwand führte und die herkömmliche Technik des Antriebs und der Kraftübertragung an ihre Grenzen trieb.

Erfolgversprechender als die Verwendung von Schießpulver war hingegen das Vorgehen des Huygens-Schülers Denis Papin. Der hatte 1690 eine „neue Art zur Erzeugung der Leere" gefunden: Er evakuierte den Zylinder durch Kondensation von Wasserdampf. Denn Wasser in Dampfform nimmt wesentlich mehr Raum ein als im flüssigen Zustand, so dass beim Kondensieren von Wasserdampf ein Unterdruck im Zylinder entsteht und der äußere Luftdruck den Kolben in den Zylinder treibt. Außerdem sah Papin noch einen großen Vorteil seines Verfahrens darin, „dass es die Leere vollständig macht, wohingegen die Flamme des Schießpulvers immer etwas Luft zurücklässt".[19]

Da das Wasser die Eigenschaft hat, durch Feuer in Dampf umgewandelt zu werden [...] und dann sich recht gut durch Kälte wieder zu verdichten, habe ich gemeint, es müsse nicht schwierig sein, Maschinen zu bauen, in denen durch das Mittel einer mittelmäßigen Wärme und mit geringen Kosten das Wasser jenes vollkommene Vakuum erzeugen würde, das man ohne Erfolg unter Anwendung des Schießpulvers herzustellen gesucht hat.[20] (Denis Papin, 1695)

---

[16] Zitiert nach Klemm: Technik, S. 213.
[17] Hardenberg: Schießpulvermotoren.
[18] Kleinert: Technik und Naturwissenschaften, S. 286.
[19] Zitiert nach Hardenberg: Schießpulvermotoren, S. 209 (Brief Papin an Huygens, 1690).
[20] Zitiert nach Klemm: Technik, S. 220.

Papin versuchte außerdem, den Druck des Dampfes direkt zum Antrieb eines Kolbens im Zylinder zu nutzen. Bereits 1681 hatte er die Beschreibung eines Überdruck-Kochtopfs mit Druckregelung veröffentlicht, nach dessen Prinzip auch heutige Schnellkochtöpfe die Garzeiten verkürzen.[21] Nun arbeitete er an der Entwicklung einer direktwirkenden Hochdruck-Dampfpumpe zum Heben von Wasser, die er 1706 vorstellte. Doch das Projekt scheiterte an technischen Schwierigkeiten: Unter anderem bekam Papin die Dichtungsprobleme, die bei der großen Wärme auftraten, nicht in den Griff. Dabei war er mit großem Optimismus ans Werk gegangen. Den Dampf direkt wirken zu lassen, hielt er für viel leichter ausführbar, zudem war die Wirkung des Dampfes größer als die des äußeren Luftdrucks. Deshalb war er davon überzeugt, dass diese Neuerung beträchtlichen Nutzen bringen würde.

> Ich persönlich glaube fast, dass man diese Erfindung bei viel mehr anderen Gelegenheiten anwenden kann, als nur um Wasser zu heben. Ich habe ein kleines Modell eines Wagens gebaut, das sich durch diese Kraft vorwärts bewegt. […] Doch ich glaube, dass die Unebenheiten und Krümmungen der großen Straßen die Vervollkommnung dieser Erfindung für die Landfahrzeuge sehr schwierig gestalten werden; aber in Hinsicht auf die Wasserfahrzeuge gebe ich mich der Hoffnung hin, früh genug ans Ziel zu kommen, wenn ich mehr Unterstützung fände, als es jetzt der Fall ist.[22] (Denis Papin, 1698)

Während Papin sich mit der Direktwirkung des Dampfes auf den Kolben im Zylinder abmühte, baute Thomas Savery in England seine Dampfpumpe. Sie nutzte abwechselnd den Druck des Dampfes und den der atmosphärischen Luft; der Dampf wirkte ohne Kolben direkt auf das hoch zu pumpende Wasser. 1702 stellte er seine vier Jahre zuvor entwickelte Dampfpumpe vor in einer Schrift mit dem programmatischen Titel „The Miner's Friend". Der geplante Einsatz war damit klar: Als Freund des Bergmanns sollte sie helfen im Kampf gegen das Grubenwasser. Dafür war ihre Förderhöhe aber zu gering; sie reichte nur zur Wasserversorgung in Landhäusern.[23]

---

[21] Mayr: Regelungen, S. 80–81.
[22] Zitiert nach Klemm: Technik, S. 223.
[23] Klemm: Technik, S. 226.

Mit der Dampfmaschine ins Kohle-Zeitalter

Den Weg in die nähere Zukunft wies hingegen die erste Idee von Papin, mit Hilfe von Wasserdampf einen luftverdünnten Raum zu schaffen statt durch Schießpulver. Wenn sich auch seine Versuchsmaschine so wenig für den praktischen Betrieb eignete wie die Schießpulvermaschine von Huygens – mit ihr war das Funktionsprinzip der atmosphärischen Dampfmaschine gefunden: Der Dampf diente lediglich dazu, durch Kondensieren einen Unterdruck gegenüber der umgebenden Luft zu erzeugen. Die eigentliche Arbeit leistete dann der atmosphärische Luftdruck.

Der Engländer Thomas Newcomen setzte dieses Funktionsprinzip 1712 erfolgreich um. Seine atmosphärische Dampfmaschine konnte zur Wasserhaltung in Bergwerken und zur Bewässerung von Ländereien eingesetzt werden. Die auf und ab gehende Kolbenbewegung wurde über einen großen Hebel, Balancier genannt, auf das Pumpengestänge übertragen. Als Schmied hatte Newcomen genügend Erfahrung in der Bearbeitung von Metallen. So war es ihm gelungen, einige der technisch-konstruktiven Probleme zu lösen, die sich wie ein roter Faden durch die Vor- und Frühgeschichte der Wärmekraftmaschinen zogen. Newcomens Maschine war leistungsfähig und wurde über ein halbes Jahrhundert in Bergwerken eingesetzt. Aber ihre Verluste bei Umwandlung von Wärme in mechanische Energie waren enorm. Es ging die Rede, dass Newcomen'sche Maschinen, um eine Kohlengrube zu entwässern, eine zweite bräuchten, die sie mit Kohle versorgt.[24] Deshalb setzten bald Bemühungen ein, ihren Betrieb wirtschaftlicher zu machen.

Waren die ersten Anstöße, den Luftdruck als Arbeitsmittel zu nutzen, aus wissenschaftlichen Fragestellungen hervorgegangen und war die Maschine von Newcomen hauptsächlich dessen handwerklichem Geschick zu verdanken gewesen, so verbanden sich nun in der Phase der Weiterentwicklung Werkstattpraxis, wissenschaftliche Methodik und neue physikalische Erkenntnisse über die Wärme. Smeaton zum Beispiel, der in 1750er-Jahren experimentell den Wirkungsgrad ober- und unterschlächtiger Wasserräder untersucht hatte, ging zehn Jahre später daran, in mehr als hundert verschiedenen Experimenten systematisch jede Einflussgröße zu variieren, die sich auf die Leistung der Newcomen'schen Maschine auswirkte. Auf diese Weise optimierte er sie und steigerte ihren Wirkungsgrad, der unter einem Prozent lag, deutlich: Der Kohleverbrauch konnte im günstigsten Falle fast

---

[24]Varchmin, Radkau: Energie, S. 93–94.

halbiert werden. Am grundsätzlichen Aufbau der Maschine änderte er dabei nichts.[25]

Eine entscheidende Neuerung kam erst durch James Watt. Um dieselbe Zeit wie Smeaton untersuchte er als Mechaniker an der Universität in Glasgow das Modell einer Newcomen-Maschine. Er maß den Dampfdruck bei verschiedenen Temperaturen, ermittelte die benötigten Dampfmengen pro Kolbenhub und bestimmte, wie viel Wasser mit einem gegebenen Quantum Kohlen verdampft wurde. Dabei erkannte er, welch große Wärmemenge im Wasserdampf enthalten war und dass entsprechend viel kaltes Wasser in den Zylinder eingespritzt werden musste, um den Dampf wieder zu kondensieren, damit der äußere Luftdruck auf den Kolben wirken konnte. Watt war also durch seine Messungen auf eine wichtige physikalische Eigenschaft von Wasser gestoßen: die Verdampfungs- und Kondensationswärme – wie kurz zuvor schon der Glasgower Professor für Medizin und Chemie Joseph Black, mit dem er in engem Austausch stand.[26]

Aufgrund seiner akribischen Untersuchungen erkannte Watt auch klar den Schwachpunkt der Newcomen-Maschine: den Zylinder. Dieser wurde bei jedem Arbeitszyklus abwechselnd aufgeheizt beim Einströmen des Dampfes und abgekühlt beim Kondensieren, was zu großen Wärmeverlusten führte. Er fand die Lösung des Problems in der Aufteilung dieser beiden Vorgänge auf zwei verschiedene Zylinder. Der eine, in dem der Kolben arbeitete, blieb immer heiß; der andere, in den der Dampf zum Kondensieren geleitet wurde, blieb immer kalt. Weitere Verbesserungen kamen hinzu, etwa die Isolierung des Arbeitszylinders gegen Wärmeverlust oder die Kühlung des Kondensierungsgefäßes durch kaltes Wasser, vor allem aber die Möglichkeit, den Dampf auch direkt auf den Kolben wirken zu lassen und ihn nicht nur zur Erzeugung von Unterdruck zu nutzen. Diese Maßnahmen zur „Verminderung des Verbrauches von Dampf und Brennstoff in Feuermaschinen" ließ sich Watt 1769 in seinem berühmt gewordenen Patent, einem Meilenstein auf dem Weg zur Industrialisierung, als sein geistiges Eigentum sichern.[27]

Wie bereits seine Vorgänger hatte auch Watt Fertigungsprobleme zu überwinden, bevor seine Dampfmaschine aus dem Modell-Stadium herauskam. Vor allem hinreichend genaue Zylinder herzustellen, war nach wie

---

[25] Mason: Geschichte, S. 331; Klemm: Kulturgeschichte, S. 196; Paulinyi: Industrielle Revolution, S. 162.

[26] Klemm: Kulturgeschichte, S. 197–198.

[27] Klemm: Technik, S. 258–261.

vor nicht einfach. Mit dem Zylinder-Bohrwerk von John Wilkinson, das durch Wasserkraft angetrieben wurde, gelang schließlich die Herstellung dieses zentralen Bauelements mit einer bis dahin noch nicht erreichten Genauigkeit. Von Vorteil für die Produktion und Verbreitung seiner Dampfmaschinen war auch, dass sich Watt mit dem Unternehmer Matthew Boulton zusammengetan hatte. Die ersten Maschinen wurden 1776 ausgeliefert. Da sie zunächst häufig Pferdegöpel ersetzen sollten, gab Watt ihre Leistung in Pferdestärken an. Er bestimmte einen verbindlichen Zahlenwert, der nun als physikalische Größe für Leistungen von Kraftmaschinen aller Art galt.[28] Die Angabe in PS hat sich bei Verbrennungsmotoren bis heute gehalten – neben der zu Ehren Watts nach ihm benannten offiziellen Maßeinheit.

In den 1780er-Jahren kamen entscheidende Neuerungen hinzu.[29] Nachdem die ersten Maschinen nur eine auf und ab gehende Pump-Bewegung wie die Newcomen'schen geliefert hatten, wurde nun die Dampfkraft in Drehbewegung umgesetzt. Zudem ließ Watt den Dampf abwechselnd auf beide Seiten des Kolbens wirken, so dass seine Maschine ruhiger lief und auch die gleichmäßig rotierenden Wasserräder ersetzen konnte. Schließlich führte Watt das Fliehkraftpendel für die Regelung der Dampfmaschinen-Drehzahl ein, nachdem es zuvor bereits im Mühlenbau eingesetzt worden war. Der Regler hielt die Drehzahl auch bei Belastungsschwankungen selbsttätig konstant (Abb. 8.4). Nahezu jede rotierende Dampfmaschine der Folgezeit bis ins 20. Jahrhundert hinein hatte solch einen Fliehkraftregler. Seine Verbreitung machte ihn zur bekanntesten Reglereinrichtung, ja zu einem Symbol der Industrialisierung.

Nebenbei bemerkt: Parallel zur Einführung des Fliehkraftreglers in den Dampfmaschinenbau wurden auch auf dem Felde von Politik und Wirtschaft Vorstellungen entwickelt vom freien Spiel der Kräfte, von flexibler Regelung und selbsttätigem Ausgleich. Die Idee der Gewaltenteilung trat dem Absolutismus entgegen, und 1776, als die ersten Watt'schen Maschinen ihren Betrieb aufnahmen, schuf Adam Smith die Basis wirtschaftsliberalen Denkens mit seiner „Untersuchung über Natur und Wesen des Wohlstands der Nationen". Nach seinen Darlegungen sollte zum Beispiel das Wechselspiel von Angebot und Nachfrage auf dem Arbeitsmarkt Löhne und Zahl der Beschäftigten zum Wohle aller regulieren.[30]

---

[28] Mauel: Arbeit und Leistung, S. 282–283.
[29] Varchmin, Radkau: Energie, 98–107.
[30] Smith: Wohlstand der Nationen; Mayr: Adam Smith.

Abb. 8.4 Mitmach-Station: Dampfmaschinen-Modell. Hier sieht man die wichtigsten Funktionen einer Dampfmaschine. Statt mit Dampf wird dieses Modell mit Druckluft betrieben. Ihren Weg kann man über Drosselklappen, Schiebersteuerung und Zylinder bis zum Auspuff verfolgen (**a, b**). Mit der unteren Drosselklappe (**c**) reguliert man per Hand die Stärke des Luftstroms. Die obere Klappe wird über ein Gestänge vom rotierenden Fliehkraftregler gesteuert. Fliehkraft drückt dessen Kugeln umso weiter nach außen und oben, je schneller er sich dreht (**c**). Damit reduziert der Regler die Luftzufuhr bei steigender Geschwindigkeit; und er lässt mehr Luft einströmen, wenn die Maschine zu langsam wird. Der hin und her gehende Schieber lenkt den Luftstrom so, dass dieser abwechselnd auf die eine und auf die andere Seite des Kolbens im Zylinder drückt, also doppeltwirkend ist. Die Bewegung des Schiebers ist durch einen Exzenter direkt mit dem Lauf der Maschine gekoppelt. Die Fähnchen in den Kanälen, die links und rechts zum Zylinder führen, zeigen die Strömungsrichtung der Luft: Sie strömt in der hier fotografisch festgehaltenen Phase rechts in den Zylinder und drückt den Kolben nach links (**b**). Dabei schiebt dieser die Abluft links aus dem Zylinder in Richtung Auspuff.

Die Maschine treibt einen Generator an, der Strom liefert für drei Glühbirnen (**a**). Wie viel Leistung hierfür erforderlich ist, hängt davon ab, wie viele von ihnen brennen. Schaltet man sie nacheinander ein, kann man beobachten, wie der Fliehkraftregler reagiert: Er öffnet die Drosselklappe für die Luftzufuhr, damit mehr Leistung für den Antrieb des Generators zur Verfügung steht und die Drehzahl nicht zu stark absinkt. Völlig vermeiden lassen sich Drehzahlschwankungen mit solch einer einfachen Regler-Ausführung nicht, aber ungeregelt wären sie noch viel größer. Hingegen halten in der Praxis komplexere Rückkopplungs-Mechanismen die Drehzahlen auch bei wechselndem Leistungsbedarf nahezu konstant, was oft entscheidend ist für die Qualität der Produktion, zum Beispiel in der Textilherstellung oder der Metallbearbeitung. (© TECHNOSEUM, Foto: Klaus Luginsland)

Dank der Neuerungen im ausgehenden 18. Jahrhundert war die Dampf-maschine nicht mehr an bestimmte Einsatzzwecke gebunden, wie zum Bei-spiel den Antrieb von Pumpen, mit denen sie eine Art maschineller Einheit gebildet hatte. Als universelle Kraftmaschine lieferte sie fortan mechanische Energie für Arbeitsmaschinen, gleich welcher Art. So konnte sie nun auch überall dort eingesetzt werden, wo eine gleichmäßige Drehbewegung erforderlich war: in der Textilproduktion zum Betrieb von Spinnmaschinen und mechanischen Webstühlen oder im Maschinenbau.

In diesen Branchen war zur gleichen Zeit ein tief greifender Wandel im Gange, von dessen gravierenden sozialen Folgen wie Arbeitslosigkeit und Verelendung noch die Rede sein soll. Zum einen wurden den Maschinen zunehmend Funktionen übertragen, die der Mensch in der bisherigen Hand-Werkzeug-Technik mit handwerklichem Können und Fingerfertigkeit erbracht hatte: Spinnen, Weben oder Bearbeiten von Holz und Metall. Zum anderen bedurften diese Maschinen eines Antriebs, der über die Muskelkraft eines Menschen hinausging. Die Einführung dieser Maschinen-Werkzeug-Technik führte zu einer verstärkten Nachfrage nach leistungsfähigen Kraft-maschinen.[31] Hier eröffnete sich ein breites Einsatzgebiet für die doppelt wirkende Dampfmaschine mit Drehbewegung. Dieser Antrieb hatte zudem den Vorteil, dass er nicht mehr vom schwankenden Angebot natürlicher Kräfte wie Wind und Wasser abhing, sondern bei jeder Wetterlage rund ums Jahr zur Verfügung stand.

Im Jahre 1800 endete die Laufzeit des Watt'schen Patentes. Damit war der Weg frei auch für konkurrierende Hersteller, von denen einige das Patent zuvor schon mehrfach unterlaufen und illegal Watt'sche Maschinen nach-gebaut hatten. Neue Konzepte sowie bessere Werkstoffe und Fertigungs-mittel erhöhten nun die Wirtschaftlichkeit und den Wirkungsgrad. Eine große Rolle bei der Herstellung spielten dabei die Werkzeugmaschinen: Die mechanische Zwangsführung von Werkzeug und Werkstück im industriellen Maschinenbau trat zunehmend an die Stelle von Geschicklichkeit und Körperkraft des Handwerkers. So konnte man Metall-Werkstoffe immer präziser und in gleichbleibender Qualität bearbeiten, was wiederum auch die weitere Entwicklung von Werkzeugmaschinen förderte. Ein Prozess permanenten industriellen Fortschreitens war damit angestoßen.[32]

---

[31] Paulinyi: Industrielle Revolution, S. 29–38, 90–112, 240.
[32] Paulinyi: Industrielle Revolution, S. 165–168.

Hatte Watt den Kohlenverbrauch gegenüber der alten Newcomen-Maschinen bereits auf ein Viertel reduziert,[33] so brachte nun die Entwicklung in Richtung Hochdruck-Dampfmaschinen weitere Einsparungen an Brennstoff, bezogen auf die Leistung. Natürlich sank damit keineswegs der Gesamt-Verbrauch an Kohle. Im Gegenteil: Die gesteigerte Wirtschaftlichkeit förderte den massenhaften Einsatz von Dampfmaschinen und führte letztendlich zu einer gewaltigen Steigerung des Kohleverbrauchs. Dampf wurde das dominierende Arbeitsmedium des 19. Jahrhunderts. Er überbot dabei auch die Wasserkraft, obwohl diese ebenfalls ständig besser genutzt wurde in Wasserrädern und Turbinen.

Mobile Dampfkraft und die Industrialisierung von Raum und Zeit

Neue Anwendungsbereiche der Dampfkraft über den stationären Betrieb hinaus eröffneten sich, als man leistungsfähige Maschinen mit kleinerem Hubraum und geringerem Eigengewicht bauen konnte. Damit war es möglich, sie auch im Verkehrswesen einzusetzen. Bereits Huygens hatte ja an seine Schießpulvermaschine die Erwartung geknüpft, sie könnte Wasser- und Landfahrzeuge antreiben. Und Papin hoffte, seine Dampfmaschine ebenfalls dafür nutzen zu können, wobei er beim Einsatz auf dem Wasser weniger Schwierigkeiten sah als auf der Straße.

Knapp hundert Jahre nach diesen hoffnungsvollen Worten Papins, Ende der 1780er-Jahre, gelang es in Großbritannien erstmals, Dampfkraft mobil einzusetzen – und zwar in der Tat zunächst auf dem Wasser.[34] Dieses Medium bot mehrere Vorteile: Die Wasseroberfläche war eben, das Schiff konnte das Gewicht der Maschine, es war noch eine Newcomen'sche, gut tragen, und weil der Widerstand des Wassers gegen die Schiffsbewegung bei kleinen Geschwindigkeiten gering ist, konnte ein Schiff auch mit niedrigen Antriebs-Leistungen in Bewegung gesetzt werden.

Spektakulär war 1807 die Aufnahme des Dampfschifffahrts-Betriebs in den USA auf dem Hudson-River zwischen New York und Albany, einer Strecke von 240 km. In den Raddampfer „Clermont", der hier verkehrte, hatte Robert Fulton eine doppelt wirkende Maschine von Watt eingebaut. Mit der Eröffnung dieser ersten Linie begann eine sprunghafte Entwicklung

---

[33] Klemm: Technik, S. 257–258.
[34] Paulinyi: Industrielle Revolution, S. 193–200.

der Raddampfer-Schifffahrt in den USA. Auch in Großbritannien wurde Dampfkraft zunehmend in der Fluss- und Küstenschifffahrt zum Transport von Personen und Gütern eingesetzt. 1838 überquerten die ersten nur mit Dampf betriebenen Schiffe den Atlantik, nachdem zuvor Dampfschiffe für transatlantische Fahrten zusätzlich mit Segeln ausgerüstet waren. Bald wurden auch Schaufelrad-Antrieb und hölzerner Schiffsrumpf durch effizientere Technik und besseres Material ersetzt: 1843 lief der erste Hochseedampfer mit eisernem Rumpf und Schraubenantrieb, die „Great Britain", in Bristol vom Stapel. Die Stimmung jener Zeit brachte der französische Naturforscher François Arago 1834 in einer Rede auf Watt zum Ausdruck: „Mit einigen Pfund Kohle wird der Mensch die Elemente besiegen; Windstille, widrige Winde, Stürme wird er verlachen."[35]

Parallel zu diesen Entwicklungen im Wasserverkehr liefen die Versuche, Dampf zum Antrieb von Landfahrzeugen einzusetzen. Richard Trevithick, der auch Hochdruck-Dampfmaschinen entwickelte, baute 1804 die erste Schienenlokomotive, nachdem er kurz zuvor schon an einem Dampfwagen für den Straßenverkehr gearbeitet hatte. Seine Lokomotive versah ihren Dienst in einem Eisenhüttenwerk und zog Waggons, beladen mit Roheisen. Dass es zu keinem Dauerbetrieb kam, lag wohl an den gusseisernen Schienen, die der Belastung nicht standhielten. Das Problem der Schienenbrüche war erst gelöst, als man ab den 1820er-Jahren gewalzte Schienen herstellen konnte. Die Entwicklung praxistauglicher Lokomotiven galt zunächst dem Einsatz in Kohlenzechen. 1825 wurde die Kohlenbahn Stockton-Darlington mit einer Lokomotive des Eisenbahn-Pioniers George Stephenson eröffnet. Dieser baute auch die Maschine für die weltweit erste Personendampfeisenbahn, die ab 1830 zwischen der Hafenstadt Liverpool und der rund 50 km entfernten Industriemetropole Manchester verkehrte.[36]

Was Papin bereits als Schwierigkeit beim Einsatz von Dampfkraft für Landfahrzeuge benannt hatte – Unebenheiten und Krümmungen der großen Straßen –, traf für die Eisenbahn erst recht zu. Im Gegensatz zum Dampfschiff, das nach den Worten eines Zeitgenossen den Ozean gegen Wind und Wellen „durchschneiden" konnte,[37] war sie aus physikalischen Gründen auf Schienenwege angewiesen. Auch die Eisenbahn durchschnitt in gewisser Weise die Landschaft. Aber die war in der Regel nicht schienenkonform, sondern musste erst an die Erfordernisse des Bahnbetriebs

---

[35] Zitiert nach Schnabel: Deutsche Geschichte, S. 440.
[36] Paulinyi: Industrielle Revolution, 182–189.
[37] Schivelbusch: Eisenbahnreise, S. 15.

angepasst werden: durch Begradigungen, Einschnitte, Aufschüttungen, Tunnels, Brücken und durch Streckenführungen, die der begrenzten Zugkraft der Lokomotiven bei Steigungen Rechnung trugen.[38] Erfahrungen mit solchen Eingriffen in die Landschaft hatte man bereits vom Straßen- und Kanalbau und von Flussregulierungen, also vom Anlegen der bis dahin einzig möglichen Reise- und Transportwege. Aber bei der Eisenbahn gab es doch eine Besonderheit.

Während Wasserwege und Straßen multifunktional waren und mit verschiedenen Verkehrsmitteln befahren werden konnten, verkehrten Eisenbahnen auf eigenen Trassen, die auch nur für sie bestimmt waren. Fahrzeug und Schiene bildeten eine maschinelle Einheit und mussten genau aufeinander abgestimmt werden. Die Schienen sollten hart und glatt sein, damit der Rollwiderstand möglichst gering war; und sie durften nicht zu steil verlegt werden, weil sonst der Hangabtrieb größer wurde als die Haftreibung und dann die Treibräder durchrutschten. In Ausnahmefällen setzte man Zahnradantriebe oder stationäre Seilzüge ein.

Dass die Landschaft erst technisch geformt werden musste für den Bahnbetrieb und welche Ausmaße das annehmen konnte, zeigte sich bereits beim Bau der Strecke zwischen Liverpool und Manchester überdeutlich. Hier wurden 63 Brücken und Viadukte errichtet, mehr als fünf Kilometer Moorgebiet mit einem aufwendig angelegten Damm durchquert, ein zwei Kilometer langer Tunnel gebohrt und ein tiefer Einschnitt von drei Kilometern Länge durch felsiges Gelände geschlagen.[39]

Diese Arbeiten ließen bereits erahnen, welche gewaltigen Ingenieuraufgaben die Einrichtung eines Länder und Kontinente übergreifenden Eisenbahnnetzes in der nahen Zukunft mit sich brachte. Die technische Überformung der Landschaft, um sie verkehrstauglich zu machen, fand ihre Fortsetzung beim Ausbau des Straßennetzes für den Autoverkehr im 20. Jahrhundert.

Doch zunächst war es die Eisenbahn, die eine Verkehrsrevolution auslöste. Dem britischen Vorbild folgend, plante man auch auf dem Kontinent den Bau von Bahnlinien, nachdem hier mobile Dampfmaschinen ebenfalls zunächst in der Schifffahrt eingesetzt worden waren. Vorkämpfer des Eisenbahnwesens in Deutschland waren der Industriepionier und Maschinenfabrikant Friedrich Harkort und der Nationalökonom Friedrich List. In programmatischen Worten umrissen beide die volkswirtschaftliche

---

[38] Schivelbusch: Eisenbahnreise, S. 21–34.
[39] Klemm: Technik, S. 282.

Bedeutung der Eisenbahn: Durch sie sollte die Kleinstaaterei mit ihren mehr als drei Dutzend Maut- und Zoll-Linien überwunden und ein einheitlicher Wirtschaftsraum ohne hemmende Zollschranken geschaffen werden.

> Der Grundsatz steht fest: Dass ein leichter Verkehr im Innern und nach Außen den Wohlstand eines Landes wesentlich vermehrt. Deshalb zogen Holland und England ein Netz von Kanälen – brach Frankreich den Weg über die Alpen, und aus demselben Grunde furchen Hunderte von Dampfbooten auf den Seen und Flüssen des jugendlichen Amerikas. Zu den Hauptmitteln eines raschen und wohlfeilen Transportes sind gegenwärtig die Eisenbahnen zu rechnen.[40] (Friedrich Harkort, 1826)

Um dieselbe Zeit brachte auch Goethe, der Vielgereiste, seine Zuversicht zum Ausdruck, dass Deutschland eins werde: „Unsere guten Chausseen und künftigen Eisenbahnen werden schon das Ihrige tun." Und er hoffte, dass dann sein Reisekoffer „durch alle sechsunddreißig Staaten ungeöffnet passieren könne".[41]

Über dieses nationalstaatliche Denken weit hinaus griffen die Visionen von List. Was die Dampfschifffahrt für den See- und Flussverkehr, sei die Eisenbahn-Dampfwagenfahrt für den Landverkehr: ein „Herkules in der Wiege", der die Völker erlösen werde von der Plage des Krieges, der Teuerung und Hungersnot, des Nationalhasses und der Arbeitslosigkeit, der Unwissenheit und des Schlendrians. Nichts sei den Fortschritten des Menschen minder günstig, als ein „pflanzenmäßiges Kleben an der Scholle".[42]

> Wie unendlich wird die Kultur der Völker gewinnen, wenn sie in Massen einander kennen lernen und ihre Ideen, Kenntnisse, Geschicklichkeiten, Erfahrungen und Verbesserungen sich wechselseitig mitteilen. Wie schnell werden bei den kultivierten Völkern Nationalvorurteile, Nationalhass und Nationalselbstsucht besseren Einsichten und Gefühlen Raum geben, wenn die Individuen verschiedener Nationen durch tausend Bande der Wissenschaft und Kunst, des Handels und der Industrie, der Freundschaft und Familienverwandtschaft mit einander verbunden sind. Wie wird es noch möglich sein, dass die kultivierten Nationen einander mit Krieg überziehen, wenn die große Mehrzahl der Gebildeten mit einander befreundet sind, und wenn es klar am

---

[40] Zitiert nach Klemm: Technik, S. 285.
[41] Zitiert nach Schnabel: Deutsche Geschichte, S. 389.
[42] Zitiert nach Treue, Manegold: Quellen, S. 79–80.

Tage liegt, dass im glücklichsten Fall der Krieg den Individuen der siegenden Nation hundert Mal mehr Schaden als Nutzen verursacht.[43] (Friedrich List, 1835)

Wie es dann trotzdem geschehen konnte, dass Kulturnationen, deren Wissenschaftler seit über zweihundert Jahren gemeinsam das europäische Projekt der neuzeitlichen Naturwissenschaft vorangetrieben hatten, auch noch im Eisenbahnzeitalter einander mit Krieg überzogen und dabei sogar auf dem Schienenweg Truppen sowie Kriegsmaterial transportierten und Menschen deportierten, sollte sich im weiteren Gang der Geschichte noch in erschreckendem Ausmaß zeigen. Immerhin hatten List und andere Pioniere des Eisenbahnbaus schon die wichtige Rolle vorausgesehen, die den Eisenbahnen künftig in der Kriegsführung zukommen sollte – vornehmlich bei der Verteidigung, wenn Deutschland zu einer einzigen großen Festung werde. Die Versetzung großer Truppenmassen an bedrohte Punkte sei dann in wenigen Stunden möglich.[44]

Die erste Bahnlinie auf deutschem Boden, die Ludwigs-Eisenbahn zwischen Nürnberg und Fürth, nahm 1835 ihren Betrieb auf – mit der „Adler", einer Lokomotive aus den Werkstätten von Stephenson in Newcastle, der auch die erste Lokomotive für die Strecke Liverpool-Manchester gebaut hatte. Der eigene Bau von Dampflokomotiven in Deutschland begann erst gegen Ende der 1830er-Jahre. Nachdem Bayern mit der Linie Nürnberg-Fürth vorangegangen war, setzte auch in den anderen deutschen Staaten der Eisenbahnbau ein. Zur Jahrhundertmitte waren rund 5800 Bahnkilometer in Betrieb, fünfzig Jahre später waren es bereits fast 50.000 km.[45]

Das Eisenbahnzeitalter brachte eine zuvor nicht gekannte Mobilität, eine Revolution des Reisens: den Sieg über Postkutsche und Fuhrwerk sowie über die Unberechenbarkeiten des tierischen Antriebs und andere natürliche Einschränkungen. Die Landschaft wurde – wie schon beim Bau der Strecke zwischen Liverpool und Manchester – nach den technischen Erfordernissen des Eisenbahnbetriebs modelliert. Die Fahrt mit der Bahn empfanden die Reisenden als „beinahe völlig eintretende Aufhebung von Raum und Zeit".[46] Entfernungen schrumpften mit der kürzeren Reisezeit und neue Räume öffneten sich mit den schneller erreichbaren Zielorten.

---

[43] Zitiert nach Treue, Manegold: Quellen, S. 81.

[44] Schnabel: Deutsche Geschichte, S. 384; Treue, Manegold: Quellen, S. 87.

[45] Treue, Manegold: Quellen, S. 93.

[46] Zitiert nach Treue, Manegold: Quellen, S. 86; Schnabel: Deutsche Geschichte, S. 386–388.

Diese Industrialisierung von Raum und Zeit machte auch die schritt-weise Vereinheitlichung der Zeitmessung notwendig. Zu Beginn des 19. Jahrhunderts hatten jede Stadt und jedes Dorf ihre eigene, vom Sonnen-stand bestimmte Ortszeit, je nach Längengrad. Solange man zu Fuß, mit Pferd oder per Postkutsche unterwegs war, spielten diese Zeitunterschiede keine Rolle. Aber die Erstellung von Bahn-Fahrplänen machte es erforder-lich, zumindest innerhalb der Länder mit einheitlichen Zeiten zu rechnen. So wurden um die Jahrhundertmitte die Ortszeiten von den Länderzeiten abgelöst. Was hier auf Länderebene begann, setzte sich in größerem Maßstab fort, als man per Bahn durch ganz Europa reisen konnte. Wer zum Beispiel von London nach Konstantinopel fuhr, musste vor Einführung größerer Zeitzonen elfmal seine Uhr umstellen, auf der Fahrt von London nach St. Petersburg sogar rund drei Dutzend Male. Zwischen dreißig europäischen Hauptstädten gab es rund neunhundert verschiedene Zeitdifferenzen. Und am Bodensee, wo sich die Bahnen von Baden, Württemberg, Bayern, Österreich und der Schweiz berührten, hatten sich Reisende nach fünf ver-schiedenen Länderzeiten zu richten.[47]

Ein Ende dieser verwirrenden Vielfalt zeichnete sich 1884 auf der inter-nationalen Meridian-Konferenz in Washington ab. Nach ersten Anstößen und Denkschriften des kanadischen Eisenbahn-Ingenieurs Sandford Fleming legten die Vertreter der Länder einen gemeinsamen Weltmeridian und eine gemeinsame Weltzeit fest. Man teilte die Erde in vierundzwanzig Zeitzonen ein und empfahl als weltweit verbindliche Bezugszeit die Green-wich-Time. Im Deutschen Reich zum Beispiel gilt seit 1893 die Mittel-europäische Zeit für das gesamte öffentliche Leben.[48]

Dass der Greenwich-Längengrad zum Bezugs-Meridian der neuen Zeit-ordnung wurde, hatte letztendlich seine Ursache in den Bemühungen des 17. und 18. Jahrhunderts, das Problem der Längenbestimmung auf See zu lösen, indem man die an Bord gemessene Ortszeit mit der Greenwich-Time des mitgeführten Marine-Chronometers verglich. Im weitesten Sinne hat beides, die Bestimmung des Längengrades und die Einführung der Welt-zeit, mit der Orientierung auf einem Erdball zu tun, der von immer dichter werdenden Verkehrs- und Kommunikationsnetzen umspannt wurde. Heute erscheint es uns selbstverständlich, dass wir uns an jedem Punkt der Erde zu

---

[47] Hesse-Wartegg: Einheitszeit, S. 1–14; Streckert: Stundenzonenzeit, S. 501.

[48] Streckert: Stundenzonenzeit, S. 487–492; Wendorff: Zeit, 420–421; Dohrn-van Rossum: Geschichte der Stunde, S. 318–321.

jeder beliebigen Uhrzeit verabreden und treffen können, weil Ort und Zeit eindeutig bestimmt sind.

Der physikalische Zusammenhang zwischen Wärme und Bewegung

Watt hatte zwar mit Hilfe wissenschaftlicher Überlegungen und Messungen die Wirkung der Newcomen'schen Maschine entscheidend verbessert und zugleich der weiteren Entwicklung den Weg gewiesen, aber man war noch weit entfernt von einer Theorie der Dampfmaschine, geschweige denn einer allgemeinen Theorie der maschinellen Umwandlung von Wärme in mechanische Arbeit. Den ersten Schritt in diese Richtung unternahm Sadi Carnot 1824 mit seinen „Betrachtungen über die bewegende Kraft des Feuers".

> Um das Prinzip der Erzeugung von Bewegung durch Wärme in seiner ganzen Allgemeinheit zu betrachten, muss man es sich unabhängig von jedem Mechanismus und jedem besonderen Agens vorstellen; man muss Überlegungen durchführen, welche ihre Anwendung nicht nur auf Dampfmaschinen haben, sondern auf jede denkbare Wärmemaschine, welches auch der angewandte Stoff sei, und in welcher Art man auf ihn einwirkt.[49] (Sadi Carnot, 1824)

Carnot suchte nach den Bedingungen für das „Maximum an bewegender Kraft, welches sich aus der Anwendung des Dampfes ergibt",[50] darüber hinaus aber nach einem allgemeinen Prinzip der Gewinnung mechanischer Arbeit aus Wärme, egal, ob Wasserdampf oder ein anderes Arbeitsmedium wirksam war. Sein Prinzip sollte also für Wärmekraftmaschinen das leisten, was in der Mechanik das Prinzip der lebendigen Kräfte leistete: Es sollte für jeden beliebigen Mechanismus gelten, und man sollte mit ihm maximal erreichbare Wirkungsgrade bestimmen können. Als allgemeines Prinzip jeder Wärmekraftmaschine fand Carnot den idealen Kreisprozess, der heute noch nach ihm benannt ist und der richtungsweisend wurde für die weitere Entwicklung der Thermodynamik und schließlich des Verbrennungsmotors.[51]

---

[49] Carnot: Kraft des Feuers, S. 6–7.
[50] Carnot: Kraft des Feuers, S. 14.
[51] Roth, Stahl: Mechanik und Wärmelehre, S. 587–592.

Dem Zusammenhang zwischen Wärme und Bewegung war man schon seit Längerem auf der Spur. Graf von Rumford zum Beispiel hatte Ende des 18. Jahrhunderts in der von ihm geleiteten Münchner Geschützgießerei festgestellt, dass beim Bohren von Kanonenrohren beständig Wärme entsteht, also mechanische Energie in Wärme umgesetzt wird.[52] In den 1840er-Jahren bestimmten Julius Robert Mayer und andere Forscher experimentell die zahlenmäßige Verbindung dieser beiden Energieformen: das mechanische Wärmeäquivalent.[53] Damit stand auch die Äquivalenz von Wärme und mechanischer Arbeit fest, also die Erweiterung des Prinzips der lebendigen Kräfte zum allgemeinen Energieerhaltungssatz.

Dass man den Zusammenhang zwischen Wärme und mechanischer Arbeit auch rein mechanistisch deuten konnte, zeigte Rudolf Clausius, der die Arbeiten von Carnot fortführte. In seiner Abhandlung von 1850 „Über die bewegende Kraft der Wärme und die Gesetze, welche sich daraus für die Wärmelehre selbst ableiten lassen" zog er „Folgerungen aus dem Grundsatze über die Äquivalenz von Wärme und Arbeit". Er nahm an, dass im Inneren der Körper „eine Bewegung der Teilchen bestehe und dass die Wärme das Maß der lebendigen Kraft derselben sei".[54] Damit wurde der Leibniz'sche Gedanke aufgegriffen, dass beim Stoß unelastischer Körper keine lebendigen Kräfte verloren gehen, sondern nur auf die winzig kleinen Teile der Körper zerstreut werden, wie wenn großes Geld in kleines gewechselt wird.

Ausgehend von dieser Bewegung kleinster Teilchen baute Clausius die kinetische Gastheorie aus.[55] Nach ihr wird Wärme als Bewegung von Gasmolekülen interpretiert. Diese sind umso schneller und prallen umso heftiger gegen die Wände des sie umschließenden Gefäßes, je höher die Temperatur ist. Damit steigt der Druck im Inneren (Abb. 8.5). Ist das Gefäß zum Beispiel der Arbeitszylinder einer Dampfmaschine, dann drücken die Gasteilchen den Kolben nach außen, und ihre lebendige Kraft oder kinetische Energie wird umgesetzt in mechanisch nutzbare Arbeit.

Nachdem die physikalischen Grundlagen über den Zusammenhang zwischen Druck, Temperatur und Gasvolumen, Wärmemenge und mechanischer Energie sowie über optimale Arbeitsprozesse geklärt waren,

---

[52] Hermann: Lexikon Geschichte der Physik, S. 337–338 (Rumford); Hermann: Weltreich, S. 89–94.

[53] Hermann: Weltreich, S. 134–161.

[54] Clausius: Kraft der Wärme, S. 7.

[55] Hermann: Lexikon Geschichte der Physik, S. 17–19 (Atom), 26–27 (Bernoulli), 55–56 (Clausius); Roth, Stahl: Mechanik und Wärmelehre, S. 561–584.

Abb. 8.5 Mitmach-Station: Gaskinetik. Man kann die Bewegung von Gasmolekülen auch in einem gröberen mechanischen Modell veranschaulichen: mit Kügelchen in einem Glaszylinder. Sie liegen zunächst unten auf einer Membran. Bringt man diese Membran zum Schwingen, fangen die Kügelchen an zu hüpfen und fliegen ungeordnet durcheinander, Gasmolekülen vergleichbar.

Erhöht man die Schwingungs-Amplitude, dann werden die Kügelchen schneller, was einer Erhöhung der Temperatur entspricht, und nehmen mehr Raum ein, was einer Vergrößerung des Gasvolumens entspricht. Wäre das Volumen begrenzt, dann würden die Kügelchen kräftiger gegen die Wände stoßen, was einer Erhöhung des Drucks entspräche. Der Zusammenhang zwischen Temperatur, Volumen und Druck von Gasen lässt sich damit rein mechanistisch erklären. (© TECHNOSEUM, Foto: Klaus Luginsland)

bedurfte es noch einer ingenieurgerechten und anwendungsorientierten Aufarbeitung all dieser Erkenntnisse, bevor sie in der Praxis wirksam werden konnten. Geradezu schulbildend wurde hier Gustav Anton Zeuner, der 1859 mit seinen „Grundzügen der mechanischen Wärmetheorie" die Basis schuf für die Technische Thermodynamik – eine Ingenieurwissenschaft, die zum Beurteilen bereits vorhandener Maschinen ebenso diente wie zum Berechnen und Entwerfen neuer Geräte und Anlagen.[56]

---

[56] Zweckbronner: Technische Wissenschaften, S. 411–413; Buchheim, Sonnemann: Technikwissenschaften, S. 276–278.

Verbrennungsmotoren und Kältemaschinen

Inzwischen hatte man auch mit der Entwicklung von Motoren für andere Arbeitsmedien und Kraftstoffe begonnen. Anlass war die Suche nach kleinen, kostengünstigeren Stationär-Motoren für die kleingewerblichen Werkstätten. Dort konnte man die großen und teuren, im Betrieb aufwendigen Dampfmaschinen nicht einsetzen. Trotzdem brauchte das Kleingewerbe Kraftmaschinen, um sich gegenüber der Großindustrie behaupten zu können. Oder wie der Maschinenwissenschaftler Franz Reuleaux es ausdrückte: „Diese kleinen Motoren sind die wahren Kraftmaschinen des Volkes."[57]

Bemerkenswert, dass hier wieder Ideen aus der Zeit um 1700 auftauchten, die nun unter wesentlich günstigeren technischen Bedingungen verwirklicht werden konnten. Explosiv-Kräfte, nun nicht mehr von Schießpulver, sondern von Gas, Benzin oder Öl, erzeugten in den Arbeitszylindern atmosphärischer Kraftmaschinen den erforderlichen Unterdruck, in anderen Motoren trieben sie den Arbeitskolben direkt an.

Der Franzose Étienne Lenoir wählte 1860 den Direktantrieb bei seinem Gasmotor, von dem in den folgenden Jahren einige hundert Exemplare hergestellt wurden. Mit seinem Motor erregte er in der Fachwelt großes Aufsehen und stieß damit weitere Entwicklungen an. Sieben Jahre später stellten Nikolaus August Otto und Eugen Langen ihre atmosphärische Gasmaschine vor, in der also wieder der äußere Luftdruck die Antriebskraft lieferte. Ihre Maschine verbrauchte gegenüber der Lenoir'schen bei gleicher Leistung nur ein Drittel der Gasmenge. Rund 5000 Maschinen mit Leistungen zwischen einem Viertel und drei PS wurden in den folgenden zehn Jahren ausgeliefert und versorgten kleingewerbliche Betriebe mit Kraft zum Antrieb ihrer Arbeitsmaschinen.[58]

Otto und Langen entwickelten bis 1876 einen Viertakt-Gasmotor, in dem nun die Explosionskraft des Gases direkt auf den Kolben wirkte. Dieser Motor überzeugte durch ruhigen Lauf, Raum- und Gewichtsersparnis. Außerdem konnte mit einem Fliehkraftregler die Gaszufuhr gesteuert werden. Reuleaux pries den Motor als die größte Erfindung im Kraftmaschinenfach seit Watt. Allerdings war dieser Stationär-Motor immer noch abhängig von der Gasleitung. Erst ab den frühen 1880er-Jahren gelang

---

[57] Zitiert nach Klemm: Technik, S. 354; Varchmin, Radkau: Energie, S. 144–148, 249.
[58] Klemm: Technik, S. 352.

Gottlieb Daimler, Wilhelm Maybach und Carl Benz der Bau entwicklungs-
fähiger mobiler Motoren mit Benzin als Treibstoff. Damit war auch der Weg
frei zum ersten Einsatz solcher Motoren in Fahrzeugen: 1885 unternahmen
Daimler und Benz unabhängig voneinander ihre ersten Versuchsfahrten, der
eine auf dem Motorrad, der andere mit seinem dreirädrigen Automobil. Das
war die Geburtsstunde der individuellen Automobilität, die das 20. Jahrhundert prägen sollte.[59]

Während es beim Verbrennungsmotor darum ging, aus Wärme
mechanische Energie zu gewinnen, konnte man dieselben wärme-
theoretischen Kenntnisse auch dafür nutzen, mit mechanischer Energie
Kälte zu erzeugen. Carl Linde, ein Schüler Zeuners, des Begründers der
Technischen Thermodynamik, wandte in den 1870er-Jahren diese Wissenschaft auf die Untersuchung der Arbeitsvorgänge in Kältemaschinen an. Er
fand heraus, dass ein großer Unterschied bestand zwischen naturgesetzlich
möglicher und technisch erreichter Ausnutzung der zugeführten Energie.
Daraufhin machte er sich an den Bau eigener Kühl- und Eismaschinen,
die eine erhebliche Steigerung des Wirkungsgrades brachten. Hauptab-
nehmer seiner Maschinen waren Brauereien, in denen Kälte für die Gärung
und Lagerung des Bieres wichtig war. Sie waren nun nicht mehr auf Natur-
eis angewiesen, das man im Winter auf Seen geschnitten und dann so ein-
gelagert hatte, dass man auch in den Sommermonaten kühlen konnte. Jetzt
stand unabhängig von Jahreszeit und Wetterlage immer genügend Kälte für
den Brauereibetrieb zur Verfügung.

In den Vorlesungen Lindes am Münchener Polytechnikum wurde auch
Rudolf Diesel mit den thermodynamischen Grundlagen vertraut. Nachdem er gehört hatte, wie wenig zum Beispiel die Dampfmaschine von der
möglichen Brennstoff-Wärme in mechanische Arbeit umwandelte, stellte
er sich sozusagen seine Lebensaufgabe: Er wollte der Verwirklichung des
Carnot'schen Idealprozesses, also dem naturgesetzlich maximal Erreichbaren, so nahe wie möglich kommen. Dies gelang ihm, wenn auch mit
Abstrichen, schließlich in der Zeit von 1893 bis 1897. Der nach ihm
benannte Motor war zwar groß und schwer, aber mit seinem Wirkungsgrad
zwischen 25 und 27 Prozent übertraf er alle Motoren seiner Zeit. Es dauerte
allerdings noch etliche Jahre, bis technische Probleme in Fertigung und
Betrieb gelöst waren.[60]

---

[59] Klemm: Technik, S. 354; Suhling: Otto, S. 28–29; Eckermann: Auto.
[60] Varchmin, Radkau: Energie, S. 154–162.

Umbrüche in der Arbeitswelt und Erziehung zur Industrie

Die Industrialisierung hatte seit dem 18. Jahrhundert einen grundlegenden Wandel in der Arbeitswelt eingeleitet. Beim Übergang von der Hand-Werkzeug-Technik zur Maschinen-Werkzeug-Technik verrichteten Maschinen zunehmend Arbeiten, die bis dahin Menschen mit Körperkraft und handwerklichem Geschick erbracht hatten. Diesen Vorgang, bei dem viele ihre Arbeit unverschuldet verloren, bewertete die „Oekonomisch-technologische Encyklopädie" von Krünitz bereits 1802 unter dem Stichwort „Maschine" durchaus positiv – zu einer Zeit, als die industrielle Revolution gerade erst begonnen hatte, ausgehend von Großbritannien auch in deutschen Landen Fuß zu fassen.

Da die menschliche Kraft unter allen die edelste und kostbarste ist, so muss sie mit der möglichsten Schonung, und nur da angewendet werden, wo keine anderen Kräfte gebraucht werden können. […] Man verdient ohne Zweifel ungeteilten Beifall, und überdies den wärmsten Dank vom Staate, wenn man solche Arbeiten Menschenhänden entzieht, die mit weit geringeren Kosten und in weit kürzerer Zeit auch ein unvernünftiges Geschöpf oder eine leblose Maschine verrichten kann.[61] (Oekonomisch-technologische Encyklopädie, 1802)

Zum einen sollte die Maschine also menschliche Arbeitskraft entlasten. Aber das ausschlaggebende Argument für die Einführung von Arbeitsmaschinen wurde letztlich die Einsparung von Zeit und Kosten: Es ging um Wirtschaftlichkeit in der Fertigung und Steigerung des Absatzes, nicht um körperliche Entlastung. Gewiss ist manche mühsame Arbeit durch den technischen Wandel verschwunden. Aber neue Belastungen ähnlicher Art, auch durch eintönige, repetitive Tätigkeiten, die dazu noch dauernde Konzentration erforderten, kamen durch die maschinelle Fabrikarbeit hinzu.[62]

Mit der vorindustriellen, an naturgegebenen tages- und jahreszeitlichen Rhythmen orientierten Einteilung von Arbeit und Zeit, ob in der Landwirtschaft oder im Hausgewerbe, hatte die Organisation der Industriearbeit nichts mehr gemein. Sie brachte eine klare Trennung von Wohnort

---

[61] Krünitz: Encyklopädie, Bd. 85, 1802, S. 168, 185–186 (Maschine).

[62] Paulinyi: Industrielle Revolution, S. 223–243; Benad-Wagenhoff: Industrieller Maschinenbau, S. 64–65.

und Arbeitsplatz. Wer Arbeit in den Fabriken fand, hatte sich strenger Zeitdisziplin zu unterwerfen. Maschinen bestimmten den Arbeitstakt. Während
Handwerker und Heimarbeiter vergeblich gegen den Einsatz von Maschinen
protestierten und als Maschinenstürmer Not und Elend von sich und ihren
Familien abzuwehren suchten, leisteten Arbeiter in den Fabriken Widerstand gegen die scharfe Kontrolle strenger Fabrikordnungen, schier endlose
Arbeitszeiten, gesundheitliche Schädigungen und Unfallgefahren.

Die soziale Frage, nie gelöst, nur immer wieder neu gestellt, veranlasste
ein ganzes Bündel von Maßnahmen auf verschiedenen Ebenen, um dem
Liberalismus und seinem entfesselten Spiel ungleicher Kräfte – Kapital und
Arbeit – Grenzen zu setzen: mit sozialem Engagement von Unternehmen
und Kirchen, Einführung von Fabrikinspektion und Gewerbeaufsicht,
Genossenschaftsgründungen, sozialpolitischen Maßnahmen oder mit dem
Zusammenschluss von Arbeitern in der Gewerkschaftsbewegung.

Der zentrale gesellschaftliche Wandel vollzog sich indessen durch die
Ausbildung neuer Arbeitsformen und eines neuen Umgangs mit Zeit. Im
deutschen Sprachraum war hier von „Erziehung zur Industrie" die Rede –
Industrie, verstanden als „Fleiß, Betriebsamkeit, die Gesamtheit derjenigen
Arbeiten, welche die Erhöhung des Werts der Urstoffe, also die Stoffver-
edelung mittels technischer Verrichtungen zum Zwecke haben, im Allgemeinen gleichbedeutend mit Gewerbstätigkeit, Gewerbsfleiß".[63] Doch
nicht nur fleißig im gewohnten Althergebrachten zu wirken, sondern auch
erfinderisch und flexibel zu sein, zählte zu den industriös genannten Eigenschaften auf dem Weg in die neue Arbeitswelt.[64] Die Wurzeln zu diesem
Erziehungsprogramm lagen bereits im neuzeitlichen Puritanismus und
im protestantisch geprägten Nützlichkeitsdenken der Philanthropen im
„pädagogischen" 18. Jahrhundert.[65]

Bei der Durchsetzung „industrieller" Tugenden wie Ordnung, Fleiß,
Sparsamkeit, Pünktlichkeit und Disziplin in breiten Bevölkerungsschichten
zogen Kirche, Staat und Fabrikanten an einem Strang. Gemeinsam sagten
sie „Schlendrian, Bettelei und Müßiggang" den Kampf an. Denn: „Man
würde die Menschen wenig kennen, wenn man behaupten wollte, dass sie
von Natur aus einen Trieb zu arbeiten besäßen." Aber man behielt noch
etwas anderes im Blick: den „natürlichen Trieb" aller Menschen, „sich das

---

[63] Meyers Hand-Lexikon, S. 822 (Industrie).

[64] Krünitz: Encyklopädie, Bd. 85, 1802, S. 184–185 (Maschine).

[65] Klemm: Technik, S. 188–195, 253; Thompson: Arbeitsdisziplin; Herrmann: Pädagogik der Philanthropen; Münch: Ordnung, Fleiß und Sparsamkeit

Leben bequem und angenehm zu machen".[66] Einen wichtigen Hebel, diesen Trieb zu fördern und Anreize zu schaffen, Bedürfnislosigkeit und Bescheidenheit der Lebensführung zu überwinden, sahen die Protagonisten dieses Erziehungsprogramms in der allgemeinen Anhebung des Bildungsniveaus durch schulpolitische Maßnahmen: Bildung schaffe Bedürfnisse, und diese seien der Sporn des Fleißes und der Sparsamkeit, um sich besser kleiden und ernähren zu können.[67]

Die Industrialisierung der Natur mit dem Ziel möglichst effizienter Bewirtschaftung hatte somit auch die Natur des Menschen erfasst, ihn auf die industriellen Tugenden der ökonomischen Nützlichkeit verpflichtet und dabei seine Stärken und Schwächen mit einbezogen. Diese Formung lenkte ihn in den zirkulären Prozess von Begehren, Produzieren, Konsumieren und neuerlichem Begehren, von gewecktem Bedürfnis und dessen Befriedigung durch Arbeitsdisziplin. Hinzu kam, dass billiger produzierende Maschinen die Nachfrage ebenfalls anregten, wie in den 1830er-Jahren schon Arago anmerkte.

> Man vergesse nicht das nie zu stillende Verlangen nach Wohlbehagen, welches die Natur dem Menschen eingepflanzt hat; man bedenke, dass die Befriedigung eines Bedürfnisses auf der Stelle ein anderes hervorruft, dass unser Begehren sich stets vermehrt, sobald die Gegenstände wohlfeiler werden.[68] (François Arago, 1834)

Die Erziehung zur Industrie markiert einen mentalitätsgeschichtlich entscheidenden Schritt auf dem Weg zur modernen Arbeitsgesellschaft, in der die einst aufgezwungenen industriellen Tugenden längst verinnerlicht sind und in der diszipliniertes, ökonomisch produktives Tätigsein die soziale Werteskala dominiert. Ihr Lebenselixier ist der Kreislauf von Produzieren und Konsumieren: das Wechselspiel von Askese und Genuss – alles zu seiner Zeit! – im Idealmodell der Wachstumswirtschaft bis in unsere Tage.

---

[66] Krünitz: Encyklopädie, Bd. 29, 1783, S. 713 (Indüstrie).
[67] Schnabel: Deutsche Geschichte, S. 302.
[68] Zitiert nach Schnabel: Deutsche Geschichte, S. 424.

Technischer Fortschritt um den Preis neuer Abhängigkeiten und Gefährdungen

Die Verkehrsrevolution durch die Eisenbahn hatte außer der neuen Bewegungsfreiheit eine weitere grundlegende Erfahrung gebracht. Anfangs trugen die Eisenbahnreisenden noch Bedenken, sich der Kraft des „Feuerrosses" anzuvertrauen statt der des Pferdegespanns vor der Postkutsche. Doch bald stellte sich Gewöhnung an die neue Art des Reisens ein. Sich in rumpelnden Wagen über schlaglöchrige Wege von Pferden ziehen zu lassen, die der Kutscher mal antreiben, mal bändigen musste, gehörte nun der Vergangenheit an. Man schätzte den stetigen, gleichmäßigen Lauf der Lokomotive auf ihrem geglätteten Schienenweg und die höhere Reisegeschwindigkeit. Solche Annehmlichkeiten überdeckten die Tatsache, dass man sich auf ein komplexes technisches System eingelassen hatte, um nicht zu sagen: sich ihm ausgeliefert hatte.

Diese Tatsache trat erst ins Bewusstsein, wenn das System versagte. Achs- und Radreifenbrüche, Zusammenstöße, Entgleisungen, Kesselexplosionen, Brückeneinstürze – dies alles war zwar nicht an der Tagesordnung, aber wenn es geschah, wurde es mit Bestürzung aufgenommen. Schlagartig zeigte sich da, wie schnell die technische Hülle zerbrechen konnte, mit der man sich von der äußeren, rauen Natur und ihren Unwägbarkeiten abgeschirmt hatte.

Hinzu kam: Genau diese technische Hülle hatte auch die unmittelbare sinnliche Erfahrung von Geschwindigkeit und Gefährdung ausgeblendet und somit die Wahrnehmung der aufziehenden Gefahr. Auch in der Kutschen-Zeit hatte es Achs- und Radbrüche gegeben, aber der Schaden war überschaubar und man konnte vorher hören, sehen und spüren, wenn es brenzlig wurde, wenn Schlamm und Steine das Fortkommen erschwerten oder wenn die Pferde durchzugehen drohten. Und man konnte sich, je nach körperlicher Verfassung, gegen befürchtetes Ungemach wappnen, sich etwa „gehörig zum Sprunge spannen", wie Georg Christoph Lichtenberg satirisch anmerkte.[69]

Ganz anders beim Eisenbahnunfall. Er traf die Reisenden in der Regel unvorbereitet, und sie hätten auch kaum eine Möglichkeit gehabt, sich rechtzeitig in Sicherheit zu bringen. Hier Vorsorge zu treffen, war allein

---

[69] Zitiert nach Schnabel: Deutsche Geschichte, S. 387.

Aufgabe der Hersteller und Betreiber. Und da man technisches Neuland betreten hatte, in dem es auch um Leib und Leben der Passagiere ging, bedurfte es besonderer Sicherheits-Maßnahmen, zumal eine kritische Öffentlichkeit diese Entwicklungen aufmerksam verfolgte.

Erhöhte Sorgfalt bei Planung, Berechnung, Konstruktion und Bau in den Werkstätten und im Gelände war vonnöten. Eine zunehmend wichtige Rolle spielten hier systematische Materialprüfungen: Untersuchungen beispielsweise zur Wirkung von Schienenstößen auf die Radachsen, Dauerfestigkeitsversuche bei ruhender, schwellender und wechselnder Belastung, Bestimmung des Einflusses hoher Temperaturen und Drücke auf die Festigkeit von Dampfkesseln. Zur Erhöhung der Sicherheit auch von stationären Kesselanlagen entstanden ab den 1860er-Jahren in den deutschen Ländern die „Dampfkessel-Überwachungs- und Revisions-Vereine", Vorläufer der heutigen Technischen Überwachungsvereine.

All diese Maßnahmen, technisch geweckte Kräfte zu beherrschen, trugen zweifellos zur Verringerung der Unfallgefahr bei. Zu ihrer völligen Vermeidung aber führten sie nicht. Das erste große Eisenbahnunglück, das in Europa Erschütterung hervorrief, ereignete sich 1842 bei Paris. Fünfzig Personen starben, noch mehr wurden zum Teil schwer verletzt. Zwei Jahre später brachte die französische Eisenbahn- und Dampfmaschinen-Enzyklopädie unter dem Stichwort „accidens", also Unfälle, das Dilemma moderner Technik auf den Punkt.

> Alles, was der Mensch mit seinen Händen schafft, kann einen Unfall erleiden. Aufgrund einer Art von ausgleichender Macht […] werden die Unfälle umso heftiger, je perfekter die Apparate werden. Aus diesem Grunde können die mächtigsten und perfektesten industriellen Apparaturen, die Dampfmaschinen und die Eisenbahnen, zu den schrecklichsten Katastrophen führen, wenn sie nicht aufs genaueste überwacht werden. […] Die Dampfkraft, die dem Menschen neue, bisher unbekannte Wege eröffnet, scheint ihn in eine Lage zu versetzen, die sich vielleicht am besten vergleichen lässt mit der eines Menschen, der sich unmittelbar an einem Abgrund entlangbewegt, in den ihn der kleinste Fehltritt hinabstürzen kann.[70] (Encyclopédie des chemins de fer et des machines à vapeur, 1844)

Hier wurde ein klarer Zusammenhang aufgezeigt: Je höher das Niveau technischer Naturbeherrschung, desto tiefer der Absturz im Falle des Versagens. Diese Grunderfahrung begleitet uns bis zum heutigen Tage. Technik

---

[70] Zitiert nach Schivelbusch: Eisenbahnreise, S. 119.

umgibt uns wie eine zweite Natur, wir haben uns gerne an sie gewöhnt, nutzen ihre Vorteile und spüren ihr Vorhandensein und unsere Abhängigkeit oft erst, wenn sie versagt. Weil wir solche Fälle trotz größter Sicherheitsvorkehrungen nie gänzlich vermeiden können, nehmen wir sie in Kauf als Preis für die Annehmlichkeiten. Je weiter Niveau und Fallhöhe von Technik steigen, desto intensiver arbeiten wir allenfalls daran, das Ausmaß möglicher Katastrophen dadurch zu kompensieren, dass wir die Wahrscheinlichkeit ihres Eintretens zu verringern suchen.

Mit Dampfmaschinen und Verbrennungsmotoren stand gegen Ende des 19. Jahrhunderts eine breite Palette von vielseitig verwendbaren Wärmekraftmaschinen zur Verfügung: für den stationären wie für den mobilen Einsatz. Bis hierher war es ein langer, zuweilen gewundener Weg gewesen, seit Guericke experimentell nachgewiesen hatte, dass der leere Raum nicht nur in der Idealvorstellung eines Galilei existierte, sondern dass man ihn auch technisch erzeugen konnte, um dann den atmosphärischen Luftdruck für Arbeitsleistungen zu nutzen.

Die Natur beherrschen, sich aus der Abhängigkeit von ihr lösen: So hatte das programmatische Ziel gelautet. Mit den Wärmekraftmaschinen schwand nun in der Tat die Abhängigkeit von den wechselhaften Naturkräften. Tierische Muskelkraft und die Kräfte von Wind und Wasser standen nicht rund um die Uhr und rund ums Jahr in gleichbleibendem, ausreichendem Maße zur Verfügung. Die neuen Kraftmaschinen hingegen lieferten unerschöpflich konstante Leistung. Zudem übertraf diese Leistung alles bisher Dagewesene. Im Jahre 1875, hundert Jahre nachdem Boulton in Soho die ersten Watt'schen Dampfmaschinen ausgeliefert hatte, feierte man in Preußen diesen runden Geburtstag der „Vermählung des Dampfes mit der Maschine" euphorisch.

Heute sind ungefähr 200.000 Dampfmaschinen aller Art mit mehr als 12 Millionen Pferdestärken im Gange, die wiederum der stetigen Kraft von ungefähr 100 Millionen Menschen entsprechen. Das ganze Erwerbsleben ist hierdurch von Grund aus umgestaltet worden. Diese Tatsache stellt die Erfindung der Dampfmaschine ebenbürtig neben die der Buchdrucker-Presse. Macht diese den Geist frei, so befreit jene den Leib von der schweren physischen Arbeit. Wären die vorhandenen 12 Millionen Pferdestärken gleichmäßig auf die männliche Arbeiterbevölkerung sämtlicher Kulturstaaten der Erde verteilt, so stünde schon heute jedem Arbeiter ein willig die schwerste Arbeit übernehmender Dampfmensch helfend zur Seite.[71] (Ansprache zur Säkularfeier der Dampfmaschine auf der Versammlung des Vereins zur Beförderung des Gewerbefleißes in Preußen, 1875)

Dass zu dieser Zeit statistisch gesehen jedem Arbeiter bereits ein williger „Dampfmensch" zur Seite stand, unterstreicht noch einmal den enorm gesteigerten Energieeinsatz. Der einstige „Herkules in der Wiege" war binnen weniger Jahrzehnte zu stattlicher Größe herangewachsen und hatte wahrhaft herkulische Kräfte entfaltet. Obwohl die Kraftmaschinen effizienter geworden waren, also mit größerem Wirkungsgrad die vorhandenen Ressourcen nutzten, hatte der Gesamtverbrauch sich im Zuge der Industrialisierung vervielfacht. Dass effizientere Technik in der Regel nicht zu weniger, sondern zu mehr Verbrauch führt, bestätigt sich bis zum heutigen Tage immer wieder.

Doch bei aller Begeisterung über diese neuen gewaltigen Kraftquellen, deren Unerschöpflichkeit man rühmte, löste sich der Mensch doch nur scheinbar aus seiner Naturabhängigkeit. Denn nun begab er sich in die Abhängigkeit von den natürlichen fossilen Brennstoff-Lagern, und die sind erschöpflich. Was sich dort in und vor Jahrmillionen an Kohle und Erdöl gebildet hatte, wird seit Beginn der Industrialisierung, also in einem winzigen Bruchteil dieser Zeitspanne, unwiederbringlich verbrannt. Die Nutzung dieser Vorräte konnte man am Vorabend der industriellen Revolution offenbar noch optimistisch sehen, zum Beispiel in der „Oekonomisch-technologischen Encyklopädie" von Krünitz unter dem Stichwort „Indüstrie": Ein gütiger Gott „hat auf der Erde gleichsam ein großes Magazin für die Menschen angelegt, und dasselbe mit allem versehen, was zu unserer Notdurft und Bequemlichkeit gehört; er füllet es auch ohne Unterlass wieder an, wenn es einen Abgang erlitten hat".[72]

---

[71] Zitiert nach Treue, Manegold: Quellen, S. 59–60.
[72] Krünitz: Encyklopädie, Bd. 29, 1783, S. 728 (Indüstrie).

9

Elektrizität – Die „junge Riesin"

Natürliche und künstliche Blitze

Wir alle kennen das Knistern und die kleinen Schläge, mit denen sich
Reibungselektrizität entlädt. Sie ist die früheste, schon in vorchrist-
licher Zeit bekannte Form der Elektrizität. Ihre Anziehungswirkung hatte
man an geriebenem Bernstein (griech. „elektron") beobachten können.
Als im 17. Jahrhundert das Experiment ins Zentrum der neuzeitlichen
Naturwissenschaft rückte, wurde nun auch dieses elektrische Phänomen
systematisch untersucht. Man fand, dass noch andere Materialien die
Eigenschaft des Bernsteins besaßen. Guericke experimentierte mit einer
rotierenden Schwefelkugel. Wenn er mit der trockenen Hand über sie strich,
konnte er das Wechselspiel von Anziehung und Abstoßung beobachten
zwischen der Kugel und Papierschnipseln, Leinenfäden, Hopfen, Flaum-
federn oder feinen Gold- und Silberplättchen, die er unter ihr ausgebreitet
hatte. Es ging ihm allerdings nicht darum, Elektrizität zu erzeugen, sondern
im Modell die Wirkung irdischer und kosmischer Kräfte zu veranschaulichen.[1]

Dennoch war Guerickes Schwefelkugel eine frühe Form der Elektrisier-
maschine. Weitere Entwicklungen folgten; so führte 1705 Francis Hauksbee
vor der Royal Society in London seine Maschine vor. Ihr Aufbau wurde proto-
typisch für weitere Konstruktionen auf diesem Gebiet. Mit ihnen entdeckte
und untersuchte man in den folgenden Jahrzehnten die unterschiedlichsten

---

[1] Lindner: Strom, S. 29–31; Guericke: Versuche, S. 165–169.

© Springer-Verlag GmbH Deutschland, ein Teil von Springer Nature 2022
G. Zweckbronner, *Aufbruch ins Industriezeitalter – Zukunftswerkstätten der Neuzeit*,
https://doi.org/10.1007/978-3-662-60542-4_9

Phänomene der Elektrostatik, ohne allerdings schlüssige Erklärungen oder gar eine übergreifende Theorie für das Beobachtete zu finden. Gegen Mitte des 18. Jahrhunderts erweiterte die sogenannte Leidener Flasche, ein Kondensator, das Feld der experimentellen Möglichkeiten, denn mit ihrer Kapazität konnte man nun große Ladungsmengen speichern. Damit war aber auch größere Vorsicht beim Experimentieren geboten. Die elektrischen Schläge, die man abbekommen konnte, waren enorm: Ihre Spannungen erreichten Werte von Zigtausenden Volt.[2]

Was man bei Entladungen sehen, hören und spüren, also unmittelbar sinnlich wahrnehmen konnte – Blitze, Leuchten, Knistern und Knallen, Schläge –, stieß auch über die Laborgrenzen hinaus auf lebhaftes Interesse. Die geheimnisvollen, maschinell erzeugten Erscheinungen verblüfften, belehrten und ergötzten bei öffentlichen Vorführungen und im Kreise höfischer Gesellschaften – mehr als alle anderen physikalischen Experimente, wie der englische Naturforscher Joseph Priestley meinte.

> Die Elektrizität hat darin einen beträchtlichen Vorzug vor den meisten andern Zweigen der Naturwissenschaft, dass sie sowohl Materien des Nachdenkens für Naturforscher, als auch der Belustigung für alle Personen ohne Unterschied liefert. Weder die Luftpumpe, noch die Maschine zur Vorstellung des Weltgebäudes, noch die hydrostatischen, optischen oder magnetischen Experimente, noch auch die Experimente in allen übrigen Zweigen der Physik, haben jemals so vielen oder so starken Zulauf von Menschen veranlasst, als die Experimente der Elektrizität für sich allein getan haben.[3] (Joseph Priestley, 1767)

Von großer Tragweite war eine frühe Nutzanwendung dieser neuen Erkenntnisse: der Blitzableiter. Der Amerikaner Benjamin Franklin und andere hatten um die Jahrhundertmitte erkannt, dass Entladungen von Reibungselektrizität und Gewitter-Blitze ihrer Natur nach dasselbe waren, Blitze also elektrische Erscheinungen sind. Zum „Bewahren der Häuser, Kirchen, Schiffe etc. vor dem Blitzschlage" empfahl Franklin scharf zugespitzte „aufrecht stehende eiserne Stangen" an den höchsten Punkten. Sie hielt er für besonders geeignet, die atmosphärische Elektrizität, oder, wie er sich ausdrückte, das „elektrische Feuer aus einer Wolke" abzuleiten.[4] Mehrere Konstruktionen wurden in der Folgezeit entwickelt, unter anderem von

---

[2] Lindner: Strom, S. 31–40.

[3] Zitiert nach Lindner: Strom, S. 34.

[4] Zitiert nach Lindner: Strom, S. 40.

Jakob Hemmer, dem Leiter des Kurfürstlichen Physikalischen Kabinetts in Mannheim. Mit seinen fünfspitzigen „Wetterleitern" rüstete man ab 1776 alle Schlösser und Pulvertürme der Kurpfalz sowie Privatbauten aus.[5]

Auch dies war eine Leistung des Aufklärungszeitalters: Gefürchtete, unberechenbare Naturerscheinungen wie Gewitter konnten rational erklärt werden. Keine strafende, Blitze schleudernde Macht war da am Werk, die im Zorn Feuer vom Himmel warf. Vielmehr handelte es sich um einen elektrostatischen Vorgang, der im Labormaßstab experimentell reproduziert werden konnte. Und was man dort beobachtete, Entladungen an Metallspitzen etwa, gab wiederum Hinweise, wie man das Phänomen im Großen zähmen und seine potentielle Zerstörungskraft ableiten konnte. Vollkommen beherrscht war diese gewaltige Naturkraft damit nicht, doch man konnte Vorsorge treffen und war ihr nicht mehr wehrlos ausgeliefert.

Auch auf medizinischem Gebiet suchte man die neu gewonnenen Erkenntnisse über die Wirkung der Elektrizität auf den menschlichen Körper anzuwenden, zum Beispiel durch elektrische Schläge Lähmungen zu beseitigen.[6] Aufsehen erregte 1791 der Anatom Luigi Galvani mit seiner Abhandlung über „die Kräfte der Elektrizität bei der Muskelbewegung". Auf diesen Wirkungszusammenhang war er bei seinen Froschschenkel-Experimenten gestoßen. Er hatte herausgefunden, dass die Elektrizität nicht von außen über Elektrisiermaschinen oder Blitze zu den Schenkelnerven eines präparierten Frosches geführt werden musste, damit dessen Muskeln zuckten. Die Elektrizität entstand im Tierkörper selbst, sobald zwei unterschiedliche Metalle die Nerven berührten und miteinander leitend verbunden waren – also, modern gesprochen, nach dem Funktionsprinzip einer Batterie (Abb. 9.1) mit Gewebeflüssigkeit als Elektrolyt.[7]

Man glaubte, damit der lange gesuchten Lebenskraft auf die Spur gekommen zu sein. Johann Wilhelm Ritter, Begründer der Elektrochemie, sah es 1798 als erwiesen an, „dass ein beständiger Galvanismus den Lebensprozess in dem Tierreich begleite". Kontraktion und Expansion der Muskeln waren für ihn das sichtbare Ergebnis innerer elektrochemischer Prozesse.[8] Diese neuen Vorstellungen von Lebenskraft und ihrer künstlichen Reproduzierbarkeit weckten auch Fantasien, wie sie beispielsweise

---

[5] Budde: Wirtschaft, S. 20–21.

[6] Kleinert: Technik und Naturwissenschaften, S. 291.

[7] Lindner: Strom, S. 43–46; Hermann: Lexikon Geschichte der Physik, S. 118–120 (Galvani, Galvanismus).

[8] Zitiert nach Hermann: Lexikon Geschichte der Physik, S. 328–330 (Ritter); Hermann: Weltreich, S. 102–115.

Abb. 9.1 Mitmach-Station: Handbatterie. Diese Handbatterie funktioniert nach dem Prinzip der Galvani'schen Batterie. Ergreift man zwei der Metallstäbe aus unterschiedlichen Materialien, dann wird angezeigt, welche Spannung zwischen ihnen entsteht. Mit unserem Hautschweiß nehmen wir Kontakt auf zu den Metallen, und unser Körper übernimmt die Rolle des Galvani'schen Frosches. Die Spannung zwischen den Metallen ist umso höher, je größer ihr Abstand voneinander in der sogenannten elektrochemischen Spannungsreihe ist. (© TECHNOSEUM, Foto: Klaus Luginsland)

ihren literarischen Niederschlag fanden in dem Roman „Frankenstein oder Der moderne Prometheus" von Mary Shelley, der 1818 erschien und eine ungeheure Breitenwirkung bis in unsere Gegenwart entfaltete.

Fließender Strom und Magnetismus

Alessandro Volta griff die Ergebnisse Galvanis auf. Er schichtete abwechselnd Metallplatten aus zwei unterschiedlichen Materialien mit dazwischen gelegten feuchten Pappscheiben zu einer Säule auf, der Volta'schen Säule, und erhielt auf diese Weise eine Batterie. Im Gegensatz zu Kondensatoren, die sich blitzschnell entluden, lieferte seine Säule erstmals dauerhaft elektrischen Strom. Dessen Spannung war umso höher, je mehr Metallpaare mit Zwischenlagen aufgeschichtet waren. Die Spannungseinheit trägt ihm zu Ehren die Bezeichnung Volt.[9]

---

[9] Lindner: Strom, S. 46–50; Hermann: Weltreich, S. 95–101.

Seine epochemachende Erfindung gab Volta 1800 bekannt. Dem Präsidenten der Royal Society schrieb er: „Der Apparat, von dem ich rede und welcher Sie zweifellos in Erstaunen versetzen wird, ist nichts als die Anordnung einer Anzahl von guten Leitern verschiedener Art, die in bestimmter Weise auf einander folgen." Dann schilderte er den Aufbau seiner Säule: dreißig, vierzig, sechzig oder mehr Platten aus Kupfer oder Silber und aus Zinn oder Zink, dazwischen Lagen von Pappe oder Leder, getränkt mit Wasser, Salzwasser oder Lauge. Und Volta betonte noch einmal, eine derartige Wechselfolge in stets gleicher Ordnung der drei Arten von Leitern sei alles, woraus sein neues Instrument bestehe.[10] In der Fachwelt reagierte man geradezu euphorisch auf diese einfache Methode, fließenden Strom mit der Stärke von einigen hundert Volt zu erzeugen.

Diese anscheinend träge Masse, diese wunderliche Zusammenstellung, diese Säule von so vielen Paaren ungleicher, durch etwas Flüssigkeit getrennter Metalle [ist] das wunderbarste Instrument, welches die Menschen jemals erfunden haben, das Fernrohr und die Dampfmaschine nicht ausgenommen.[11] (François Arago, nach 1800)

Die Volta'sche Säule war leicht nachzubauen und zog daher rasch in die physikalischen Laboratorien ein. Sie eröffnete ungeahnte Möglichkeiten zur Erforschung elektrischer Phänomene und ihrer Wechselwirkung mit anderen Naturerscheinungen. Galvanismus, Elektrizität, Magnetismus, Licht und Wärme waren für die Anhänger des Dynamismus „verschiedene Tätigkeitsformen der allgemeinen Naturkräfte", wie es der dänische Physiker Hans Christian Oersted, ganz im Sinne seines Lehrers Ritter, formulierte. Insbesondere vermutete er einen Zusammenhang zwischen Elektrizität und Magnetismus.[12]

Nach längerer Suche entdeckte Oersted 1820 die magnetische Wirkung des elektrischen Stroms. Er spannte einen Draht so über eine drehbar gelagerte Magnetnadel, dass beide parallel zueinander waren. Dann ließ er Strom durch den Draht fließen und beobachtete, wie die Nadel seitlich ausgelenkt wurde, und zwar umso mehr, je stärker der Strom war. Damit hatte Oersted den Elektromagnetismus entdeckt, was ähnliches Aufsehen erregte wie zuvor bereits die Volta'sche Säule.

---

[10] Zitiert nach Hermann: Lexikon Geschichte der Physik, S. 389 (Voltasche Säule).

[11] Zitiert nach Hermann: Lexikon Geschichte der Physik, S. 386–387 (Volta).

[12] Zitiert nach Hermann: Lexikon Geschichte der Physik, S. 262–265 (Oersted), 75 (Dynamismus); Hermann: Weltreich, S. 116–133; Lindner: Strom, S. 52–66.

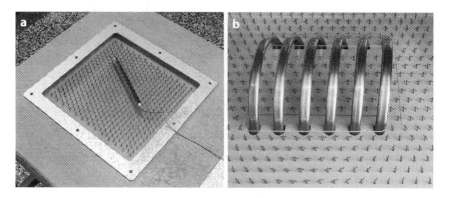

Abb. 9.2 Mitmach-Station: Magnetfelder. Legt man einen Stabmagneten auf die Scheibe über den vielen kleinen Kompassnadeln (**a**), dann richten sich diese nach ihm aus und zeichnen seine Feldlinien nach. Dieselbe Orientierung der Nadeln zeigt sich, wenn man statt des Magneten eine stromdurchflossene Spule verwendet (**b**), wie Ampère es gemacht hat. Die Spule wirkt also wie ein Magnet, bringt aber den Vorteil, dass sich dieser elektrische Magnet ein- und ausschalten lässt. (© TECHNOSEUM, Foto: Klaus Luginsland)

Auch André Marie Ampère wandte sich dem Elektromagnetismus zu. Sein Name ist heute noch bekannt als Bezeichnung der Stromstärke. Er wickelte Draht zu einer zylinderförmigen Spule. Wenn sie Strom führte, wirkte sie wie ein Magnet (Abb. 9.2). Die magnetische Wirkung ließ sich verstärken durch einen Weicheisenkern, also ein Material, das sich gut magnetisieren lässt. Um diese Zeit formulierte auch Georg Simon Ohm das nach ihm benannte Gesetz über den Zusammenhang zwischen Stromstärke, Spannung und Widerstand.[13]

Die Entdeckung des Elektromagnetismus regte sogleich die Suche nach dem umgekehrten Effekt an: nach der Erzeugung von Elektrizität durch Magnetismus. Denn beide zählten zu den Grundkräften der Natur, die aus dynamistischer Sicht in einem inneren Zusammenhang standen und deshalb gegenseitig verwandelbar sein mussten. Michael Faraday hielt 1822 in seinem Notizbuch fest: „Verwandle Magnetismus in Elektrizität."[14] Er hatte die Oersted'schen Versuche zunächst wiederholt und dann gezeigt, dass ein stromdurchflossener Leiter um einen festgehaltenen Magneten rotiert, und ebenso ein beweglicher Magnet um einen fixierten stromführenden Leiter: die einfachste Form eines Elektromotors, der freilich noch keine

---

[13] Hermann: Lexikon Geschichte der Physik, S. 12–13 (Ampère), 357–358 (Spule), 265–267 (Ohm).

[14] Zitiert nach Hermann: Lexikon Geschichte der Physik, S. 103–105 (Faraday); Hermann: Weltreich, S. 181–191.

nutzbare Leistung lieferte, aber immerhin bewies, dass fließender Strom eine kontinuierliche Bewegung hervorrufen konnte.

Neun Jahre, nachdem er sich die Aufgabe gestellt hatte, gelang Faraday schließlich die Verwandlung von Magnetismus in Elektrizität. Mit zwei Spulen auf einem Eisenring, einer Art Transformator, entdeckte er 1831 zunächst die elektromagnetische Induktion: Beim Ein- und Ausschalten des Stroms in einer der Spulen wurde in der anderen kurz Strom induziert. Dann nahm er nur eine Spule und bewegte in ihr einen Magnetstab hin und her: Auch damit konnte er Stromstöße erzeugen (Abb. 9.3), hatte also die elektromagnetische Induktion gefunden.[15] Die Hypothese der Dynamisten war somit bestätigt: Bewegte elektrische Ladung erzeugte Magnetismus, und ein bewegter Magnet konnte Elektrizität erzeugen. Dieses Wechselwirkungs-Prinzip erklärt auch die spätere Doppelfunktion elektrischer Maschinen, die als Motor und als Generator arbeiten können. Was Faraday intuitiv erkannt hatte, brachte James Clerk Maxwell gut dreißig Jahre später in eine mathematische Form und begründete mit seinen Gleichungen die Elektrodynamik.[16]

Telegrafieren von Kontinent zu Kontinent

Da man mit Hilfe des elektrischen Stroms sichtbare Wirkungen auch über einige Entfernung erzielen konnte, zählte zu den frühesten Anwendungen der Elektrizität die Übermittlung von Nachrichten. Die ausgelösten Wirkungen auf Empfängerseite konnten elektrochemische Effekte sein wie zum Beispiel Gasentwicklung, elektrostatische wie die Abstoßung von Teilchen gleicher Ladung oder elektromagnetische in Zeigerinstrumenten. Nach den Entdeckungen von Oersted und Faraday gehörte der elektromagnetischen Telegrafie die Zukunft. Sie löste die optischen Telegrafen ab, die Nachrichten durch weithin per Fernrohr sichtbare Zeichen übermittelten und mit denen seit Ende des 18. Jahrhunderts, ausgehend von Frankreich, bereits ein weiträumiges Liniennetz angelegt worden war.[17]

Die erste elektromagnetische Telegrafenlinie richteten Carl Friedrich Gauß und Wilhelm Weber bereits 1833 in Göttingen ein. Sie verband

---

[15] Lindner: Strom, S. 60–66.

[16] Hermann: Lexikon Geschichte der Physik, S. 83–84 (Elektrodynamik), 226–228 (Maxwell); Hermann: Weltreich, S. 209–218.

[17] Oberliesen: Information, S. 44–81.

Abb. 9.3 Mitmach-Station: Elektromagnetische Induktion. Der ummantelte Kupfer-
draht ist an ein Spannungs-Messgerät angeschlossen. Führt man ihn entlang des
senkrecht fixierten Stabmagneten auf und ab, so dass er dessen Feldlinien schneidet,
dann zeigt das Messgerät Ausschläge. Je schneller man den Draht im Magnetfeld bewegt, desto höher wird die erzeugte Spannung. Durch elektromagnetische
Induktion wird also mechanische Energie, genauer Bewegungsenergie, in elektrische
umgewandelt – das Grundprinzip jedes Dynamos..

Legt man den Draht in Windungen, so dass eine Art Spule entsteht, und bewegt
ihn dann um den Magneten schnell auf und ab, dann schlägt das Messgerät noch
stärker aus. Je mehr Windungen es sind, desto größer ist der Effekt. Diese Anordnung
entspricht dem Vorgehen Faradays, als er einen Magnetstab in einer Spule hin und
her bewegte und damit Stromstöße erzeugte. Denn entscheidend ist die Relativ-
bewegung zwischen Draht und Magnetfeld. (© TECHNOSEUM, Foto: Klaus Luginsland)

die Sternwarte mit dem anderthalb Kilometer entfernten Physikalischen
Kabinett. Carl August von Steinheil in München entwickelte den Telegrafen weiter und versah ihn mit einer Schreibvorrichtung. Zudem
erkannte er, dass man die Erde als Rückleiter verwenden konnte und somit
nur einen Draht zu spannen brauchte. Letztlich wurden der Schreibtele-
graf von Samuel Morse und sein Zeichen-Alphabet ab den frühen 1840er-
Jahren Standard der Übermittlungstechnik. Elektrische Telegrafenlinien,

zunächst für den Eisenbahnbetrieb eingerichtet, wurden rasch zum länder-übergreifenden, ja interkontinentalen Kommunikationsnetz ausgebaut. Nachdem das erste Tiefseekabel von 1858 zwischen Europa und Amerika nur wenige Wochen betriebsfähig war, konnte 1866 eine dauerhafte transatlantische Kabelverbindung hergestellt werden. Drei Jahre später ging die Indo-Europäische Telegrafenlinie von London nach Kalkutta, gebaut von Siemens & Halske, in Betrieb. Zur Jahrhundertwende umspannten Telegrafennetze den gesamten Erdball.[18]

Gegen Ende der 1870er-Jahre brachte das Telefon eine weitere Möglichkeit der Kommunikation. Anders als beim Telegrafen, der die Nachrichten codiert sendete, wurde beim Telefon das gesprochene Wort direkt übermittelt. Das elektromagnetische System des Amerikaners Graham Bell setzte sich schnell durch. Im Gegensatz zu den weiträumigen Telegrafenlinien hatten die Fernsprechnetze bis zur Jahrhundertwende aber nur regionale Bedeutung.[19]

Die Entdeckung elektromagnetischer Wellen durch Heinrich Hertz 1887 und deren Anwendung für die drahtlose Telegrafie durch Guglielmo Marconi lösten eine revolutionäre Entwicklung in der Kommunikationstechnik aus.[20] Die Existenz solcher Wellen hatte Maxwell bereits aus seinen Gleichungen abgeleitet und war zum Ergebnis gekommen, dass sich diese Wellen mit Lichtgeschwindigkeit ausbreiten. Im Jahre 1897 übertrug Marconi Zeichen per Funk über eine Strecke von fünf Kilometern, 1899 konnte er mit seinen Versuchsapparaten bereits den Ärmelkanal überbrücken, und nach weiteren zwei Jahren erreichte das erste transatlantische Signal drahtlos Nordamerika.[21] Gespannt und mit großen Erwartungen verfolgte die Öffentlichkeit, wie sich die Möglichkeiten des weltweiten Nachrichtenaustauschs rasant erweiterten.

Wer hat nicht schon von der Funkentelegrafie gehört, welche ohne Benutzung von Drahtleitungen telegrafische Zeichen in die Ferne zu geben gestattet, und wer hat nicht schon im Stillen den Wunsch gehabt, die Fernsprechkunst möge nicht vor den Weltmeeren Halt machen, sondern hinüberreichen auch auf die

---

[18] Hermann: Lexikon Geschichte der Physik, S. 369–370 (Telegraphie, elektrische); Oberliesen: Information, S. 82–129; Hermann: Weltreich, S. 192–201.

[19] Oberliesen: Information, S. 129–153.

[20] Hermann: Weltreich, S. 219–232; Hermann: Lexikon Geschichte der Physik, S. 150–151 (Hertz), 222–223 (Marconi).

[21] Oberliesen: Information, S. 153–164.

Abb. 9.4 Mitmach-Station: Elektromotor. Hier kann man das Funktionsprinzip einer elektromagnetischen Maschine kennen lernen. Der Einfachheit halber ist in der Mitte statt eines Elektromagneten ein Dauermagnet drehbar gelagert. Die drei Elektromagnete um ihn herum lassen sich per Knopfdruck ein- und ausschalten. Drückt man die Knöpfe nacheinander im richtigen Takt, dann wandert die Anziehungskraft der Magnete im Kreis, und der Magnetstab in der Mitte rotiert gleichmäßig mit. In der Praxis steuert die Stromversorgung der Magnete ein sogenannter Kommutator. (© TECHNOSEUM, Foto: Klaus Luginsland)

fernsten Inseln und Kontinente! Auch hierbei den Widerstand der Entfernung zu überwinden, ist das Streben der Elektrotechnik im neuen Jahrhundert.[22] (Weltausstellung Paris, 1900)

Elektromotoren und Generatoren

Neben der elektrischen Nachrichtentechnik entwickelte sich nach den Entdeckungen von Oersted, Ampère und Faraday ein weiterer Zweig der Anwendung von Elektrizität: die elektrische Antriebstechnik. Faraday hatte ja bereits durch fließenden Strom Bewegung erzeugt, wenn auch ohne nutzbare Leistung. Doch bald danach, 1834/1835, baute der deutsch-russische Physiker und Ingenieur Moritz Hermann Jacobi eine elektromagnetische Maschine, die für Antriebszwecke geeignet war. Sie beruhte auf dem Prinzip abwechselnder Anziehung und Abstoßung von Elektromagneten, die immer synchron mit der Drehung des Motors umgepolt wurden (Abb. 9.4). Den Strom lieferte eine Batterie. Jacobi machte seinen Elektromotor leistungsfähiger und führte

---

[22] Malkowsky: Pariser Weltausstellung, S. 12.

ihn 1839 auf der Newa bei St. Petersburg vor. Der Motor trieb ein Schaufel-
radboot an, das bis zu vierzehn Personen transportieren konnte. Wieder war
es ein Schiff, mit dem die neue Antriebstechnik für Fahrzeuge demonstriert
wurde, wie es Papin bereits mit der Dampfkraft vorgeschwebt hatte und
dann in Großbritannien zuerst realisiert worden war. Fortbewegungs-Effekte
ließen sich eben nach wie vor auf dem Wasser auch mit geringen Leistungen
am einfachsten erzielen. Jacobi war zu dieser Zeit noch in weiteren zukunfts-
trächtigen Gebieten der Stromanwendung tätig. Er entwickelte die Technik
des Galvanisierens, also die Herstellung von Überzügen auf Metallen, und die
Galvanoplastik, die Nachbildung von Gegenständen.[23]

Zur Jahrhundertmitte wuchs der Bedarf an leistungsfähigen Stromquellen
vor allem durch Telegrafie, Galvanotechnik und die Installation tagheller
Lichtbogenlampen auf öffentlichen Plätzen, in Theatern oder auf Leucht-
türmen[24] und stieß die Suche nach Alternativen zum aufwendigen und
kostspieligen Batteriebetrieb an. Dieser wurde nun teilweise ersetzt durch
magnetelektrische Dynamomaschinen mit Wasser- oder Dampfantrieb. Sie
beruhten auf dem Faraday'schen Induktionsprinzip. Den Durchbruch auf
dem Gebiet der Stromerzeugung durch mechanische Energie und zugleich
den Aufschwung der Starkstromtechnik markiert das dynamoelektrische
Prinzip von Werner Siemens aus dem Jahre 1866. Nach diesem Prinzip
schuf er einen Generator großer Leistungsfähigkeit. Er speiste die Elektromagnete mit dem erzeugten Strom, was die Leistung des Generators weiter
steigerte und damit wiederum den Strom für die Magnete verstärkte und so
fort, bis die Sättigung der Magnete erreicht war.[25]

Da die Effekte, wie Siemens schrieb, „bei richtiger Konstruktion kolossal"
werden müssten, sah er in seiner Dynamomaschine ein Mittel, „elektrische
Ströme von unbegrenzter Stärke auf billige und bequeme Weise überall da
zu erzeugen, wo Arbeitskraft disponibel ist", also mechanische Energie zum
Antrieb eines Generators zur Verfügung stand.[26] Das konnten Wasserräder,
Dampfmaschinen oder Turbinen für Wasser- und Dampfbetrieb sein. Man
musste dann nur noch Mittel und Wege finden, diesen Starkstrom möglichst verlustarm auch über längere Distanzen dorthin zu transportieren, wo
er gebraucht wurde, und damit die Verteilung von Antriebskraft weiter zu
verfeinern.

---

[23] Lindner: Strom, S. 91–99, 109–113.
[24] Lindner: Strom, S. 72–76.
[25] Lindner: Strom, S. 117–122.
[26] Zitiert nach Lindner: Strom, S. 121, 131.

Strom überall und jederzeit

Die erste Übertragung von Starkstrom fand 1882 während der internationalen Elektrizitätsausstellung in München statt. Eine dampfbetriebene Dynamomaschine erzeugte in Miesbach Gleichstrom mit 2200 Volt. Dieser wurde dann über eine Entfernung von 57 Kilometern in den Münchner Glaspalast geleitet. Dort brachte er eine Dynamomaschine gleichen Typs zum Laufen, die als Motor arbeitete, denn elektrische Maschinen funktionieren in beide Richtungen: Treibt man sie mit mechanischer Energie an, erzeugen sie als Generatoren elektrische Energie, speist man sie mit Strom, wirken sie als Motoren (Abb. 9.5). Obwohl der Wirkungsgrad nur 22 Prozent betrug und der Strom mit Dampf erzeugt worden war, wollte der Organisator Oskar von Miller mit diesem Versuch demonstrieren, dass man ungenutzte Wasserkräfte in Bayern an jeden Ort bringen konnte, wo mechanische Leistung benötigt wurde.[27]

Wie die erste internationale Elektrizitätsausstellung, die 1881 in Paris stattgefunden hatte, übten auch die nachfolgenden eine gewaltige Faszination auf das Fachpublikum und die interessierte Öffentlichkeit aus. Sie waren Schaufenster einer neuen Zeit voll technischer Wunder. Ihre Auslagen zeigten, welch tief greifender Wandel des öffentlichen und privaten Lebens durch die Elektrifizierung anhub. In Paris hatte die Glühlampe von Thomas Alva Edison Aufsehen erregt, in München war es die Kraftübertragung. Insbesondere der Münchner Ausstellung schrieb von Miller eine noch weiter reichende Wirkung zu.

> Die Bedeutung der Ausstellung lag darin, dass von ihr eine außerordentliche Förderung der elektrotechnischen Industrie ausging, die Beleuchtung von Theatern, Läden und Wohnungen wurde ungeheuer gefördert, die Einrichtung von elektrischen Antriebsmaschinen, die Errichtung von Telefonzentralen nahm von dieser Ausstellung an einen außerordentlichen Aufschwung. [...] Sie schloss einerseits die Periode des Versuchens und Probierens ab uns bildete anderseits den Ausgangspunkt einer Zeitepoche, in welcher die Elektrizität aus dem Studierzimmer der Gelehrten und dem Laboratorium der Erfinder herausgeführt wurde und zur praktischen Anwendung in Haus und Hof, für Industrie und Landwirtschaft heranreifte.[28] (Oskar von Miller, 1932)

---

[27] Lindner: Strom, S. 197–198; Hermann: Weltreich, S. 202–207.
[28] Miller: Erinnerungen, S. 174, 177.

Abb. 9.5 Mitmach-Station: Elektromotor – Generator. Zwei baugleiche elektrische Maschinen sind durch Leitungen miteinander verbunden. Jede kann sowohl Generator als auch Motor sein. Beide haben Kurbeln zum Antreiben. Dreht man die Kurbel einer der Maschinen, egal welcher, dann wird sie zum Generator. Dessen Strom dreht die andere Maschine mit, die nun als Motor fungiert. Belastet man diesen Motor, indem man ihn zum Beispiel mit der Hand bremst, dann lässt sich der Generator sofort schwerer drehen. Die Belastung des Motors überträgt sich also direkt auf den Generator.

Diese Doppelfunktion elektrischer Maschinen als Motor und Generator wird heutzutage genutzt in Pumpspeicherwerken. Bei Überangebot von Strom arbeiten sie im elektromotorischen Pumpbetrieb und fördern Wasser in höher gelegene Stauseen. Wird wieder mehr Strom gebraucht, so wandeln sie die gespeicherte Wasserkraft im Generatorbetrieb erneut in elektrische Energie zurück. (© TECHNOSEUM, Foto: Klaus Luginsland)

Um diese Zeit begann der Bau von zentralen Kraftwerken, nachdem bis dahin Strom vor Ort direkt beim Verbraucher erzeugt worden war. Edison machte 1882 in New York den Anfang. Die erste deutsche Kraftzentrale nahm 1885 in Berlin ihren Betrieb auf. Der Bedarf an Elektrizität stieg, die Vielfalt ihrer Anwendungen nahm rapide zu. Mit der Elektrotechnik entstand ein völlig neuer Industriezweig. Die erste elektrische Lokomotive wurde bereits 1879 auf der Berliner Gewerbeausstellung vorgestellt, 1880 stieg in Mannheim der erste elektrische Aufzug in die Höhe, und 1881 fuhr in Berlin-Lichterfelde die erste elektrische Straßenbahn.

Bemerkenswert ist, dass für den Einsatz von Elektromotoren in der Produktion die gleichen Argumente ins Feld geführt wurden wie für die kleinen Gaskraft- und Heißluftmaschinen einige Jahre zuvor. Nachdem Handwerk und Kleingewerbe durch Großbetrieb und Massenfertigung massiv unter Druck geraten waren, hatte man den kleinen Betrieben günstige Antriebsmaschinen zur Verfügung stellen wollen. Inzwischen war die elektrische Antriebstechnik so weit entwickelt worden, dass auch in sie große Erwartungen gesetzt wurden bezüglich der Hilfe für Kleinbetriebe. Siemens wies hier auf die soziale Bedeutung der Stromversorgung hin.

> Durch die elektrische Kraftübertragung kann der städtischen Bevölkerung billige Arbeitskraft auf mühelosem Wege zugeführt werden. Dadurch wird die kleine Werkstatt, der einzelne in seiner Wohnung arbeitende Arbeiter, in die Lage gebracht, seine persönliche Arbeitskraft besser zu verwerten und mit den Fabriken, welche die benötigte Arbeitskraft durch Dampf- und Gasmaschinen billig herstellen, zu konkurrieren. Es wird dieser Umstand mit der Zeit einen vollständigen Umschwung unserer Arbeitsverhältnisse zugunsten der Klein-industrie hervorbringen.[29] (Werner Siemens, 1889)

Bei der Eröffnungsfeier zur internationalen Elektrotechnischen Ausstellung in Frankfurt am Main 1891 kam sogar die Hoffnung zum Ausdruck, „einen Teil der Sünde, welche das Zeitalter des Dampfes an der Menschheit ver-schuldet hat, im Zeitalter der Elektrizität wieder gut zu machen, [...] wenn wir dem Einzelnen in sein Haus und seine Werkstätte die teilbare Kraft hineinleiten". Dies wäre eine Errungenschaft, wie sie in der Weltgeschichte noch nicht da gewesen sei.[30] Nur wenige Jahre also, nachdem man das Zeitalter des Dampfes noch überschwänglich gefeiert hatte, sprach man bereits von dessen Schuld und Sünde, jetzt, da man sich im Besitz eines – wiederum technischen – Mittels wähnte, die sozialen Verwerfungen, die der Dampfbetrieb mit sich gebracht hatte, zu glätten.

Je mehr elektrische Anlagen man mit Strom versorgen musste und je mehr Elektrizitätswerke dafür erforderlich wurden, desto drängender stellte sich die Frage, welche Stromart künftig einheitlich verwendet werden sollte:

---

[29] Zitiert nach Klemm: Technik, S. 368–369.
[30] Elektrotechnische Ausstellung Frankfurt, S. 35.

Gleichstrom oder Wechselstrom? Gleichstrom ließ sich im Gegensatz zu Wechselstrom einfach in Batterien speichern. Wechselstrom wiederum war einfach zu transformieren; man konnte ihn mit hoher Spannung und kleiner Stromstärke, also geringen Verlusten, zu den Verbrauchern übertragen und dort auf die erforderliche niedrigere Betriebs-Spannung bringen.

Die Entscheidung in dieser Frage brachte die Frankfurter Elektrotechnische Ausstellung 1891 mit einer beeindruckenden Demonstration der Kraftübertragung. Drehstrom, also Dreiphasenwechselstrom, wurde mit Turbine und Generator im Wasserkraftwerk Lauffen am Neckar erzeugt, dann auf 8000 Volt Übertragungsspannung hochtransformiert und über 175 km nach Frankfurt am Main geleitet. Dort brachte er, wieder heruntertransformiert, tausend Glühlampen zum Leuchten und betrieb die Pumpe für einen Wasserfall: eine Umwandlung also von Wasserkraft über mehrere Stufen wieder in Wasserkraft. Der Gesamt-Wirkungsgrad betrug rund 75 Prozent. Damit war die Frage, mit welcher Stromart elektrische Energieversorgungsnetze künftig betrieben werden sollten, entschieden zugunsten des Wechselstroms. Von Miller, der das Projekt geleitet hatte, sah als erwiesen an, dass es möglich war, „nicht nur ganze Städte von einer Zentrale aus mit elektrischem Strom zu versorgen, sondern über ganze Provinzen und Länder die Elektrizität zu verteilen".[31] Die technischen Voraussetzungen für flächendeckende Stromversorgungsnetze, auch zum Ausgleich von Verbrauchs-Schwankungen, waren also gegeben. Angemerkt sei hier, dass man heute auch mit Hochspannungsgleichstrom elektrische Energie verlustarm über große Entfernungen leiten kann.

Das Zeitalter der Elektrizität

Die Anwendung der Elektrizität im Alltag nahm einen stürmischen Aufschwung. Die „elektrische Zukunftsküche", als neues Wunder auf der Weltausstellung in Chicago 1893 präsentiert,[32] sollte allerdings, wie die Elektrifizierung des gesamten Haushalts, erst im zwanzigsten Jahrhundert Breitenwirkung entfalten. Dennoch: Dieselbe Begeisterung, mit der man 1875 den hundertsten Geburtstag der ersten Auslieferung Watt'scher Dampfmaschinen gefeiert hatte, wurde bereits zwei Jahrzehnte später den

---

[31] Zitiert nach Lindner: Strom, S. 210, 206–211.
[32] Thiergarten: Chicago, S. 100.

Errungenschaften der Elektrizität und ihren vielfältigen Anwendungs-
möglichkeiten entgegengebracht.

> Es ist noch nicht lange her, da nannte man unsre Zeit „das Jahrhundert des
> Dampfes", und mit Recht, denn in erster Reihe hat ja die Dampfmaschine die
> modernen Erwerbs- und Verkehrsverhältnisse gestaltet. Kaum ist aber Sklave
> „Dampf" zu voller Kraft herangewachsen, da tritt eine junge Riesin in den
> Dienst der Menschheit, die dem Anschein nach mit Bruder Dampf einträchtig
> zusammen für ihre Herren arbeiten will, in Wirklichkeit aber darauf ausgeht,
> ihn ganz zu verdrängen. Das ist die Elektrizität. [...] Man sieht es ihr nicht
> mehr an, dass sie ihre langen Kinderjahre in den Laboratorien zugebracht
> hat und stille Gelehrte ihre ersten Schritte geleitet haben. [...] Und so ist es
> gekommen, dass der arme Dampf schon heute in der Meinung der Menge
> entthront und ihm die Würde aberkannt worden ist, dass das Jahrhundert
> nach ihm benannt werde. Nicht mehr das „Jahrhundert des Dampfes", nein,
> das „Zeitalter der Elektrizität" will die Jetztzeit genannt sein.[33] (Arthur Wilke,
> 1893)

Vor allem die universelle Anwendbarkeit weitab vom Ort ihrer Erzeugung
gab der Elektrizität den Vorzug gegenüber dem Dampf, der auf die Nähe
seines Kessels angewiesen war und „im Grunde genommen nur kräftig
schieben kann", wie es hieß.[34] Er lieferte lediglich mechanische Bewegung,
während die Elektrizität jede benötigte Energieform bereitstellte: Antriebskraft, Licht, Wärme, Energie für chemische Prozesse. Dennoch benötigte
man natürlich auch weiterhin alle herkömmlichen mit Wasser oder Dampf
betriebenen Kraftmaschinen, denn die Generatoren für die Stromerzeugung
brauchten einen Antrieb. Das spielte sich jedoch gewissermaßen hinter den
Kulissen ab; die große Bühne gehörte der Elektrizität – auch im wörtlichen
Sinne, denn hell strahlend löste sie in den Theatern das brandgefährliche
Gaslicht ab.

Dass sich Erzeugungsort und Verwendungsort elektrischer Energie
auch mit Hilfe von Batterien trennen ließen, machte man sich zunutze
beim elektromotorischen Antrieb von Automobilen. In den 1890er-Jahren
war noch offen, welchen Automotoren die Zukunft gehören würde: dem
Elektromotor, dem Verbrennungsmotor oder dem Dampfmotor. Zur Jahrhundertwende fuhr beispielsweise in den USA nur jedes fünfte Automobil
mit Verbrennungsmotor, die anderen wurden je zur Hälfte elektrisch oder

---

[33] Wilke: Elektrizität, S. 1–2.
[34] Wilke: Elektrizität, S. 2.

mit Dampf betrieben.[35] Wie sehr die Motoren in Konkurrenz zueinander standen, zeigte auch die Pariser Weltausstellung von 1900 in der Abteilung Verkehrswesen.

> Die Vorzüge der Elektromobile für den Verkehr innerhalb großer Städte sind bekannt; sie bestehen gegenüber dem Benzinwagen in der nahezu vollständigen Geräuschlosigkeit des Ganges, in der Geruchlosigkeit, in der geradezu idealen Abstufungsfähigkeit der Geschwindigkeit (Regulierbarkeit), in der leichten Bedienbarkeit, welche weniger mechanische Kenntnisse und Geschicklichkeit erfordert als zur Bedienung und Unterhaltung eines Benzinautomobils erforderlich sind, in der Feuersicherheit und in der leichten und sofortigen Ein- und Ausschaltbarkeit beim Halten und Anfahren.[36] (Weltausstellung Paris, 1900)

Der Berichterstatter resümierte, nach dem gegenwärtigen Stande des Automobilismus entspreche das Elektromobil mehr den Anforderungen im Straßenverkehr als die mit Verbrennungsmotoren betriebenen Fahrzeuge – trotz zahlreicher Mängel, die ihm noch anhafteten und seiner erweiterten Einführung im Wege stünden. Das Hauptproblem ging von den Akkumulatoren aus: Die Fahrzeuge waren schwer, teuer und hatten geringere Reichweiten als Benzinautos – Probleme, an deren Lösung bis heute immer noch intensiv gearbeitet wird.[37]

Hatte man bereits an die Einführung von Dampfschiff und Eisenbahn kulturfördernde und völkerverbindende Visionen geknüpft, so stiegen solche Erwartungen noch mit Telegrafie und Telefon. Den „Kulturzustand der Nationen" beurteilte man nach dem Entwicklungsgrad des geistigen und materiellen Verkehrs: „Verkehr und Kultur verhalten sich wie Blutumlauf und Gehirntätigkeit im menschlichen Körper."[38] Die modernen Verkehrs- und Kommunikationstechniken waren selbst schon das Ergebnis internationaler Zusammenarbeit. Aus den Laboratorien und Werkstätten diesseits und jenseits des Atlantiks stammten die grundlegenden Erkenntnisse. Kooperation und Konkurrenz förderten den Austausch von Ideen über Ländergrenzen hinweg. Auf den großen Weltausstellungen und internationalen Elektrizitätsausstellungen präsentierten die Nationen zwar ihre

---

[35] Eckermann: Auto, S. 61.
[36] Welt-Ausstellung Paris, S. 286.
[37] Welt-Ausstellung Paris, S. 285–300.
[38] Weltausstellung Chicago, S. 102.

neuesten Errungenschaften voller Stolz, doch zugleich wurde deutlich: Die Industrialisierung war ein völkerumspannendes Gemeinschaftsprojekt, das aus damaliger Sicht schon weit gediehen war, wenn es auch vom heutigen Globalisierungsgrad aus betrachtet gerade erst begonnen hatte.

> Die Nutzbarmachung des Dampfes ließ in den Dampfschiffen und Eisenbahnen Förderungsmittel erstehen, die den Transport der Güter billig und schnell vermitteln; der elektrische Funken eilt mit Blitzesschnelle auf den ihm bereiteten Wegen, der Grenzpfähle spottend, von Land zu Land, taucht in die Tiefen der Weltmeere und knüpft, ein friedlicher Bote, das völkerverbindende Band über Land und Meer. Mit seinen Errungenschaften: Dampfschifffahrt, Eisenbahnen, elektrischen Telegrafen, mit der Weltpost und dem Fernsprechwesen hat das neunzehnte Jahrhundert die früheren Begriffe von Raum und Zeit über den Haufen geworfen und die entlegensten Länder in fast unmittelbare Berührung gebracht.[39] (Weltausstellung Chicago, 1893)

Die Industrialisierung von Raum und Zeit, die Entfremdung von tages- und jahreszeitlichen Rhythmen durch künstliches Licht und immer verfügbare Energie jedweder Art, die Allgegenwart der Uhr als Taktgeber, Koordinierungs- und Kontrollmittel im Privaten wie in der Arbeitswelt: Dies alles machte das Leben nicht gerade beschaulicher – im Gegenteil, es führte zu einer Beschleunigung des Zeitempfindens, einem bis zur Nervosität gesteigerten Lebenstempo.[40] Die weltweit vertaktete Uhr war Synchronisierungsinstrument des modernen Industriezeitalters geworden, zumal einer sich formierenden Arbeitsgesellschaft, in der Zeitdisziplin und ökonomisch produktives Tätigsein die Werteskala dominierten und in der Devise herrschte: Zeit ist Geld.

Die Elektrizität samt ihrer Anwendungen lässt sich aus unserem Alltag nicht mehr wegdenken. Zugleich aber ist ihre Funktion für Nicht-Fachleute kaum mehr durchschaubar, und sie entzieht sich auch weitgehend mechanistischen Vorstellungen und Erklärungsversuchen, anders als jene Maschinen, die vor ihr Einzug hielten in die Lebens- und Arbeitswelt. Was das für den alltäglichen Umgang mit Technik bedeutet, erläuterte der Soziologe Max Weber 1919 am Beispiel der elektrischen Straßenbahn.

---

[39] Weltausstellung Chicago, S. 102.
[40] König: Massenproduktion und Technikkonsum, S. 542–543.

Machen wir uns zunächst klar, was denn eigentlich diese intellektualistische Rationalisierung durch Wissenschaft und wissenschaftlich orientierte Technik praktisch bedeutet. [...] Wer von uns auf der Straßenbahn fährt, hat – wenn er nicht Fachphysiker ist – keine Ahnung, wie sie das macht, sich in Bewegung zu setzen. Er braucht auch nichts davon zu wissen. Es genügt ihm, dass er auf das Verhalten des Straßenbahnwagens „rechnen" kann, er orientiert sein Verhalten daran; aber wie man eine Trambahn so herstellt, dass sie sich bewegt, davon weiß er nichts. [...] Die zunehmende Intellektualisierung und Rationalisierung bedeutet also nicht eine zunehmende allgemeine Kenntnis der Lebensbedingungen, unter denen man steht. Sondern sie bedeutet etwas anderes: das Wissen davon oder den Glauben daran: dass man, wenn man nur wollte, es jederzeit erfahren könnte, dass es also prinzipiell keine geheimnisvollen unberechenbaren Mächte gebe, die da hineinspielen, dass man vielmehr alle Dinge – im Prinzip – durch Berechnen beherrschen könne. Das aber bedeutet: die Entzauberung der Welt.[41] (Max Weber, 1919)

Die Kenntnisse über die Lebensbedingungen in einer wissenschaftlich-technischen Welt wurden und werden in der Tat immer mehr zu Expertenwissen. Die elektrischen Geräte zum Beispiel sind Produkte einer verwissenschaftlichen Technik, von Spezialisten entwickelt und so hergestellt, dass Nutzer sich ihrer bedienen können, ohne die Funktionszusammenhänge durchschauen zu müssen. Und nicht erst die wissenschaftliche Erklärung, sondern schon dass die Dinge so funktionieren wie erwartet, nimmt ihnen viel von ihrem anfänglichen Zauber. Für die Verwendung im Alltag genügt den meisten von uns, sich auf das Funktionieren der Gerätschaften verlassen zu können und dies als selbstverständlich zu nehmen. Diese Form der Alltagstauglichkeit bestimmt die Technik bis heute: Gewöhnung ersetzt Verstehen – und fördert Abhängigkeiten.

---

[41] Weber: Wissenschaft, 1919, S. 15–16.

10

Aufstieg in die Lüfte – Erfüllung des Traums vom Fliegen

Schweben im Luftmeer

Noch bevor das Jahrhundert der Verkehrsrevolution zu Lande und zu Wasser endete, gab es die ersten erfolgversprechenden Versuche, sich nach dem Vorbild der Vögel in die Lüfte zu erheben. Deren Flugmechanik hatte Leonardo schon vierhundert Jahre früher studiert, als er seine Flugapparate ersann, die allerdings nicht über die Entwurfsphase hinauskamen. Als man im Zuge der Mechanisierung des Weltbildes den Körper von Mensch und Tier als Maschinerie zu verstehen suchte und erkannte, dass in lebenden Körpern dieselben Naturgesetze wirken wie in der unbelebten Natur, analysierte der italienische Arzt und Physiker Giovanni Alfonso Borelli biophysikalisch die Mechanik des Vogelflugs.

In seiner Abhandlung über „Die Bewegung der Tiere" von 1680 resümierte Borelli, dass der Mensch nie wie ein Vogel aus eigener Kraft mit künstlichen Schwingen fliegen könne, denn Körpergewicht und Muskulatur setzten hier harte Grenzen. Drei Jahrhunderte nach Borelli gelang es, Fluggeräte aus modernen, extrem leichten und stabilen Materialien zu bauen; sie ermöglichten tatsächlich, allein per Muskelkraft längere Strecken zu fliegen, zum Beispiel den Ärmelkanal zu überqueren. Doch Borelli behielt insofern recht, als solche Flugbewegungen nicht nach Art der Vögel mit den Brustmuskeln zustande kamen, sondern primär durch die Kraft der Beine, ähnlich wie beim Radfahren.[1]

---

[1] Wikipedia: Muskelkraft-Flugzeug.

© Springer-Verlag GmbH Deutschland, ein Teil von Springer Nature 2022
G. Zweckbronner, *Aufbruch ins Industriezeitalter – Zukunftswerkstätten der Neuzeit*,
https://doi.org/10.1007/978-3-662-60542-4_10

Es ist klar, dass die Kraft der Brustmuskeln beim Menschen zum Fliegen viel zu klein ist […] und niemals wird daher ein durch Muskelkontraktion bewegter Flügel genügend Kraft entwickeln, um den schweren Körper eines Menschen zu tragen.[2] (Giovanni Alfonso Borelli, 1680).

Wir erinnern uns: Um dieselbe Zeit, in den 1670er-Jahren, experimentierte Huygens mit seiner Schießpulvermaschine und hielt es für möglich, dass sie dereinst sogar Luftfahrzeuge antreiben könnte. Nach Borellis Einschätzung bestünde die einzige Möglichkeit zu fliegen darin, das Gewicht des menschlichen Körpers zu verringern, indem man ihn mit einem Gefäß verbindet, das leichter ist als Luft. Dann könnte er schweben, so wie ein Fisch im Wasser dank seiner luftgefüllten Schwimmblase. Es gab seinerzeit Vorschläge, ein so großes Gefäß zu bauen und luftleer zu pumpen, „dass es sich selbst und die Last des daran hängenden Menschen tragen kann". Doch solch ein Gefäß zu bauen und zu evakuieren hielt Borelli für unmöglich: Aus Gewichtsgründen dürfte es nur ganz dünne Wände haben, und diese würden dem äußeren Luftdruck nicht standhalten.[3]

Dass man sich trotzdem vom Grunde des Luftmeeres, auf dem wir nach den Worten Torricellis leben, schwebend erheben konnte, bewiesen gut hundert Jahre später die Brüder Joseph Michel und Jacques Étienne Montgolfier. Wie sich zeigte, brauchte es dazu kein evakuiertes Gefäß. Es genügte, Luft in einem unten offenen Ballon zu erwärmen (Abb. 10.1). Dadurch verringerte sich ihre Dichte, sie wurde leichter als die kühlere Luft der Umgebung und erhielt Auftrieb. Zunächst ließen die Montgolfiers 1783 einen unbemannten Heißluft-Ballon aufsteigen und bewiesen damit, dass man mit Leichter-als-Luft-Fahrzeugen tatsächlich fliegen konnte. Noch im selben Jahr vertrauten sich erstmals Menschen solch einem Ballon an.[4]

Der Nachteil dieser Heißluft- und Gasballone war, dass sie kaum lenkbar im Wind trieben. Doch wenn man mit ihnen schon nicht fliegen konnte wie ein Vogel, so ermöglichten sie es wenigstens, dessen Perspektive einzunehmen – wie etwa auf der Pariser Weltausstellung von 1878: Ein Fesselballon stieg bis zu sechshundert Metern hoch und bot Besuchern vogelperspektivische Blicke auf die gesamte Metropole, die sich wie ein Stadtplan unter ihnen ausbreitete.[5]

---

[2] Zitiert nach Klemm: Technik, S. 177.

[3] Klemm: Technik, S. 177–178.

[4] Rathjen: Luftverkehr, S. 499.

[5] Die Gartenlaube: Ballon Pariser Weltausstellung; Weber: Reich der Technik, S. 171–188.

Abb. 10.1 Mitmach-Station: Heißluft-Ballon. Heizt man die Luft im Ballon auf und löst ihn dann aus seiner Verankerung, steigt er nach oben. Je größer der Temperatur-Unterschied zwischen der Luft im Ballon und der umgebenden Raumluft ist, desto schneller und höher steigt er. Wenn sich seine Luftfüllung wieder abkühlt, sinkt er zur Basis-Station zurück.

Beim Erhitzen dehnt sich die Luft im Ballon aus. Da er unten offen ist, entweicht die Luftmenge, die nicht mehr in sein Volumen passt. Deshalb wird der Ballon mit seiner Luftfüllung immer leichter. Die umgebende Luft hingegen übt eine gleich bleibende Auftriebskraft aus. Diese ist so groß wie das Gewicht der umgebenden Raumluft, die der Ballon durch sein Volumen verdrängt. Unterschreitet das abnehmende Gewicht des Ballons die konstante Auftriebskraft, dann steigt er – so wie zum Beispiel ein Kork im Wasser schwimmt. (© TECHNOSEUM, Foto: Klaus Luginsland)

Herz, was begehrst Du mehr? Deinen alten Wunsch, einmal wie ein Vogel mit den Wolken dahin zu schweben, hier kannst Du ihn ohne Gefahr und Sorge, in kurzer Zeit und um ein Geringes erfüllen, zu Deinen Füßen die ganze Welt – denn in diesen Tagen vereinigt das moderne Babel alle

Nationen – liegen sehen, und dabei so sanft fahren, dass es Dir keine Eisenbahn, kein Schlitten, ja kein Nachen in Zukunft mehr recht machen wird.[6] (Die Gartenlaube, 1878).

Die große Zeit der Luftschiffe begann erst an der Wende zum 20. Jahrhundert. Das erste Luftschiff LZ 1 des Grafen Zeppelin stieg 1900 am Bodensee auf. Das Problem der Manövrierbarkeit war gelöst, denn die Luftschiffe wurden mit Verbrennungsmotoren angetrieben. Sie waren nicht mehr mit Heißluft gefüllt, sondern mit einem Gas, das auch bei Umgebungstemperatur schon leichter ist als Luft: Helium oder Wasserstoff. Die nun einsetzende Verkehrs-Luftschifffahrt fand 1937 ein jähes Ende, als die LZ 129 bei der Landung in Lakehurst (USA) explodierte.[7] Luftschiffe und Ballons werden aber nach wie vor verwendet, etwa in der Erforschung der Erdatmosphäre, als Sport- und Rekordgeräte oder für Werbe- und Vergnügungsfahrten. Möglicherweise wird man künftig mit großen Transport-Luftschiffen schwere Lasten in unwegsame Gebiete bringen können.

Der Vogelflug als natürliches Vorbild

Zukunftsfähiger für den Flugverkehr war eine andere Entwicklung. Einige Jahre bevor das erste Luftschiff vom Boden abhob, machten Otto Lilienthal und sein Bruder Gustav in Berlin bereits Flugversuche mit Geräten, die schwerer waren als Luft. Ist die Ballonfahrt physikalisch gesprochen eine Anwendung des aerostatischen Auftriebs, so nutzt man mit dem Flugzeug aerodynamische Kräfte der strömenden Luft. Daniel Bernoulli, der schweizerische Mathematiker, hatte 1738 in seiner „Hydrodynamica" den Zusammenhang zwischen Strömungsgeschwindigkeit und Druck von reibungsfreien, inkompressiblen Flüssigkeiten und Gasen formuliert. Dabei ging er aus vom Prinzip der lebendigen Kräfte, dem Satz von der Erhaltung mechanischer Energie. Demzufolge ist der Druck umso kleiner, je größer die Strömungsgeschwindigkeit und damit die Bewegungsenergie ist. So lässt sich erklären, warum schnell strömende Luft eine Sogwirkung entfaltet (Abb. 10.2), die zur Auftriebskraft werden kann.[8]

---

[6] Die Gartenlaube: Ballon Pariser Weltausstellung, S. 760.

[7] Rathjen: Luftverkehr, S. 500.

[8] Szabó: Mechanische Prinzipien, S. 159–165; Roth, Stahl: Mechanik und Wärmelehre, S. 396.

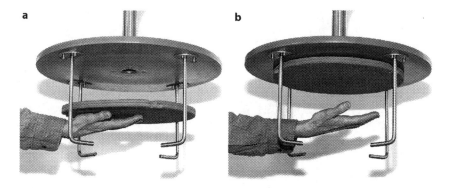

Abb. 10.2 Mitmach-Station: Sogwirkung der Luft. Aus der Öffnung strömt Luft nach unten gegen die lose Platte. Hebt man diese gegen den Luftstrom nach oben (a), dann beginnt sie dicht vor der Ausström-Öffnung frei zu schweben (b). Das ist überraschend, denn man hätte wohl erwartet, dass die Platte beim Anheben immer kräftiger nach unten gedrückt und nicht angesaugt wird. Den Grund für dieses Paradoxon der Aerodynamik liefert die Bernoulli'sche Formel. Die Luft trifft auf die Plattenmitte und strömt nach allen Seiten über den Rand weg. Je weiter die Platte nach oben geführt wird, desto schmaler wird der Spalt, durch den die Luft wegströmen kann, und desto schneller wird sie. Dabei sinkt ihr Druck sogar unter den der Raumluft, so dass diese die Platte nach oben drückt. (© TECHNOSEUM, Foto: Klaus Luginsland)

Verglichen mit Problemen der Aerostatik ist die technische Anwendung dynamischer Strömungsgesetze wesentlich komplizierter, etwa beim Entwickeln optimaler Flügelformen. Dies sollte auch Einstein noch schmerzlich erfahren. Das erste Motorflugzeug hatte sich schon längst in die Lüfte erhoben, als er 1916 daran ging, aus der Bernoulli-Gleichung ein neues Tragflächenprofil abzuleiten. Einstein trieb nämlich die Frage um, worauf die Tragfähigkeit von Flügeln beruht, und er hatte auch in der Fachliteratur keine befriedigende Antwort gefunden. Zu seiner Beschämung versagte die von ihm errechnete Tragfläche bei Testflügen im Jahr darauf völlig. Rückblickend meinte er, die Natur habe schon gewusst, warum sie Vogelflügel vorne gerundet und hinten scharfkantig gemacht habe.[9]

Genau auf diese Form der Vogelflügel waren die Brüder Lilienthal durch ihre praktischen Versuche und Messungen gekommen. Sie hatten systematisch mehrere Flügelprofile untersucht, maßen Luftwiderstands- und Auftriebskräfte bei verschiedenen Neigungswinkeln und Strömungsgeschwindigkeiten und fanden heraus, dass die einfache, leicht nach

---

[9] Padova: Schwerkraft, S. 238–240.

Abb. 10.3 Mitmach-Station: Stromlinien. Im Windkanal kann man beobachten, wie Luft einen gewölbten Flügel umströmt. Aus den Düsen sprühen feine Nebelfäden, die den Luftstrom nachzeichnen. An der gewölbten Oberseite des Profils verdichten sich die Stromlinien, die Luft strömt also schneller. Deshalb ist hier der Luftdruck kleiner als auf der Unterseite. Diese Druckdifferenz führt zum dynamischen Auftrieb. Die Auftriebskraft wird gesteigert, wenn man den Anstellwinkel des Profils vergrößert. Wird dieser Winkel allerdings zu groß, dann löst sich die Strömung ab und der Flügel verliert seine Tragfähigkeit. (© TECHNOSEUM, Foto: Klaus Luginsland)

oben gewölbte Tragfläche sich für ihre Flugversuche am besten eignete (Abb. 10.3). Diese Form war dem Vogelflügel am ähnlichsten.

Wer ein offenes Auge für die Wunder der Schöpfung besitzt, wird häufig Gelegenheit gefunden haben, die schönste aller Bewegungen, welche lebende Wesen auszuführen imstande sind, das kreisende Schweben der Vögel zu beobachten.[10] (Otto Lilienthal, 1890).

Nebenbei bemerkt: Eine eindeutige physikalische Erklärung, warum Flugzeuge fliegen können, suchte nicht nur Einstein vergeblich, es gibt sie bis heute noch nicht. Zu komplex ist das Zusammenwirken verschiedener Effekte, wie zum Beispiel des dynamischen Auftriebs nach Bernoulli oder der

---

[10] Schwipps: Hundert Sätze, S. 10.

Stoß- und Reaktionskräfte von anprallender Luft gegen die Unterseiten der angestellten Flügel, um nur zwei der anschaulichsten zu nennen. Jeder Effekt trägt zum Auftrieb bei, aber mit keinem allein kann man alles erklären.[11]

Otto Lilienthal fasste alle Ergebnisse zusammen in seinem Buch „Der Vogelflug als Grundlage der Fliegekunst" von 1889 und schuf damit ein Standardwerk des Flugwesens. Er wollte zeigen, „dass wirklich kein Naturgesetz vorhanden ist, welches wie ein unüberwindlicher Riegel sich der Lösung des Fliegeproblems vorschiebt". Im Gegenteil: Aus der Beobachtung der Vögel zog er den Schluss, „dass es mechanische Mittel geben muss, mit Hilfe derer ein freies, schnelles Fliegen durch die Luft erreicht werden kann".[12] Wie Leonardo, für den die Erfindungen der Natur an Schönheit und Einfachheit nicht zu übertreffen waren,[13] folgte auch Lilienthal dem Vorbild der Natur, die mehr zu bieten hat als Energie und Rohstoffe, nämlich evolutionär entwickelte bewährte Bauformen und Konstruktionsprinzipien. Mit der systematischen Übertragung solcher Erkenntnisse aus der Biologie auf die Technik befasst sich ab Mitte des 20. Jahrhunderts das neue, interdisziplinäre Forschungsfeld Bionik.[14]

> Wenn jedoch durch die Zergliederung eines von der Natur angewendeten Verfahrens, durch umfangreiche theoretische Betrachtungen und fast erschöpfende Elementarversuche ein von der Natur gewählter und bis zu wunderbaren Wirkungen entwickelter Vorgang nicht nur als das denkbar sinnreichste System sich herausstellt, sondern wenn auch mit Schärfe nachgewiesen werden kann, dass jede Abweichung von diesem natürlichen System große Nachteile in dem Gesamteffekt im Gefolge hat, so würde es doch eitel Torheit sein, wenn man bei den gleichen Zielen nicht auch das von der Natur gewählte System in Anwendung brächte.[15] (Otto Lilienthal, 1894).

Fasziniert beobachtete Otto Lilienthal Möwen, wie sie an der Meeresküste mit wenigen Flügelschlägen in bewegter Seeluft schwebten und manövrierten. Auch der Storch schien ihm wie „eigens dazu geschaffen, um in uns Menschen die Sehnsucht zum Fliegen anzuregen und uns als Lehrmeister in dieser Kunst zu dienen".[16] Doch der Weg vom Vorbild zur

---

[11] Roth, Stahl: Mechanik und Wärmelehre, S. 392–400.
[12] Lilienthal: Vogelflug, S. IV; Schwipps: Hundert Sätze, S. 11.
[13] Leonardo da Vinci: Philosophische Tagebücher, S. 103.
[14] Landesmuseum für Technik und Arbeit: Bionik.
[15] Schwipps: Hundert Sätze, S. 12.
[16] Lilienthal: Vogelflug, S. 137, 148.

gelungenen Nachahmung war mühsam. Dass man alle Tage vor Augen hatte, wie leicht und sicher die Vögel in der Luft sich bewegten, spornte zwar an, aber mit den Versuchen, es ihnen gleich zu tun, trat „unsere Stümperhaftigkeit elend zutage, und die Schwalben fliegen uns um den Kopf und lachen uns aus".[17]

Schritt für Schritt tastete sich Otto Lilienthal in den Jahren 1890 bis 1896 voran mit seinen über zweitausend Gleit- und Segelflügen, die ihn schließlich mehrere hundert Meter weit trugen – erste unsichere Kinderschritte, verglichen mit dem Gang des Menschen, wie er es nannte. Es zeigte sich aber: Die enge Orientierung am Flug der Vögel war nicht nur von Vorteil, sondern machte die Sache auch kompliziert. Denn Lilienthal wollte beide Funktionen ihrer Flügel technisch nachahmen: die Auftriebskraft durch die Luftströmung und die Vortriebskraft durch den Flügelschlag. Zunächst brachte er die Flügelschläge mit der Kraft seiner Beine zustande, im Grunde bereits vom Naturvorbild abweichend und die Biophysik des Menschen einbeziehend, die sich von der des Vogels deutlich unterscheidet.[18]

Im nächsten Schritt versuchte er, die Flügel mit einer kleinen, leichten Dampfmaschine sowie mit anderen Kleinmotoren anzutreiben. Auf den Gedanken, Propeller könnten „in gewissem Grade die Vorteile des Flügelschlages" bieten, mochte sich Lilienthal nur zögernd einlassen.[19] Und das hätte auch bedeutet, sich vom Vorbild des Vogelflugs noch weiter zu lösen und andere mechanische Prinzipien aufzugreifen, die sich etwa beim Schraubenantrieb von Schiffen schon bestens bewährt hatten.

Die Vision vom motorisierten Flugverkehr

Lilienthals erklärtes Ziel blieb der Motorflug. In Abgrenzung von den nicht steuerbaren Ballonfahrten hatte er bereits vor Aufnahme seiner Flugversuche postuliert, die Luftfahrt könne uns nur nützen, „wenn wir schnell und sicher durch die Luft dahin gelangen, wohin wir wollen, und nicht dahin, wohin der Wind will".[20] Er hatte auch die Entwicklung größerer Flugzeuge im Auge und wollte herausfinden, „ob unter Hinzuziehung motorischer

---

[17] Zitiert nach Klemm: Technik, S. 372–373.

[18] Schwipps: Hundert Sätze, S. 64, 46, 47.

[19] Schwipps: Hundert Sätze, S. 49, 51, 53.

[20] Lilienthal: Vogelflug, S. 158.

Elementarkräfte wohl gar der große Weltverkehr sich in die Luft wird verlegen lassen".[21] Dass dies in der Tat möglich war und Wirklichkeit wurde, erlebte Lilienthal nicht mehr. Bei einem Gleitflug 1896 verunglückte er tödlich. Eine Windböe hatte ihn erfasst und zu Boden geschmettert.

Die Entwicklung ging anderenorts weiter. Und wieder war es, nach den Brüdern Montgolfier und Lilienthal, ein Brüderpaar, das Pionierarbeit im Flugwesen leistete. Orville und Wilbur Wright in den USA griffen nach dem Absturz Lilienthals dessen Erkenntnisse auf und führten zunächst die Gleitflug-Versuche fort. Das erste Motorflugzeug starteten sie 1903. Sie hatten Auftrieb- und Vortriebfunktion der Flügel getrennt. Starre Tragflächen erzeugten den Auftrieb, ein Benzinmotor mit Propeller besorgte den Vortrieb. Damit war der Weg frei zum großen Weltflugverkehr, der Vision Otto Lilienthals.[22]

Doch für Lilienthal waren mit der Luftfahrt noch ganz andere Visionen verknüpft gewesen. Hatten schon die neuen Verkehrs- und Kommunikationsmittel des 19. Jahrhunderts wie Dampfschiff, Eisenbahn und Telegrafie hochgespannte Erwartungen geweckt, sie mögen die Kultur fördern, Völker verbinden und Frieden schaffen, so steigerte sich dies noch einmal bei Lilienthal.

Auch ich habe mir die Beschaffung eines Kulturelementes zur Lebensaufgabe gemacht, welches Länder verbindend und Völker versöhnend wirken soll. Unser Kulturleben krankt daran, dass es sich nur an der Erdoberfläche abspielt. Die gegenseitige Absperrung der Länder, Zollzwang und die Verkehrserschwerung ist nur dadurch möglich, dass wir nicht frei wie der Vogel auch das Luftreich beherrschen. Der freie, unbeschränkte Flug des Menschen, für dessen Verwirklichung jetzt zahlreiche Techniker in allen Kulturstaaten ihr Bestes einsetzen, kann hierin Wandel schaffen und würde von tief einschneidender Wirkung auf alle unsere Zustände sein. Die Grenzen der Länder würden ihre Bedeutung verlieren, weil sie sich nicht mehr absperren lassen; die Unterschiede der Sprachen würden mit der zunehmenden Beweglichkeit der Menschen sich verwischen. Die Landesverteidigung, weil zur Unmöglichkeit geworden, würde aufhören, die besten Kräfte der Staaten zu verschlingen, und das zwingende Bedürfnis, die Streitigkeiten der Nationen auf andere Weise zu schlichten als dem blutigen Kämpfen um imaginär gewordene Grenzen, würde uns den ewigen Frieden verschaffen.[23] (Otto Lilienthal, 1893).

---

[21] Schwipps: Hundert Sätze, S. 6.

[22] Schwipps: Lilienthals Korrespondenz, S. 198–201; Rathjen: Luftverkehr, S. 499–500.

[23] Schwipps: Hundert Sätze, S. 7.

Das große Luftreich in eine wirklich freie, weltumspannende, der Völker-
verständigung dienende Verkehrsstraße zu verwandeln und damit eine neue
Kulturepoche zu eröffnen – das hatte Lilienthal vor Augen.[24] Von einer
militärischen Verwendung sprach er nie und hatte sie wohl auch nicht im
Sinn. Die Realität sah dann bald ganz anders aus: Bereits im Ersten Welt-
krieg wurden Jagdflieger die neuen Kriegshelden, und späterhin warfen
Bomber grenzüberschreitend ihre tödliche Fracht in Gebieten ab, die man
zu Feindesland erklärt hatte. Wie jegliche Erfindung waren auch die Ver-
kehrs- und Kommunikationsmittel offen für nahezu beliebige Verwendung.
Ist eine Technik erst einmal in der Welt, so steht sie auch Zwecken zur Verfügung, für die sie ursprünglich gar nicht gedacht war. Sie potenziert das
Menschenmögliche – im Guten wie im Schlechten.

---

[24] Schwipps: Hundert Sätze S. 4, 8.

11

Die Welt im Kopf – Von optischen Täuschungen und virtuellen Realitäten

Bewegte Bilder

Fernrohr und Mikroskop zeigten bereits, wie der Gesichtssinn unsere Wahrnehmung prägt, im wahrsten Sinne des Wortes unser Welt-Bild. Zugleich machten sie aber die Grenzen des unmittelbaren Augenscheins deutlich. Auch unsere visuelle Wahrnehmungsgeschwindigkeit, unser zeitliches Auflösungsvermögen begrenzt das Bild, das wir uns von der gegenständlichen Welt machen. Sind Bewegungen zu schnell oder zu kompliziert, dann können wir ihnen nicht mehr folgen, ja wir nehmen sie oft gar nicht mehr wahr. Sie aufzuzeichnen gelang in der zweiten Hälfte des 19. Jahrhunderts mit Hilfe der Chronofotografie. Damit war Bewegung in einer Abfolge von Momentaufnahmen festgehalten. Das rasche zeitliche Nacheinander ließ sich nun auflösen in ein Nebeneinander von Einzelbildern, mit denen man Bewegungsabläufe analysieren konnte.[1]

Einer der Begründer dieser Chronofotografie war der französische Physiologe Étienne-Jules Marey. Er studierte Bewegungen von Tieren und auch von Menschen, zum Beispiel beim Gehen, Laufen, Tanzen, Springen oder bei handwerklichen Arbeiten. Seine Aufnahmen vom Vogelflug, die er 1890 veröffentlichte, bestätigten auf frappierende Weise die Beobachtungen August von Parsevals, eines anderen Flugpioniers, der die Mechanik des Vogelflugs ebenfalls intensiv erforscht hatte und im Grundsatz zu den gleichen Ergebnissen gekommen war wie Lilienthal. Begeistert schrieb von

---

[1] Hick: Optische Medien, S. 316–328; Wikipedia: Chronofotografie.

© Springer-Verlag GmbH Deutschland, ein Teil von Springer Nature 2022
G. Zweckbronner, *Aufbruch ins Industriezeitalter – Zukunftswerkstätten der Neuzeit*,
https://doi.org/10.1007/978-3-662-60542-4_11

Abb. 11.1 Mitmach-Station: Zoetrop. Dreht man den Zylinder in der markierten Richtung und betrachtet durch die Sehschlitze die Bilder auf der gegenüber liegenden Innenseite, dann nimmt man eine fortlaufende Bewegung wahr. Die Bilder zeigen einzelne Phasen des Schmiedens. Immer wenn ein Schlitz am Auge vorbeiläuft, gibt er für einen kurzen Moment den Blick frei auf ein Bild. Dies geschieht so rasch, dass man die einzelnen Phasenbilder nicht mehr auseinander halten kann. Es entsteht die Illusion einer fließenden, lückenlosen Bewegung – wie im Kino. (© TECHNOSEUM, Foto: Klaus Luginsland)

Parseval an Lilienthal, die Flügelstellung der fotografierten Möwe entspreche so genau seiner eigenen Darstellung, dass man glauben könnte, er habe diese nach dem Vorbild der Fotografie entworfen.[2]

Ein weiterer Wegbereiter der Chronofotografie war der britische Fotograf Eadweard Muybridge. Bekannt wurde er vor allem durch seine Aufnahmen eines galoppierenden Pferdes. Mit mehreren Kameras hatte er 1878 dessen Bewegung fotografisch in einzelne Phasen zerlegt und konnte damit bestätigen, dass im Galopp kurzzeitig alle vier Hufe in der Luft sind – was mit bloßem Auge zu sehen nie gelungen war. Betrachtet man solche Einzelbilder zum Beispiel in einem Zoetrop (Abb. 11.1), auch Lebensrad genannt, dann fügen sie sich wieder zu einer fließenden Bewegung.

Das Zoetrop war ein frühes Betrachtungsgerät aus den 1830er-Jahren. Vielerlei Apparate wurden seitdem entwickelt, die dem Auge Bewegungen

---

[2] Schwipps: Lilienthals Korrespondenz, S. 152 (Parseval an Lilienthal 1889).

vortäuschen und mit denen man die ersten Laufversuche der Bilder bestaunen konnte: mit Einzelbildern auf Trommeln oder Scheiben und Betrachtungshilfen wie Schlitzen oder Spiegeln.[3] Sie alle gehören zur Vorgeschichte des Kinematografen und damit eines Mediums, das im 20. Jahrhundert die Massen faszinieren sollte: des Kinofilms. Die ersten öffentlichen Filmvorführungen fanden 1895 und 1896 in Paris, Berlin und New York statt.[4]

Ist das menschliche Auge zu träge, um schnellen Bewegungen zu folgen, so ist diese Trägheit von Vorteil bei der Wiedergabe bewegter Bilder. Bereits 16 Bilder pro Sekunde können wir nicht mehr einzeln erfassen. Hinzu kommt, dass wir eine Abfolge von Bildern, die sich nur geringfügig voneinander unterscheiden, als Bewegung wahrnehmen.[5] Es ist derselbe Effekt, der heutzutage auch in sogenannten Lauflicht-Anlagen an Straßenbaustellen genutzt wird: Eine Reihe von LED-Leuchten wird nacheinander so gezündet, dass der Eindruck einer Bewegung in die Richtung entsteht, in die der Verkehr gelenkt werden soll.

Wahrnehmungsgeschwindigkeit und Weltbild

Bereits in den Debatten des 16. und 17. Jahrhunderts darüber, ob und wie weit man der sinnlichen Wahrnehmung trauen kann, wurde deutlich, wie unverzichtbar, aber auch wie unzulänglich sie ist. Stets bedarf sie der Prüfung durch den kritischen Verstand. Wie das Gehirn aus Sinnesreizen eine Vorstellung von Wirklichkeit konstruiert, damit befasste sich ab der zweiten Hälfte des 19. Jahrhunderts intensiver die Wahrnehmungspsychologie. Um 1860 spekulierte der deutsch-baltische Mediziner und Zoologe Karl Ernst von Baer in einem Gedankenexperiment über die Abhängigkeit unseres Weltbilds von der Länge des kleinsten Zeitmaßes unserer Sinneserfahrung.[6]

Von Baer spielte verschiedene Situationen gedanklich durch: eine tausend- und sogar millionenfache Verdichtung und Beschleunigung aller Wahrnehmung bei einer Verkürzung des Lebens auf ein Tausendstel oder Millionstel seiner durchschnittlichen Länge, dann eine tausend- bis

---

[3] Meyer: Bild Betrachter, S. 54–67; Kemner, Eisert: Lebende Bilder, S. 39–47 (Eisert); Hick: Optische Medien, S. 309–315, 329–335.

[4] Gregor, Patalas: Geschichte des Films, S. 12–29.

[5] Kemner, Eisert: Lebende Bilder, S. 37–39 (Eisert).

[6] Baer: Auffassung der lebenden Natur.

millionenfache Dehnung und Verzögerung aller Wahrnehmung bei einer tausend- oder millionenfachen Verlängerung des Lebens. Die Folgen waren extreme Zeitlupen- und Zeitraffereffekte, die völlig unterschiedliche Bilder von der Welt vermitteln.

Während eines auf rund vierzig Minuten verdichteten Lebens mit entsprechend beschleunigter Wahrnehmung würden wir kaum Veränderungen in der Welt erkennen. Das Bild, das wir von ihr hätten, hinge davon ab, ob unsere knappe Lebenszeit in die Stunden des Tages, der Nacht oder der Dämmerung fiele. Völlig anders hingegen bei einem auf Millionen Jahre gedehnten Leben mit entsprechend verzögerter Wahrnehmung: Uns böte sich eine Welt rasanten Entstehens und Vergehens, der Sonnenlauf erschiene als ein feuriger Ring, sich mit den Jahreszeiten hebend und senkend. Die gesamte Natur, so von Baers Schlussfolgerung, erschiene den Menschen ganz anders, wenn sie ein anderes Zeitmaß in sich trügen.

> In der Tat haben wir gesehen, dass, je enger wir die eingeborenen Zeitmaße der Menschen nehmen, um so starrer, lebloser die gesamte Natur erschiene, bis zuletzt nicht einmal der Wechsel der Tageszeiten wegen Kürze des Lebens beobachtet werden könnte; dass aber, je langsamer unser eigenes Leben verliefe, je größer also die Maß-Einheit wäre, die wir mitbringen, umso mehr wir ein ewiges Werden mit steter Umänderung erkennen würden, und dass nichts bleibend ist als eben dieses Werden. Die Natur erschiene ganz anders, bloß weil wir selbst anders wären.[7] (Karl Ernst von Baer, 1860)

Unser Zeitmaß, unser zeitliches Auflösungsvermögen vermittelt uns also eine spezifisch menschliche Sicht der Dinge. Bewegungen, die zu schnell für unser Auge sind, wie etwa der abgeschossene Pfeil, oder zu langsam, wie das Öffnen einer Blüte, müssen wir per Zeitlupen- oder Zeitraffer-Technik in unser schmales Wahrnehmungsfenster hereinholen, damit wir sie beobachten können. Beispiele für andere Zeitmaße finden wir im Tierreich. Vögel und Insekten können zum Teil weit über hundert Bilder pro Sekunde wahrnehmen. Aus der Sicht einer Stubenfliege nähert sich unsere Hand, mit der wir sie fangen wollen, im Zeitlupentempo, so dass uns die flinke Flugkünstlerin meistens entwischt und wir im wörtlichen Sinne das Nachsehen haben.

---

[7] Baer: Auffassung der lebenden Natur, S. 267–268.

Verfügten wir über die Wahrnehmungsgeschwindigkeit einer Fliege oder eines Vogels, dann wirkte ein Kinofilm mit seinen 24 Bildern pro Sekunde auf uns wohl wie ein Dia-Vortrag, eine Abfolge von Einzelfotos, die sich nur geringfügig voneinander unterscheiden. Doch dank der Trägheit unseres Gesichtssinns sehen wir lückenlos fließende Bewegungen. Die Entwicklung kinematografischer Aufnahme- und Wiedergabe-Geräte hätte wohl länger gedauert, wenn sie über hundert Bilder pro Sekunde bewältigen müssten. Die heutige Hochgeschwindigkeits-Fotografie ermöglicht Tausende von Bildern pro Sekunde. Man kann damit zum Beispiel kurzzeitige Aufprall- oder Stoßvorgänge festhalten und analysieren – Vorgänge, die selbst nur Sekundenbruchteile dauern.

Optische Täuschungen

Im Grunde beruht die Kinematografie auf einer optischen Täuschung, die sich gar nicht vermeiden lässt. Sinnestäuschungen wirken unmittelbar, denn sie beruhen auf elementaren Funktionen unserer Wahrnehmung, die wir durch Denkprozesse kaum beeinflussen können. Wir können sie nur zu korrigieren versuchen durch Vergleich, Experiment und Messung, also die grundlegenden Methoden der Naturwissenschaften und der Technik. Wirklichkeit, wie wir sie wahrnehmen, ist eine Konstruktion unseres Gehirns. Es berechnet aus verschiedenen fragmentarischen Sinneseindrücken ein stimmiges Ganzes. Hier fließen auch unbewusst Deutungen mit ein, die sich schon vielfach bewährt haben, aber in manchen Situationen zwangsläufig zu Fehlinterpretationen führen.

Zum Beispiel geben wir zweidimensionalen Bildern beim Betrachten eine räumliche Tiefe, wenn Linienführung oder Farbgebung dies anbieten (Abb. 11.2) – worauf ja auch die Wirkung perspektivischer Darstellungen beruht, wie sie in der Renaissance entwickelt wurden: Sie sollten nach Albertis Worten den Eindruck erwecken, als schauten wir durch ein Fenster in die dreidimensionale Welt.

Obwohl der Gesichtssinn immer wieder Täuschungen erliegt, bestimmt er unsere Wahrnehmung, sofern keine Sehbehinderung vorliegt. Erhält das Gehirn von verschiedenen Sinnen widersprüchliche Informationen, entscheidet es sich meistens für das Gesehene (Abb. 11.3). Kennt man die Regeln, nach denen es Sinnesreize verarbeitet, kann man es leicht überlisten.

Sogar bei der Wahrnehmung des eigenen Körpers kann uns die Dominanz des Optischen über die anderen Sinne einen Streich spielen.

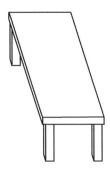

Abb. 11.2 Mitmach-Station: Tischflächen-Täuschung. Hier ein verblüffendes Bei-spiel für optische Täuschungen: Beide Tischflächen sind tatsächlich deckungsgleich. Auch wenn wir uns durch Nachmessen davon überzeugt haben, werden wir dieser Täuschung immer wieder erliegen. Denn sie beruht auf wichtigen, bewährten Funktionen unserer Wahrnehmung.

Wir überschätzen die Länge senkrechter Strecken, hier also die nach oben laufenden Kanten der Tischflächen. Hinzu kommt, dass die Zeichnungen perspektivisch angelegt sind und Dreidimensionalität suggerieren, wenn auch in etwas sperriger Parallel- statt Zentralperspektive. Da wir uns von klein auf im Raum orientieren und bewegen, suchen wir aus optischen Eindrücken immer Raumeindrücke zu konstruieren. Die Tische erlangen also räumliche Tiefe. Somit kommt uns die Länge der rechten Tisch-fläche und die Breite der linken noch einmal größer vor, was sie erst recht nicht deckungsgleich erscheinen lässt. (© TECHNOSEUM, Grafik: Frank Ketterl, nach Vor-lage Hüttinger)

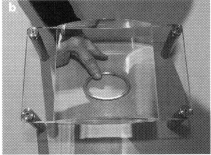

Abb. 11.3 Mitmach-Station: Rund oder oval? Unter der Verzerrungslinse liegt ein kreisrunder Ring (a). Durch die Linse betrachtet, erscheint er dem Auge oval (b). Fährt man mit dem Finger seine Form nach, während man durch die Linse schaut, dann meint man zu spüren, er sei oval. Macht man dasselbe bei geschlossenen Augen, dann fühlt sich der Ring kreisrund an. Dem Gesichtssinn werden somit Informationen anderer Sinne, wie hier des Tastsinns, untergeordnet. Wir sehen einen ovalen Ring, sehen unseren Finger den Rand entlang fahren, also glauben wir einen ovalen Ring zu ertasten. (© TECHNOSEUM, Foto: Klaus Luginsland)

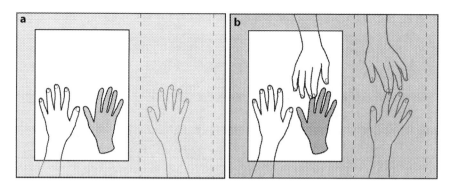

Abb. 11.4 Mitmach-Station: Die Hand. Auf einfache Weise kann die Illusion entstehen, eine künstliche Hand sei die eigene. Man schiebt die rechte Hand in ein abgedecktes Fach, sodass sie dem eigenen Blick entzogen ist. Die linke Hand legt man offen sichtbar links neben die Kunststoffhand und konzentriert sich im Folgenden auf letztere (a). Dann streicht eine andere Person etliche Male gleichzeitig über die jeweils selben Stellen der versteckten rechten Hand und der künstlichen (b). Die meisten Versuchspersonen empfinden nach kurzer Zeit die Kunststoffhand als ihre eigene – und wollen sie unwillkürlich zurückziehen und schützen, wenn ihr zum Beispiel durch ein Messer oder einen Hammer Verletzung droht. (© TECHNOSEUM, Grafik: Frank Ketterl, nach Versuchsaufbau Hüttinger)

Für die Neurowissenschaften wirft das spannende Fragen auf.[8] Sie untersuchen, wie unser Gehirn Sinnesdaten verknüpft und aus ihnen ein Selbstbild unseres Körpers konstruiert (Abb. 11.4). Dabei zeigt sich, wie leicht unsere Körperwahrnehmung manipuliert werden kann.

Das Experiment mit der falschen Hand, auch als Gummihand-Illusion bekannt, wurde vor gut zwanzig Jahren erstmals durchgeführt.[9] Es zeigt: Unser Gehirn integriert alle gleichzeitig eingehenden Sinnesreize zu einem körperlichen Ich-Bewusstsein, in diesem Fall die Reize von Tastsinn und Gesichtssinn. Aber das Auge lenkt die Aufmerksamkeit auf die künstliche Hand, so dass es zu einer Fehlinterpretation der Sinnesdaten kommt und diese Hand als die eigene empfunden wird. Bei Unstimmigkeiten der Eindrücke wird also meist dem Gesehenen der Vorzug gegeben.

---

[8] Wikipedia: Neurowissenschaften; Wikipedia: Wahrnehmung.
[9] Stangl: Rubber-Hand-Illusion.

Virtuelle Realitäten

Die heutigen Darstellungen der virtuellen Realität[10] nutzen genau diese
Dominanz des optischen Eindrucks. Mit der Zentralperspektive an der
Schwelle zur Neuzeit hatte ein Visualisierungs-Prozess begonnen, der unsere
technisch erzeugte Bilderwelt zunehmend prägte. Die Macht der Bilder verstärkte sich noch, als sie im 19. Jahrhundert „zu laufen" begannen. Und eine
weitere Steigerung findet dieser Prozess aktuell in den digital erzeugten, in
ihrer Dreidimensionalität täuschend echt wirkenden künstlichen Welten, in
die wir mit Spezialbrillen eintauchen können. Forciert wird ihre suggestive
Wirkung noch dadurch, dass wir uns virtuell in diesen Welten bewegen und
mit ihnen interagieren können. Von erweiterter Realität oder Augmented
Reality[11] spricht man, wenn in digitale Bilder realer Situationen, etwa
auf dem Smartphone, am Laptop oder im Fernseher, computergestützt
Informationen eingeblendet werden, die das Gesehene ergänzen und
erläutern.

Die elektronisch erzeugten Bilderwelten, die sich hier auftun, sind nicht
nur ein Medium spielerischer Unterhaltung. Sie werden auch therapeutisch
eingesetzt, beispielsweise um Phobie-Patienten virtuell in Situationen zu
führen, die sie real als bedrohlich empfinden, und so schrittweise ihre Ängste
abzubauen. Virtual Reality dient ebenso der Visualisierung in Architektur
und Städteplanung sowie im Maschinen- oder Fahrzeugbau,[12] um nur einige
Anwendungsgebiete zu nennen. Virtuelle Darstellungen zeigen Gestalt und
Funktion des Geplanten an seinem digitalen Zwilling[13] – noch bevor es
materiell ausgeführt ist (Abb. 11.5). Auch die Interaktion von Mensch und
Maschine lässt sich realitätsgetreu simulieren. So können beispielsweise in
Flugsimulatoren kritische Situationen, wie Triebwerks- oder Instrumenten-
ausfälle, Sturmböen beim Landeanflug und dergleichen, wirklichkeitsnah,
aber gefahrlos virtuell erzeugt und die erforderlichen Reaktionen der Piloten
trainiert werden. Dies ist möglich, weil schnelle Computer in Echtzeit die
Funktion technischer Systeme und ihre Reaktionen auf äußere Störungen
sowie auf Eingriffe des Menschen errechnen können.

Bei Untersuchungen zur Selbstwahrnehmung ist man in den Neurowissenschaften, weit über die Gummihand-Illusion hinaus, bereits auf

---

[10] Wikipedia: Virtuelle Realität.
[11] Wikipedia: Erweiterte Realität.
[12] Bullinger: Technologieführer, S. 434–439.
[13] Eberl: Smarte Maschinen, S. 218–221; Wikipedia: Digitaler Zwilling.

Abb. 11.5 Mitmach-Station: Virtueller Fabrikplaner. Solche Anlagen, hier eine vereinfachte Form, heißen in der Fachsprache „Virtual Factory Planner". Das heißt, man kann mit ihnen virtuell die Einrichtung einer Fabrik planen sowie den Produktionsablauf simulieren und optimieren, bevor man an die konkrete Umsetzung geht.

Durch eine 3D-Brille sieht man auf dem großen Projektionsbild räumlich die virtuelle Fabrikhalle mit Maschinen und Transportbändern. Der Glasscheibentisch davor zeigt den Grundriss der Halle. Auf ihm lassen sich mit beweglichen Markern drei Bearbeitungs-Stationen positionieren: zwei Drehmaschinen und eine Fräsmaschine. Außerdem kann man noch markieren, von wo aus man in welcher Blickrichtung die gesamte Einrichtung anschauen möchte. Je nach Position der Maschinen und des Beobachters verändert sich das Projektionsbild. Man kann also die Halle virtuell einrichten und in ihr umhergehen. Auf dem Tisch wird die Länge des Weges eingeblendet, den das Material bei seiner Bearbeitung vom Rohling zum fertigen Werkstück zurücklegt. Man kann nun versuchen, durch geschickte Positionierung der Maschinen diesen Weg so kurz wie möglich zu machen, also den Materialfluss zu optimieren.

Die interaktive Tischfläche nennt man „Tangible Interface". Auf sie wird von unten der Hallengrundriss samt Einrichtung projiziert. Die Marker sind an ihrer Unterseite codiert. Eine Infrarot-Kamera erkennt diese Codierungen. Aus den Kamera-Daten ermittelt ein Rechner die Position der Marker und verändert, wenn sie verschoben werden, sofort den Grundriss mit Bearbeitungs-Stationen, Transportbändern und eingeblendeter Länge.

Dieses Interface ist gekoppelt mit der stereoskopischen Rückprojektionswand. Auf diese Wand werden mit polarisiertem Licht unterschiedlicher Schwingungsebene zwei Bilder projiziert: eins, wie man die Halle von seinem Standort aus mit dem linken Auge, und eins, wie man sie mit dem rechten sehen würde. Wenn man diese Bilder mit der 3D-Brille anschaut, bekommt jedes Auge sein Bild zu sehen. Und so entsteht der räumliche Eindruck. (© TECHNOSEUM, Foto: Klaus Luginsland)

virtuell erzeugte Ganzkörper- und gar Doppelgänger-Illusionen gestoßen. Bedeutet dies nun, dass Descartes' „cogito ergo sum" – ich denke, also bin ich – abgelöst wird durch ein „video ergo sum"? Keineswegs. Zum einen natürlich, weil auch Menschen mit eingeschränkter Sehfähigkeit ihren Körper wahrnehmen; die Sinnesdaten, die hier zu einem Selbstbild des Körpers verknüpft werden, sind nur anders gewichtet. Zum zweiten aber, weil für Descartes auch das Wahrnehmen zum Denken gehörte;[14] mochte das Wahrgenommene vielleicht ein Trugbild sein, so war ihm doch der Wahrnehmungs-Vorgang als solcher ein Beweis für das eigene Dasein. Und durch die Erkenntnisse der Neurowissenschaften, dass unser Gehirn aus allen Sinnesdaten ein Bild von der Wirklichkeit konstruiert, dürfte sich Descartes wohl bestätigt fühlen, wenn er sagt, er erkenne das, was er mit seinen Augen zu sehen vermeine, einzig und allein durch die seinem Denken innewohnende Fähigkeit zu urteilen.[15]

Gerade der systematische Zweifel Descartes an allem Wahrgenommenen ist heute angebrachter denn je. Die Macht der Bilder prägt unsere Kenntnis vom Weltgeschehen. Virtuelle Realitäten sind längst ein selbst geschaffener Teil unserer Wirklichkeit geworden, gehören mit zum Bildbestand dieser Welt. Grenzen zwischen real und virtuell verschwimmen. Erweiterte Realität und Realitätsverlust liegen dicht beieinander. Die modernen elektronisch generierten Bilderfluten mit ihrem Überangebot von Augenscheinlichem öffnen der Täuschung, gar der Manipulation Tür und Tor. Dass wir sagen, wir möchten derlei Manöver durchschauen, zeugt bereits wieder von der Dominanz des Gesichtssinns. Nach wie vor muss jedoch die Urteilsfähigkeit unseres Denkens darüber entscheiden, was Trugbild ist und was nicht, ganz im Stile klassischer Skeptiker der sinnlichen Wahrnehmung wie Montaigne, Descartes – oder Leibniz, der den „Augen des Verstandes" mehr traute, als denen des Leibes.

---

[14] Descartes: Prinzipien, S. 3.
[15] Descartes: Meditationen, S. 28.

12

Alles geregelt? – Mit Kybernetik ins Zeitalter der Information

Vom Fliehkraftregler zur Kybernetik

„Alles regeln, was regelbar ist, und das noch nicht Regelbare regelbar machen."[1] Dieses Motto entstammt einer Denkschrift von Hermann Schmidt[2] aus dem Jahre 1941. Sie gab den Anstoß zur Gründung eines Instituts für Regelungstechnik in Deutschland, die drei Jahre später folgte. War der Schlüssel zum Weltverständnis im 17. und 18. Jahrhundert die Mechanik gewesen, so schien nun gegen Mitte des 20. Jahrhunderts die Kybernetik das Erklärungsmuster für jegliches Geschehen zu liefern: die Lehre von der Regelung und der Informationsverarbeitung in Maschinen und Lebewesen. Weit über das Feld der Technik hinausgreifend, versprach die Kybernetik, ein „Neuland des Denkens"[3] zu eröffnen, eines Denkens in Wirkungskreisläufen. Das eingangs zitierte Motto wurde gleichsam zum kybernetischen Imperativ.

Rund 150 Jahre zuvor hatte Watt bekanntlich für die Regelung der Dampfmaschinen-Drehzahl das Fliehkraftpendel eingeführt. Im Zuge der Industrialisierung waren weitere Regelungseinrichtungen entwickelt worden, etwa für Druck, Temperatur, Luftfeuchtigkeit, Wasserstand oder für elektrische Größen. Sie alle folgten, wie der Fliehkraftregler, demselben

---

[1] Schmidt: Denkschrift, S. 12.

[2] Aumann: Mode und Methode, S. 110–114; Dittmann: Allgemeine Regelungskunde; Dittmann: Hermann Schmidt.

[3] Vester: Neuland des Denkens.

© Springer-Verlag GmbH Deutschland, ein Teil von Springer Nature 2022
G. Zweckbronner, *Aufbruch ins Industriezeitalter – Zukunftswerkstätten der Neuzeit*,
https://doi.org/10.1007/978-3-662-60542-4_12

Funktionsprinzip – der automatischen Rückkopplung: Ein Messglied meldet Abweichungen vom Soll-Zustand, und ein Stellglied greift daraufhin so ein, dass der Soll-Zustand wieder hergestellt wird. Damit lag eine gemeinsame Betrachtungsweise und mathematische Behandlung aller Regelungsvorgänge nahe.

Nicht nur von der Sache her führte ein Weg vom Watt'schen Fliehkraftregler zur Kybernetik. Auch begriffsgeschichtlich besteht ein enger Zusammenhang. Norbert Wiener[4] stellte 1947 in den USA den neuen Begriff vor mit seinem Buch „Kybernetik, Regelung und Nachrichtenübertragung im Lebewesen und in der Maschine". Dabei bezog er sich auf die englische Bezeichnung „governor" für den Fliehkraftregler, abgeleitet aus dem griechischen „kybernétes", was Steuermann heißt. Mit diesem Bezug wollte er anerkennen, dass Maxwell 1868 in der ersten bedeutenden Schrift über Rückkopplungsmechanismen den Fliehkraftregler behandelt hatte.

> Wir haben beschlossen, das ganze Gebiet der Regelung und Nachrichtentheorie, ob in der Maschine oder im Tier, mit dem Namen „Kybernetik" zu benennen, den wir aus dem griechischen „kybernétes" oder „Steuermann" bildeten.[5] (Norbert Wiener, 1947)

Wiener griff aber noch weiter zurück und erkor Leibniz zum Schutzpatron der Kybernetik. Denn dieser habe den geistigen Impuls gegeben zur Entwicklung der mathematischen Logik und zur Mechanisierung der Denkprozesse, also zur „logischen Maschine".[6] In der Tat lässt sich eine Brücke schlagen von der Leibniz'schen Vision einer universellen Zahlen- und Zeichensprache zur gegenwärtigen Informationswelt. Insbesondere seine Idee zu einer Dual-Rechenmaschine nach dem Prinzip der binären, zweiwertigen Logik fand ihre Verwirklichung in der modernen elektronischen Datenverarbeitung.

Konnte man auf diese Weise geistige Tätigkeiten an Maschinen delegieren, wie das bereits Leibniz im Sinn hatte, dann lag es nahe, umgekehrt auch Leistungen des menschlichen Gehirns nach technischen Gesichtspunkten zu analysieren. Denn das Gehirn stellte nach den Worten

---

[4] Aumann: Mode und Methode, S. 87–91.
[5] Wiener: Kybernetik, S. 39.
[6] Wiener: Kybernetik, S. 40.

Wieners „in einem gewissen Sinne ein Regel- und Rechengerät" dar.[7] Schon die Bezeichnungen Elektronengehirn oder Denkmaschine für die neue Generation von Rechnern zeigen, wie hier die Vorstellungen von Geistestätigkeit und Maschinenfunktion ineinanderflossen und den Weg zur künstlichen Intelligenz bereiteten, die bereits 1956 als neue Wissenschaftsdisziplin begründet wurde.[8]

Unter dem kybernetischen Aspekt der Steuerung und Regelung suchte man, über herkömmliche Fachgrenzen hinweg, nach gemeinsamen Strukturen natürlicher und technischer Systeme. In der biologischen Kybernetik wurden beispielsweise Rückkopplungsvorgänge im menschlichen Körper erforscht: Regelung des Gleichgewichts, der Körpertemperatur und des Blutzuckerspiegels, belastungsabhängige Regulierung von Pulsschlag, Blutdruck und Atemfrequenz oder der Pupillenreflex bei Helligkeitsänderungen, um nur einige zu nennen. Ja, man sah in der Rückkopplung geradezu das „Urprinzip der Lebensvorgänge".[9]

Das Problem der Selbstregelung, dessen Lösung man jetzt näherzukommen sucht, darf wohl als das Grundproblem des Lebens gelten. Denn nichts ist so kennzeichnend für alles Lebendige als die Fähigkeit, sich in hohem Maße an wechselnde Verhältnisse anzupassen, das heißt, das Verhalten so einzurichten, dass das Leben erhalten bleibt.[10] (Hans Gradmann, 1963)

Nach den Worten Schmidts schien man sich bei der Entwicklung von Regeleinrichtungen „ganz in den Spuren der Natur und nach ihrem Gesetz zu bewegen, die uns in Pflanze, Tier und Mensch die Regelung vielfältig vorgemacht hat".[11] So gesehen, stammten die Gesetzmäßigkeiten der selbsttätigen Regelung aus der belebten Natur, auch wenn dieses biologische Funktionsprinzip erst erkannt und systematisch erforscht wurde, nachdem technische Regelungen entwickelt waren, die den Blick für kybernetische Wirkungszusammenhänge schulten und mathematische Modelle für deren Beschreibung lieferten.[12]

---

[7] Wiener: Kybernetik, S. 276.

[8] Brooks: Künstliche Intelligenz; Weizenbaum: Macht der Computer, S. 268–300; Wikipedia: Geschichte der künstlichen Intelligenz.

[9] Gradmann: Rückkoppelung; Hassenstein: Biologische Kybernetik.

[10] Gradmann: Rückkoppelung, S. 7.

[11] Schmidt: Denkschrift, S. 7.

[12] Aumann: Mode und Methode, S. 109–110; Hassenstein: Biologische Kybernetik, S. 36.

Wahrnehmen und Bewegen

Regelungsvorgänge laufen nicht nur unbewusst im Körperinneren ab. Wir stehen auch mit Dingen, die uns umgeben, in einem ständigen Kreislauf-prozess. Das Wechselspiel von Wahrnehmen und Bewegen ist Grundlage jeder Art körperlicher Aktion, ob wir nach einem Glas Wasser greifen, ein Werkzeug führen, gehen oder springen. Immer arbeiten Sinnesorgane und Muskulatur in einem Wahrnehmungs- und Handlungskreis zusammen. Diese Wechselwirkung wird seit Langem intensiv untersucht: einst in der Psychotechnik, einer Art experimenteller Psychologie, dann in der Kybernetik und heute in den Arbeitswissenschaften, den Sportwissen-schaften und in der Hirnforschung.

Sind unsere Bewegungsabläufe erst einmal eingeübt, laufen sie meist ohne unser bewusstes Zutun ab. Erst wenn im Experiment Situationen geschaffen werden, die zum Beispiel ungewohnte Bewegungsabläufe oder schnellere Reaktionen erfordern, wird deutlich, wie komplex der Zusammenhang zwischen Wahrnehmen und Handeln ist. Um genau solche Zusammen-hänge ging es in der Psychotechnik der 1920er-Jahre. Hier wurden Apparaturen entwickelt, mit denen man testen wollte, welche Personen für welche Art von Tätigkeiten in technischen Berufen besonders geeignet waren, zum Beispiel der Zweihand-Prüfer (Abb. 12.1) oder der Stangenfall-Apparat (Abb. 12.3).[13]

Wichtig ist die beidhändige Geschicklichkeit etwa beim Arbeiten an der Drehmaschine (Abb. 12.2). Der Kreuzsupport, mit dem der Drehmeißel zur Bearbeitung des rotierenden Werkstücks geführt wird, kann ebenfalls nur in zwei rechtwinklig zueinander laufenden Richtungen bewegt werden.[14] Wer also geschwungene Konturen erzeugen will, braucht ein besonderes handwerkliches Geschick, um den Drehmeißel durch koordinierte beid-händige Bewegungen gleichmäßig und zügig so zu führen, dass eine exakt und sauber gearbeitete Oberfläche der gewünschten Geometrie entsteht – als Ergebnis des präzisen Zusammenspiels von Auge und Hand.

Beim Stangenfall-Versuch bekommt die menschliche Hand ihren Bewegungsimpuls, wenn über das Auge die Fallbewegung der Stange wahr-genommen wurde und wenn diese Information im Gehirn den Greif-Befehl ausgelöst hat. Dieses Zusammenspiel von sensorischen und motorischen

---

[13] Paulitsch: Psychologische Apparate, Bd. 1, S. 112–113, Bd. 3, S. 42–43.
[14] Benad-Wagenhoff: Industrieller Maschinenbau, S. 54–90.

Abb. 12.1 Mitmach-Station: Zweihand-Prüfer. Eine kleine Metallplatte kann mit Kurbeln in zwei Richtungen bewegt werden, die rechtwinklig zueinander laufen. Auf der Platte fixiert ist Papier mit einer vorgezeichneten achterförmigen Spur. Ein feststehender Stift zeichnet die Bewegungen der Platte nach. Die Aufgabe besteht darin, beide Kurbeln so zu drehen, dass der Stift innerhalb der Achterspur bleibt.

Für Ungeübte ist es nicht einfach, in der vorgezeichneten Spur zu bleiben, denn beidhändig müssen unterschiedliche Bewegungen ausgeführt werden. Erschwerend kommt hinzu, dass durch Koordinieren zweier geradliniger Bewegungen eine Kurvenform erzielt werden soll. Zeitdruck würde den Schwierigkeitsgrad noch deutlich steigern. Mit solchen Zweihand-Prüfern testete man, ob die Versuchspersonen in der Lage waren, beide Hände unabhängig voneinander, aber trotzdem koordiniert und gleichmäßig zu bewegen. (© TECHNOSEUM, Foto: Klaus Luginsland)

Nervenimpulsen im menschlichen Körper braucht Zeit, die sogenannte Reaktionszeit. Diese hängt auch davon ab, mit welchem unserer Sinne wir etwas wahrgenommen haben. In der Regel reagieren wir auf Berührung und auf akustische Reize schneller als auf optische. Aber in jedem Fall liegt die Reaktionszeit deutlich über 0,1 Sekunden. Der Koordination sind also klare Grenzen gesetzt durch die Geschwindigkeit, mit der sensorische und motorische Nervenimpulse im Körper weitergeleitet und verarbeitet werden, wie der Stangenfall-Versuch deutlich zeigt.

Deshalb ist es zum Beispiel möglich, bei Laufwettbewerben in der Leichtathletik mit Hilfe von Kontrollgeräten einen Frühstart zu erkennen. Nach dem Ertönen des Startschusses muss mindestens eine Zehntelsekunde ver-

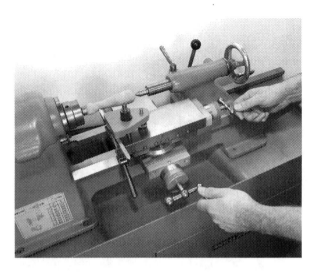

Abb. 12.2 Beidhändiges Führen des Drehmeisels mit dem Kreuzsupport, hier zum Drehen der geschwungenen Kontur eines Handgriffs. (© TECHNOSEUM, Foto: Klaus Luginsland)

gehen, bis ein Drucksensor im Startblock die Reaktionskraft der Füße des Startenden meldet. Sendet der Sensor das Signal früher, dann kann der Start keine Reaktion auf den Schuss gewesen sein, sondern wäre, in Erwartung des akustischen Startsignals, ohnehin erfolgt. Man nennt das auch: in den Schuss hinein starten. Aufgrund dieser Meldung des Drucksensors bricht ein zweiter Schuss den Lauf sofort ab und das Kontrollgerät zeigt an, wer den Fehlstart verursacht hat.

Im Stehen und Gehen das Gleichgewicht zu halten, bereitet uns normalerweise keine Mühe. Wenn wir aber in Situationen geraten, in denen unser Gleichgewichtssinn und unsere Reaktionsfähigkeit in besonderem Maße gefordert sind, merken wir plötzlich, dass es gar nicht so einfach ist, sich in der Senkrechten zu halten. Zum Beispiel gelingt es nicht vielen Menschen, ohne Übung auf einem gespannten Seil oder einer Slackline die Balance zu halten. Wer das länger als ein paar Sekunden schafft, verfügt über einen besonders ausgeprägten Gleichgewichtssinn. Hier wird unser Körper an die Grenze seiner Fähigkeit gebracht, Sinneseindrücke zu verarbeiten und in Muskelbewegung umzusetzen. Gerade solche Herausforderungen machen aber auch deutlich, welche Koordinierungsleistungen wir ständig unbewusst erbringen und welche Orientierungs- und Reaktionsmuster wir dabei aktivieren.

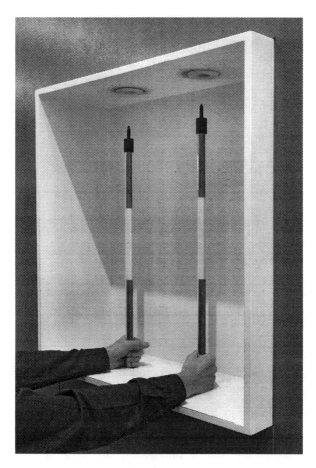

Abb. 12.3 Mitmach-Station: Stangenfall-Apparat. Zunächst schiebt man die zwei Stangen nach oben in ihre Halterungen. Dann bringt man unten an der Auflage beide Hände griffbereit in Position, ohne die Stangen zu berühren. Durch eine Zufallsschaltung ausgelöst, fallen sie nach ein paar Sekunden. Jetzt muss man die Stangen so schnell wie möglich festhalten. Ihr Fallweg ist ein Maß für die Reaktionsgeschwindigkeit. In einer Zehntelsekunde fallen sie rund 5 cm, in zwei Zehntelsekunden 20 cm. Somit hat man ein gutes Maß für die Zeitspanne zwischen Wahrnehmen der Fallbewegung und Reaktion durch Zugreifen. Meist fallen die Stangen unterschiedlich weit, da eine Hand in der Regel geschickter oder geübter ist als die andere. Bei der Arbeit an Maschinen oder in überraschenden Gefahrensituationen ist es wichtig, dass man schnell reagieren kann. Diese Fähigkeit wurde mit solchen psychotechnischen Apparaten getestet. (© TECHNOSEUM, Foto: Klaus Luginsland)

Abb. 12.4 Mitmach-Station: Gleichgewichts-Wand. An der Wand hängt eine große, schwarz-weiß gestreifte Tafel. Man stelle sich auf einem Bein in die Mitte vor die ruhende Tafel, ohne sie zu berühren, aber so dicht, dass man nur das Streifenmuster im Blickfeld hat und nichts vom umgebenden Raum. Schiebt jemand ohne Vorwarnung die Tafel hin und her, dann gerät man unwillkürlich ins Wanken, und es wird kaum gelingen, auf nur einem Bein stehen zu bleiben. Warum?

Offenbar spielt einem hier der Sehsinn einen Streich. Denn weder der Gleichgewichtssinn im Innenohr noch der Tastsinn in der Fußsohle des Standbeins hat eine Lagestörung gemeldet, von den üblichen kleinen Unsicherheiten beim Stehen auf einem Bein mal abgesehen. Allein das Auge hat eine Bewegung registriert. Dicht vor der bewegten Tafel positioniert, findet es keinen ruhenden Fixpunkt im Raum, auf den es sich zur Kontrolle des Gleichgewichts beziehen könnte. Die Bewegung der Streifen führt also zur Illusion, das Gleichgewicht verloren zu haben und zur Seite zu kippen. Wenn man nun nach dem bewährten Reaktionsmuster reflexhaft versucht, dieses vermeintliche Kippen auszubalancieren, verliert man genau dadurch wirklich das Gleichgewicht. Mit geschlossenen Augen wäre das so nicht passiert. Andererseits ist es aber schwieriger, mit geschlossenen Augen, also ohne visuelle Rückkopplung, für längere Zeit auf einem Bein zu stehen. Das zeigt erneut, welch dominierende Rolle der Gesichtssinn spielt. Das Gehirn überprüft und korrigiert ständig die Position unseres Körpers in der Umgebung und nutzt dafür mehrere Sinnesorgane. Doch nicht immer vermitteln diese ein stimmiges Gesamtbild. Liefern sie, wie im eben dargestellten Gleichgewichts-Experiment, einander widersprechende Informationen, gibt unser Gehirn meist dem visuellen Eindruck den Vorzug. In diesem Fall lässt uns das unweigerlich straucheln. (© TECHNOSEUM, Foto: Klaus Luginsland)

Die sinnliche Wahrnehmung bei den Balance-Akten auf Seil oder Slack-line ist eindeutig: Die Augen und das Gleichgewichtsorgan des Innen-ohrs, um hier die wichtigsten zu nennen, signalisieren dasselbe, wenn der Körper aus dem Gleichgewicht gerät. Aber was geschieht, wenn Sinnesdaten einander widersprechen und der visuelle Eindruck dominiert, zeigt das Experiment mit der Gleichgewichts-Wand (Abb. 12.4).

Der Mensch als Regler im technischen System

Nachdem die Kybernetik seit den 1940er-Jahren die Informationsver-arbeitung in Mensch und Maschine zum Forschungsgegenstand gemacht hatte, befasste man sich auch intensiv mit der Frage nach den Fähigkeiten und den Grenzen des Menschen, als Regler von technischen Systemen zu fungieren. Anstöße, Mensch-Maschine-Regelkreise zu untersuchen, kamen zunächst von Militär und Flugtechnik. Aber bald schon widmete man sich ganz generell den Fragen: Was sind die Regler-Fähigkeiten des Menschen? Wie passt man Maschinen diesen Fähigkeiten an? Und wo müssen, wenn diese Fähigkeiten für komplexere Aufgaben nicht mehr ausreichen, technische Regler eingesetzt werden?

Der Mensch als Glied eines Regelkreises wurde somit Gegenstand kybernetischer Forschung. Diesem Thema wandte sich ab den 1950er-Jahren insbesondere Winfried Oppelt an der Technischen Hochschule Darmstadt zu. Dort untersuchte man in Simulatoren, wie weit Menschen geeignet waren, Flugzeuge, Hubschrauber oder Raumschiffe zu steuern. Man ermittelte, in welchen Situationen sie an die Grenzen ihrer Fähigkeiten als Regler stießen und die Informationsflüsse nicht mehr bearbeiten konnten (Abb. 12.5). Gerade in der Luft- und Raumfahrt waren deshalb bereits viele unterstützende Stabilisierungs- und Steuersysteme eingesetzt. Aber wenn solche Systeme ausfielen, war wieder der Regler Mensch gefragt.[15]

---

[15] Marienfeld: Regler Mensch, S. 19–20; Schweizer: Regelverhalten des Menschen: S. 234–236.

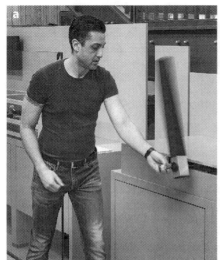 

Abb. 12.5 Mitmach-Station: Stehendes Pendel. Wie unterschiedlich gut Mensch und Maschine eine Regelungsaufgabe bewältigen, zeigen zwei Versuchsanordnungen zum stehenden Pendel, auch als inverses Pendel bekannt. Der Pendelstab ist beide Male um 360 Grad drehbar und seine Drehachse kann horizontal verschoben werden. Den Stab in der stehenden, labilen Position zu halten durch Verschieben des Drehpunktes ist eine typische Regelungsaufgabe, die man sowohl manuell als auch maschinell lösen kann.

Versucht man es manuell, dann muss man, sobald der Stab zu kippen beginnt, ihn durch Verschieben seines Drehpunkts wieder aufrichten (**a**). Schwieriger ist es, den Stab, wenn er unten hängt, allein durch Hin- und Herbewegen nach oben schwingen zu lassen und in die Senkrechte zu bringen. Die automatische Regelung des inversen Pendels, ein Klassiker seit Jahrzehnten in regelungstechnischen Laboratorien, macht im Grunde dasselbe wie wir mit Auge und Hand, nur schneller und präziser (**b**). Der Drehpunkt des Stabes sitzt auf einem elektrisch betriebenen Wagen. Ein Winkelmesser dort registriert jedes Kippen, worauf der Wagen sofort wieder unter den Stab fährt und ihn senkrecht stellt. Wie stabil diese Regelung ist, zeigt sich, wenn man den stehenden Stab von Hand seitlich auslenkt und der Wagen ihn augenblicklich wieder in die senkrechte Lage bringt. Erst wenn die Auslenkung zu groß wird, kippt der Stab und pendelt nach unten. Eine Startautomatik lässt ihn dann aufschwingen, bis ihn die Regelung wieder erfasst und stabilisiert.[16] (© TECHNOSEUM, Foto: Klaus Luginsland)

In den 1960er-Jahren, als der Autoverkehr zunahm, widmete man sich auch dem „Lenken von Kraftfahrzeugen als kybernetische Aufgabe". Mit Hilfe von Fahrsimulatoren untersuchte Ernst Fiala an der Technischen Universität Berlin, wie Versuchspersonen als „kybernetische Maschinen"

---

[16] Wikipedia: Inverses Pendel.

optische, mechanische und akustische Eindrücke verarbeiteten und in Aktionen wie Lenken, Beschleunigen oder Bremsen umsetzten.[17] In dieser Informationsverarbeitung sah man die wesentliche Leistung des Fahrers, nicht in der muskulären Belastung, die sich ohnehin durch Verbesserungen in der Automobiltechnik immer weiter reduzierte.

> Das heutige Kraftfahrzeug befreit den Fahrer immer mehr von mechanischer Arbeitsleistung. Die eigentliche Aufgabe des Fahrers besteht in einer Informationsumwandlung. [...] Es kommt nicht auf die Leistung der Muskeln des Fahrers an, sondern auf die Leistung seines Gehirns.[18] (Ernst Fiala, 1967).

Auch von solchen Koordinations-Aufgaben suchte man Autofahrer zu entlasten, zumal man festgestellt hatte, wie unterschiedlich Probanden auf dieselben Fahrsituationen reagiert hatten. Hinzu kam die Einschätzung, der Mensch könne zwar eine Vielzahl von Informationen verarbeiten, aber der immer schneller werdende Verkehr werde ihn geistig überfordern. Ja, man hielt es nur noch für eine Frage des Aufwandes, „die Fahrzeugführung einem entsprechenden Regler, einer kybernetischen Maschine, zu überlassen", also technische Lösungen zu finden, die den Menschen als Glied im Regelkreis entbehrlich machten: „Dieser Regler wäre dann der Lenker [...] des Fahrzeuges." Unter anderem gedachte man hier die Induktionswirkung von Leitkabeln zu nutzen, die in der Straßendecke verlegt die Fahrspur vorgaben.[19]
Das Fernziel vom autonomen Kraftfahrzeug war somit bereits vor gut einem halben Jahrhundert formuliert, gemäß dem kybernetischen Wahlspruch: Alles regeln, was regelbar ist, und das noch nicht Regelbare regelbar machen. Der Weg zu diesem Ziel führte über die Weiterentwicklung von Assistenzsystemen, die unsere sensorischen und motorischen Unzulänglichkeiten kompensieren, so dass wir uns im zunehmend dichter werdenden Straßenverkehr auf das Wesentliche konzentrieren können. Permanente Kontrolle der Betriebsdaten des Fahrzeugs, Servolenkung, synchronisiertes oder automatisches Getriebe, Antiblockiersystem und Antischlupf-Regelung, Tempomat, Abstandswarner, Einparkhilfe, Rückfahrkamera, Navigationssystem – dies und vieles mehr lässt kaum mehr spüren, dass Autos inzwischen zu den komplexesten mechatronischen Systemen außerhalb

---

[17] Fiala: Lenken von Kraftfahrzeugen.

[18] Fiala: Wechselwirkungen zwischen Fahrzeug und Fahrer, S. 345.

[19] Fiala: Lenken von Kraftfahrzeugen, S. 161; Fiala: Wechselwirkungen zwischen Fahrzeug und Fahrer, S. 345.

der Arbeitswelt zählen, mit denen die meisten von uns wie selbstverständlich umgehen. Gottlieb Daimler käme wohl aus dem Staunen nicht mehr heraus – hatte er doch um 1900 noch prognostiziert, weltweit würden nicht mehr als eine Million Automobile nachgefragt werden, allein schon aus Mangel an Chauffeuren.[20]

Noch lenken wir als Regler Mensch selbstständig unser Auto. Aber inzwischen können mit Sensortechnik auch Verkehrssituationen optisch erfasst werden, und Bordrechner sind in der Lage, diese Informationen in Sekundenbruchteilen, wesentlich schneller und zuverlässiger als wir das je könnten, zu verarbeiten und als Lenk-, Beschleunigungs- oder Bremsbefehle an die Automechanik weiterzuleiten. Rein technisch gesehen, läge es deshalb näher denn je, in einem weiteren Schritt die Schwachstelle Mensch ganz aus dem komplexen Regelungssystem heraus zu nehmen. Dann würden im wahrsten Sinne des Wortes Automobile künftig auf unseren Straßen verkehren: selbstbewegte Fahrzeuge, die ohne permanentes menschliches Eingreifen unterwegs sind.

Ob das wirklich wünschenswert ist, steht auf einem anderen Blatt – zumal beim Betrieb autonomer Fahrzeuge in kritischen Situationen, wenn Menschenleben gefährdet sind, auch Fragen von ethisch-moralischer Tragweite algorithmisch entschieden würden. Was könnte beim autonomen Fahren überwiegen: das beruhigende Gefühl von Entlastung und Sicherheit dank technischer Systeme oder die Sorge, der Funktionstüchtigkeit genau dieser Systeme ausgeliefert zu sein? Eine ähnliche Ambivalenz hatten schon Reisende in den ersten Jahren der Eisenbahn kennengelernt.

„Intelligente" Maschinen

Wenn uns Maschinen auch in vielem bezüglich Schnelligkeit, Präzision und Reproduzierbarkeit übertreffen können, so erreicht doch keine auch nur annähernd die Summe aller sensorischen, informationsverarbeitenden und motorischen Fähigkeiten, die der Mensch als universeller Organismus in sich vereinigt. Doch immer mehr solcher Fähigkeiten werden inzwischen auf Maschinen übertragen. Die Grenzen zwischen Mensch und Maschine geraten unter diesem Aspekt ins Schwimmen. Künstliche Intelligenz ist das Schlagwort für diese Tendenzen. In künstlichen neuronalen Netzen versucht man, analog zur Informationsverarbeitung im Gehirn menschliches

---

[20] Grunwald: Der unterlegene Mensch, S. 98.

Denken im Computer nachzubilden. Steigende Rechnerleistungen ermöglichen es, Sprach- und Bilderkennung per Computer technisch zu realisieren und lernende Automaten zu entwickeln. Es gibt Rechnerprogramme für strategische Spiele nicht nur der einfachen Art wie Mühle oder Dame, sondern sogar solche für Schach oder das hochkomplexe Go-Spiel, die selbst Großmeistern überlegen sind.[21]

Ein spannendes Thema in der Forschung zur künstlichen Intelligenz ist die kollektive Intelligenz geworden, auch Schwarm-Intelligenz genannt.[22] Hier untersucht man, wie große Gruppen von Individuen so interagieren, dass ohne eine zentrale Entscheidungs-Instanz ein gemeinschaftliches, koordiniert und intelligent wirkendes Verhaltensmuster entsteht. Dieses Phänomen kann ein Ergebnis intensiver Kommunikation sein, wie sie etwa das Internet als eine Art Kollektivgehirn ermöglicht. Es kann aber auch zustande kommen, wenn die einzelnen Gruppenmitglieder nur begrenzten Kontakt zueinander haben. Im Tierreich lässt sich dies eindrucksvoll beobachten: zum Beispiel beim Formationsflug von Vogelschwärmen oder beim Bau von Wespennestern und Ameisenhügeln. Auch in der unbelebten Natur findet sich eine Vielzahl spontaner Musterbildungen, etwa beim Entstehen von Sanddünen.

Wie solche Strukturen zustande kommen, untersuchte bereits in den 1950er-Jahren der britische Computer-Pionier Alan Turing. Er hatte sich kybernetischen Fragen der Biologie zugewandt und entwickelte eine mathematische Theorie zur Herausbildung von Mustern und komplexen Strukturen in natürlichen Systemen.[23] Diesen Turing-Mustern liegen einfache Regeln zugrunde, deren Wirkung inzwischen bei Insekten gut erforscht ist.

Insbesondere Ameisen sind spannende und ergiebige Untersuchungsobjekte geworden.[24] Nicht nur beim Bau ihrer Nester, auch beim Einrichten von kürzesten Wegen zu Futterquellen oder beim Anlegen von Friedhöfen für ihre toten Artgenossen zeigen sie ein ausgesprochen koordiniertes Verhalten, selbst ohne Koordinationszentrum. Das Entstehen von Ameisen-Friedhöfen zum Beispiel wurde in den 1990er-Jahren näher untersucht (Abb. 12.6). Ameisen sammeln die verstorbenen Tiere ein und stapeln sie zu

---

[21] Grunwald: Der unterlegene Mensch, S. 33–49.
[22] Lenzen: Künstliche Intelligenz, S. 101–103, Wikipedia: Kollektive Intelligenz.
[23] Fischer: Turing, S. 203–204.
[24] Werber: Ameisengesellschaften.

Abb. 12.6 Mitmach-Station: Ameisen-Roboter. Die Muster-Bildung von Ameisen-Friedhöfen lässt sich mit kleinen Robotern einfach simulieren. Man verteilt auf einer Fläche zum Beispiel Holzscheiben gleichmäßig (**a**). Dann starten zwei mit Sensoren ausgestattete Roboter und folgen ganz einfachen Regeln. Zunächst fahren sie geradeaus. Wenn sie zur Umrandung des Feldes kommen, ändern sie die Richtung. Haben sie eine Holzscheibe erfasst, schieben sie diese vor sich her, bis sie auf weitere Scheiben stoßen und der Widerstand zu groß wird. Dann halten sie an, lassen die Scheiben liegen, wechseln die Richtung und die Prozedur beginnt von Neuem. Nach einiger Zeit haben die beiden Roboter auf diese Weise die Holzscheiben auf einen oder wenige Haufen zusammengeschoben (**b**), gelenkt nur von ihren Sensoren, also ohne zentral gesteuert worden zu sein – so, wie auch Ameisen ihre Friedhöfe gemeinschaftlich anlegen und eine Ordnung ohne Bauplan herbeiführen. (© TECHNOSEUM, Foto: Klaus Luginsland)

Haufen. Dabei entstehen Muster, weil Ameisen die toten Tiere verstärkt dort ablegen, wo sich schon Häufungen gebildet haben.[25]

Experimentelle Erkenntnisse dieser Art fließen ein in Forschungen zur kollektiven Intelligenz. Dort untersucht man zum Beispiel, wie sich der Straßenverkehr durch dezentrale Kommunikation zwischen den einzelnen Fahrzeugen flüssiger gestalten ließe oder wie autonome Roboter Wartungs- und Reinigungsarbeiten an schwer zugänglichen Orten, etwa in Kanalsystemen, selbstständig erledigen könnten. Hier überschneiden sich mehrere Forschungsfelder, die gar nicht mehr eindeutig voneinander zu trennen sind: künstliche Intelligenz, kollektive Intelligenz und künstliches Leben[26] – letzteres hier nicht im biochemischen Sinne, sondern als Ergebnis von Programmierungen, die technische Systeme lern- und anpassungsfähig machen. Diese Systeme können flexibel auf neue Anforderungen reagieren und selbsttätig effektivere Lösungen entwickeln, ähnlich dem Prozess der natürlichen Evolution.

---

[25] ORF: Mathematische Muster; Scriba: Künstliches Leben.
[26] Wikipedia: Künstliches Leben.

Solche Entwicklungen übersteigen bei Weitem die Visionen von mechanischen Nachbildungen organischen Lebens, wie sie Bacon in seiner Utopie „Neu-Atlantis" entworfen hatte: von künstlichen Menschen, Vögeln, Landtieren und Fischen. Auch die Automaten aus der Hochzeit mechanischer Erklärungsmodelle des Lebendigen waren nur lebensecht wirkende Mechanismen mit starrem Programm. Berühmt wurde beispielsweise die Ente von Jacques de Vaucanson aus dem Jahre 1738, die watscheln, schnattern, mit den Flügeln schlagen, fressen und ausscheiden konnte. Öffentliche Begeisterung riefen ab den 1770er-Jahren auch die Androiden der schweizerischen Uhrmacher Pierre und Henri-Louis Jaquet-Droz hervor: Automaten in Menschengestalt, die schreiben, zeichnen und Klavier spielen konnten.[27]

In den 1960er-Jahren notierte Karl Steinbuch, ein Pionier der Informatik an der Technischen Hochschule Karlsruhe, moderne Automaten sprengten die Grenzen dessen, was man einst für „mechanische Gebilde" als möglich erachtet habe. Ihre Eigenschaften beschreibe man „in Kategorien, die bisher den Menschen vorbehalten waren, z. B. logische Verknüpfung, Zeichenerkennung, Gedächtnis, Lernen".[28]

Warnungen und Visionen auf dem Weg ins Informationszeitalter

Was die Entwicklungstendenzen der Kybernetik und ihre möglichen gesellschaftlichen Folgen im „Zeitalter der Kommunikation und der Regelung" betraf, gab sich Norbert Wiener keinen Illusionen hin. Sowohl in Deutschland als auch in den USA hatten Krieg und Waffentechnik die Entwicklung der Kybernetik angestoßen und massiv beschleunigt. Was hier im „Niemandsland zwischen den verschiedenen bestehenden Disziplinen" entstand, erahnte Wiener, bereits lange bevor Atombomben auf Hiroshima und Nagasaki fielen, als eine „soziale Macht", die „unbegrenzte Möglichkeiten zum Guten und Bösen hin hat".[29]

> Diejenigen von uns, die zu der neuen Wissenschaft Kybernetik beigetragen haben, sind in einer moralischen Lage, die, um es gelinde auszudrücken, nicht sehr bequem ist. Wir haben zu der Einführung einer neuen Wissenschaft

---

[27] Troitzsch: Entwicklung der Technik, S. 222–225; Troitzsch: Technischer Wandel, S. 212–214.

[28] Steinbuch: Automat und Mensch, S. V.

[29] Wiener: Kybernetik, S. 74, 26, 59.

beigesteuert, die, wie ich gesagt habe, technische Entwicklungen mit großen Möglichkeiten für Gut oder Böse umschließt. Wir können sie nur in die Welt weitergeben, die um uns existiert, und dies ist die Welt von Belsen und Hiroshima. Wir haben nicht einmal die Möglichkeit, diese neuen technischen Entwicklungen zu unterdrücken. Sie gehören zu diesem Zeitalter.[30] (Norbert Wiener, 1947).

Jetzt galt es, so Wiener, Missbrauch zu verhindern, einer breiten Öffentlichkeit die Entwicklung des neuen Fachgebiets Kybernetik verständlich zu machen und, in einer Art Selbstverpflichtung, die Forschungsarbeit auf Gebiete zu beschränken, die „am weitesten von Krieg und Unterdrückung entfernt sind". Er hoffte, ein besseres Verstehen von Mensch und Gesellschaft durch das neue Arbeitsgebiet würde Zugeständnisse an skrupellose Mächte künftig verhindern. Doch Wiener war Realist genug, hinzuzufügen, er schreibe dies im Jahre 1947, und er müsse sagen, dass es eine sehr schwache Hoffnung sei.[31]

Ähnlich skeptisch blickte Wiener in die Zukunft der Arbeitswelt – anders als Schmidt, der in Deutschland die kybernetische Forschung auf den Weg gebracht hatte. Nach dessen Worten beruhte die sozialpolitische Auswirkung der Regelungstechnik auf der „Ausschaltung des Menschen aus dem Wirkungszusammenhang mit der Maschine". Schmidts kühne These: „Die Maschine hat die soziale Frage der europäischen Völker geschaffen; die Regelungstechnik hilft, sie zu beseitigen."[32] Wiener hingegen sah schon früh die problematischen Folgen der Automatisierung.

Die industrielle Revolution habe, so Wiener, die „Entwertung des menschlichen Armes durch die Konkurrenz der Maschinerie" gebracht. Die Automatisierung sei dazu bestimmt, „das menschliche Gehirn zu entwerten, wenigstens in seinen einfacheren und mehr routinemäßigen Entscheidungen", einerlei, ob es sich um „Werkskittel-Arbeit" oder um „Stehkragen-Arbeit" handle. Leistungen dieser Art, prognostizierte er, würden dann auf dem Arbeitsmarkt nicht mehr nachgefragt.[33] Gegen Mitte der 1960er-Jahre sah er sich in seiner düsteren Prognose bestätigt. Die soziale Frage, deren Lösung sich Schmidt von der Regelungstechnik versprochen hatte, stellte und stellt sich nur immer wieder neu.

---

[30] Wiener: Kybernetik, S. 61–62.

[31] Wiener: Kybernetik, S. 62.

[32] Schmidt: Denkschrift, S. 11–12.

[33] Wiener: Kybernetik, S. 60; Wiener: Mensch und Menschmaschine, S. 169, 171.

Das Problem der Arbeitslosigkeit als Preis der Automatisierung ist nicht mehr eine Vermutung, sondern eine sehr wesentliche Schwierigkeit der modernen Gesellschaft.[34] (Norbert Wiener, 1964).

Unterdessen hatte die Kybernetik, einst nur „Zukunftsprogramm und stille Hoffnung",[35] weite Kreise gezogen. Der kybernetische Blick offenbarte, wohin man auch schaute, Regelkreise und Rückkopplungen: in der Biologie, der Volkswirtschaft, der Psychologie, der Soziologie, der Pädagogik, der Politik und in der Technik ohnehin. Gegenstand der Kybernetik waren die mathematischen Strukturen der Regelungsvorgänge in all diesen informationsverarbeitenden Systemen. Insofern sah man die Kybernetik in den 1960er- und 1970er-Jahren als eine Brücke zwischen den Natur-, Technik-, Geistes- und Gesellschaftswissenschaften. Den totalen Welterklärungsanspruch, den manche ihrer Vertreter zeitweilig suggerierten, löste sie jedoch nicht ein.[36]

Aber die Kybernetik eröffnete das Informationszeitalter und wies den Weg zu einem neuen, vernetzten Denken – einem Denken in Wirkungskreisläufen und globalen Zusammenhängen von Natur und Technik. Der Mensch, wie alle Organismen, lebt in enger Wechselwirkung mit einer sich wandelnden Umwelt, in die er beständig eingreift und die ihn wiederum prägt. In welchem Ausmaß dies mit zunehmender Technisierung geschieht, welche räumlich und zeitlich weitreichenden Folgen dies für das Leben auf unserem Planeten hat und welche Grenzen sich immer deutlicher abzeichnen, rückte ab den frühen 1970er-Jahren unübersehbar ins Blickfeld.[37]

Das Interesse der Kybernetiker galt freilich nicht nur der Informationsverarbeitung in Organismen und Maschinen, sondern auch der technischen Nachrichtenübertragung von Mensch zu Mensch und ihren Wirkungen auf das gesellschaftliche Zusammenleben. Eine große Rolle spielte hier, so Steinbuch, die „deutliche Abkehr des Informationstransports von materiellen Trägern, vor allem dem Papier, hin zu immateriellen Trägern, vor allem elektrischen Signalen".[38] Mit der elektrischen Telegrafie hatte diese Entwicklung über hundert Jahre zuvor begonnen. Ab Mitte des 20. Jahrhunderts nahm sie einen gewaltigen Aufschwung, vor allem durch die

---

[34] Wiener: Gott & Golem, S. 11.
[35] Wiener: Gott & Golem, S. 11.
[36] Aumann: Mode und Methode, S. 49–86, 383–456.
[37] Meadows, Meadows, Zahn, Milling: Grenzen des Wachstums, S. 75–115.
[38] Steinbuch: Totale Kommunikation, S. 122.

digitale Datenverarbeitung. Was den damaligen Protagonisten noch als Zukunftsprojektion vorschwebte, ist inzwischen längst Realität geworden, zum Teil schneller und umfassender, als sie das gedacht hatten.

Steinbuch vermutete in den 1970er-Jahren, die Computertechnik führe zu einem universellen Informations-Terminal, „das nicht nur der Kommunikation mit dem Computer dient, sondern auch andere informationelle Dienste übernehmen kann – etwa Fernsehdarbietungen aus auswählbaren Speicherzentralen oder auch informationelle Kontakte zwischen Individuen, also Bildtelefon-Funktion". Dabei unterschied er zwei Varianten von Terminals: das ortsfeste in Büro oder Wohnung und „das mobile Terminal, das etwa so wie eine Uhr am Körper getragen wird und bei dem es auf geringes Gewicht und geringes Volumen ankommt".[39]

> Der Zustand der totalen Kommunikation ist etwa so zu kennzeichnen: Jeder kann jeden jederzeit in Bild und Ton erreichen. Hierbei gehören zu den jederzeit Erreichbaren auch Computer und Informationsbanken, in denen allgemein interessierende Informationen verfügbar sind. Ohne Zweifel nähern wir uns diesem Zustand und wahrscheinlich wird man ihn in hundert Jahren beinahe als selbstverständlich empfinden.[40] (Karl Steinbuch, 1974)

Wie wir wissen, hat es nicht so lange gedauert, bis nach der Prognose Steinbuchs aus „einer Vielzahl isolierter Gehirne ein kooperierendes System, gewissermaßen ein gesellschaftliches Gehirn" geworden ist, nämlich das Internet. Per Streaming können wir Video- und Audiodateien aus „Speicherzentralen", also Mediatheken, abrufen. Die „Bildtelefon-Funktion" steht uns zum Skypen und für Video-Konferenzen zur Verfügung. Und das „mobile Terminal" Smartphone gehört inzwischen für viele Menschen zum Alltag, und immer öfter kann man neue Dienstleistungen nur noch mit seiner Hilfe nutzen. Steinbuch irrte, als er meinte, „derartige Terminals werden einen Endpunkt der Kommunikation markieren".[41] Die Entwicklung der Kommunikationstechnik führte geradewegs hinein in die digitale Revolution der Gegenwart, die das gesamte öffentliche und private Leben erfasst hat.

---

[39] Steinbuch: Totale Kommunikation, S. 123–124.
[40] Steinbuch: Totale Kommunikation, S. 120.
[41] Steinbuch: Totale Kommunikation, S. 124–125.

13

Energiequellen im Überfluss? – Eigentlich ja, aber …

Stetig wachsender Energieverbrauch pro Kopf

Zum Ende des 19. Jahrhunderts war die Menge verfügbarer Energie gegenüber vorindustriellen Zeiten bereits gewaltig gestiegen. Mehr als zwölf Millionen Pferdestärken standen allein mit den Dampfmaschinen bereit, was nach damaliger Einschätzung der Leistung von rund hundert Millionen Menschen entsprach. Aber verglichen mit der installierten Leistung von heute ist das nur ein verschwindend kleiner Prozentsatz. Aktuell liegt das Energieangebot vielhundertfach höher.

Der tatsächliche Energieverbrauch weltweit entspricht derzeit im Schnitt einer Dauerleistung von knapp 2500 Watt pro Person, das heißt rund dem Fünfundzwanzigfachen der Leistungsfähigkeit des menschlichen Körpers. Dabei handelt es sich allerdings um einen globalen Mittelwert; der Gesamtverbrauch ist auf dem Globus sehr ungleich verteilt. In den westeuropäischen Staaten liegt er fast doppelt so hoch, in den USA beträgt er sogar mehr als das Vierfache.[1] Dies bedeutet: Menschen in den wenig industrialisierten Ländern dieser Erde verbrauchen nur einen Bruchteil des weltweiten Durchschnitts.

Hoffte man zu Beginn der Industrialisierung noch auf die Unerschöpflichkeit der energetischen und stofflichen Ressourcen der Erde, so ist mittlerweile klar, dass zum Beispiel die fossilen Brennstoff-Lager nicht unerschöpflich sind. Dort hatte sich im Laufe von Jahrmillionen ein Vorrat

---

[1] Wikipedia: Weltenergiebedarf.

© Springer-Verlag GmbH Deutschland, ein Teil von Springer Nature 2022
G. Zweckbronner, *Aufbruch ins Industriezeitalter – Zukunftswerkstätten der Neuzeit*,
https://doi.org/10.1007/978-3-662-60542-4_13

gebildet, der nun innerhalb kürzester Zeit verfeuert oder als Rohstoff in der chemischen Industrie verarbeitet wird. Obendrein hat die massenhafte Freisetzung des fossil gebundenen Kohlendioxids in die Atmosphäre gravierende Folgen für das Erdklima. Gegen Ende des 19. Jahrhunderts sah man in der Elektrizität eine saubere, universelle Form von Energie, die aus Wasserkraft gewonnen werden konnte, und hielt den Energiemangel für überwunden.[2]

Doch der steigende Energieverbrauch in den vergangenen gut hundert Jahren wird nach wie vor zum größten Teil durch Erdöl, Kohle und Erdgas gedeckt – also durch die fossilen Träger, die unweigerlich zur Neige gehen, selbst wenn der weltweite Verbrauch nicht weiterhin so steigen würde wie bisher. Dieser Anstieg ist zum einen durch das Wachsen der Weltbevölkerung bedingt und durch den zunehmenden Nachholbedarf an Energie in den sogenannten Entwicklungs- und Schwellenländern. Zum anderen aber treiben auch die nach wie vor steigenden Ansprüche der bereits hochindustrialisierten Gesellschaften den Energieverbrauch weiter in die Höhe – trotz effizienterer Nutzung der Ressourcen.

Höhere Effizienz führt in der Regel eben nicht zu weniger Verbrauch, sondern zu mehr. Denn sie regt die Nachfrage an und macht Einsparungen dadurch mehr als wett. Erinnert sei hier an die Worte von Arago aus der ersten Industrialisierungsphase in den 1830er-Jahren, wonach die Befriedigung eines Bedürfnisses auf der Stelle ein anderes hervorrufe und unser Begehren sich stets vermehre, sobald die Gegenstände wohlfeiler würden – eine frühe Formulierung dessen, was wir heute in der Energiewirtschaft Rebound-Effekt nennen.

Die Skala der Begehrlichkeiten ist weiterhin nach oben offen und hält den Kreislauf von Produktion und Konsum in Schwung, wie es die Erziehung zur Industrie im 19. Jahrhundert bereits angestrebt hatte. Unser hochtechnisierter Alltag ist bestückt mit tausenderlei Geräten, über deren Nutzen und Notwendigkeit sich von Fall zu Fall trefflich streiten ließe. Der persönliche Machtzuwachs durch Technik ist enorm. Wir können mit dem Gaspedal eine Leistung lostreten, die jene unseres Körpers mehr als hundertmal übertrifft, und wir beschleunigen mit Leichtigkeit das Zigfache unseres eigenen Körpergewichts – in vorindustrieller Zeit undenkbar. Die Maschinen und Gerätschaften, mit denen wir Tag für Tag wie selbstverständlich umgehen, benötigen vor allem eines: Energie – und zwar bei der Herstellung und im Betrieb. Auch die Gewinnung und Aufbereitung der nötigen Rohstoffe kostet Energie, dereinstiges Recyceln oder Verschrotten ebenfalls.

---

[2] König: Massenproduktion und Technikkonsum, S. 543.

Im Informationszeitalter können wir rund um die Uhr und rund um den Globus kommunizieren. Wir rufen am Laptop oder mit dem Smartphone Text- und Bildnachrichten aus aller Welt ab und nutzen bei Recherchen Suchmaschinen, die in Sekundenschnelle Ergebnisse liefern, für die man einst zu Bibliotheken, Mediatheken, Archiven oder Museen reisen musste. Und diese Ergebnisse liegen bereits als Digitalisat vor, so dass man sie sofort in digitaler Form weiterverarbeiten kann. Selbst wenn Information etwas Immaterielles ist – ihre Speicherung und Verarbeitung, auch beim wolkig und luftig klingenden Cloud-Computing, frisst gewaltige Mengen Energie. Allein die Versorgung des gesamten Internets mit Strom führt derzeit zu einem Ausstoß von Kohlendioxid, der dem des weltweiten Flugverkehrs gleichkommt. Würde man das Internet nur mit Kernenergie betreiben, bräuchte man dafür 25 Atomkraftwerke.[3] Tendenz steigend.

Die vielseitige Verwendung von Elektrizität in Geräten für den stationären wie für den mobilen Gebrauch suggeriert den Einsatz umweltfreundlicher Energie und täuscht darüber hinweg, dass Strom immer noch zu zwei Dritteln mit fossilen Brennstoffen erzeugt wird.[4] Der Anteil regenerativer Energiequellen ist weltweit nach wie vor viel zu gering. Alle fossilen Energiereserven zusammengenommen werden nach heutigen Schätzungen und dem derzeitigen Verbrauch in etwa achtzig Jahren erschöpft sein.[5] Selbst wenn diese Einschätzung zu kurz gegriffen wäre und die Vorräte dank immer aufwendigerer Methoden der Erschließung und Aufbereitung noch etwas länger reichen sollten, besteht an der Endlichkeit dieser Ressourcen kein Zweifel. Auch die Kernenergie wird auf Dauer keine Lösung sein. Zu groß sind die Risiken des Betriebs und die Probleme mit dem radioaktiven Abfall. Und die Vorräte an Uranerz, aus denen der Brennstoff für den Kraftwerksbetrieb gewonnen wird und deren Abbau bereits große Umweltbelastungen mit sich bringt, werden nach aktuellen Schätzungen in siebzig Jahren ebenfalls zur Neige gehen.[6]

Die Zukunft wird also den regenerativen Energiequellen gehören. Sie schonen die Ressourcen und tragen zum Klimaschutz bei. Allen voran ist hier die Sonneneinstrahlung zu nennen. Sie liefert nicht nur direkt Energie für thermische und photovoltaische Solaranlagen, sondern bewirkt auch

---

[3] Lesch, Kamphausen: Menschheit, S. 331.

[4] Wikipedia: Stromerzeugung.

[5] Dannenberg, Duracak, Hafner, Kitzing: Energien der Zukunft, S. 12; Bundeszentrale für politische Bildung: Energie.

[6] Dannenberg, Duracak, Hafner, Kitzing: Energien der Zukunft, S. 14.

das permanente Wachstum von energetisch nutzbarer Biomasse und bringt sämtliche Wind- und Wasserkräfte hervor. Weniger ergiebig, aber durchaus nutzbar, ist der Zerfall von Isotopen im Erdinneren und ihre geothermische Wirkung sowie die Gravitation zwischen Sonne, Erde und Mond als Ursache für die Meeres-Gezeiten.[7]

Die Sonne als „ewige" Energiequelle

Mit der Sonne haben wir ein zentrales Kernkraftwerk in unserem Planetensystem, das durch Fusionsprozesse die Erde von Anbeginn mit Energie versorgt. Sie liefert uns in jedem Moment das Zehntausendfache dessen, was wir derzeit weltweit verbrauchen.[8] Es läge also nahe, diesen natürlichen Zustrom an Energie für die wachsende Weltbevölkerung wesentlich intensiver nutzbar zu machen, als bisher geschehen. Doch dazu bedarf es noch viel technischer Kreativität im Rahmen einer internationalen Energiepolitik.

> So erhält die Erde in jeder einzelnen Stunde mehr potentiell nutzbare Energie von der Sonne, als notwendig wäre, um den Energiebedarf der gesamten Menschheit für ein Jahr zu decken. Auch die Leistungskraft der Windenergie übertrifft den weltweiten Energiebedarf um ein Mehrfaches.[9] (Al Gore, 2013).

Wie lange können wir auf diesen Zustrom von Sonnenenergie bauen? Hunderte von Millionen Jahre. Danach ist ein Leben auf dem Planeten Erde, so wie wir es kennen, ohnehin nicht mehr möglich. Wir dürfen hier also getrost den menschlichen Maßstab anlegen und von einer unerschöpflichen, erneuerbaren Energiequelle sprechen. Das Vorbild der Sonne regt seit geraumer Zeit zu Versuchen an, Fusionsreaktoren zu bauen, in denen man hier auf der Erde kleine Sonnenfeuer entfachen kann. Der wissenschaftlich-technische Aufwand hierfür ist enorm. Ob diese Reaktoren zur Lösung des Energieproblems beitragen können, muss sich erst noch zeigen. Das leuchtende Vorbild Sonne steht uns jedenfalls ewig im oben genannten Sinne zur Verfügung.

---

[7] Dannenberg, Duracak, Hafner, Kitzing: Energien der Zukunft, S. 9–11.

[8] Dannenberg, Duracak, Hafner, Kitzing: Energien der Zukunft, S. 31.

[9] Gore: Zukunft, S. 377.

Die Ausbeute von Solaranlagen oder Windrädern ist allerdings stark wetterabhängig. Ihre Schwankungen müssen deshalb im Verbund mit anderen Kraftwerken und Speichertechniken ausgeglichen werden in einem intelligenten Stromnetz, auch Smart Grid genannt.[10] Man kann Elektrizität, gerade von Offshore-Windkraftanlagen auf hoher See mit großen Windgeschwindigkeiten oder von Solarkraftwerken in Erdgegenden mit intensiver Sonneneinstrahlung, auch über große Entfernungen verlustarm in windschwächere und sonnenärmere Länder transportieren. Die Weiterleitung von Solarstrom über Tausende von Kilometern setzt zwar langfristig stabile politische Verhältnisse voraus – einer der Gründe, weshalb zum Beispiel das Dersertec-Projekt ins Stocken geriet, das Strom aus der Sahara nach Europa bringen sollte. Doch länderübergreifende politische Stabilität braucht auch der Betrieb von Öl- und Gaspipelines.[11]

Große Mengen Sonnenenergie sind in den Flüssen und Seen unseres Planeten gespeichert: knapp 30 Prozent des Weltenergiebedarfs. Die Wasserkraft zählt neben der Windkraft zu den ältesten Naturkräften, die der Mensch genutzt hat. Die jahreszeitlichen und wetterbedingten Schwankungen dieser Energiequellen mussten einst durch die Muskelkraft von Mensch und Tier ausgeglichen werden. Konstante Leistung lieferte erst die Dampfmaschine. Wasserkraft erlangte wieder größere Bedeutung, als mit ihr dort, wo sie reichlich zur Verfügung stand, elektrische Energie für das Stromnetz erzeugt werden konnte. Heute sind Wasserkraftanlagen wichtiger Bestandteil im Verbund mit anderen Stromerzeugern, auch als Pumpspeicherkraftwerke, um Schwankungen von Angebot und Nachfrage im Netz auszugleichen.[12]

Je größer Stausee-Kraftwerke und damit ihre Wassereinzugsgebiete sind, desto weniger hängt ihre Leistung von Wetter und Jahreszeit ab. Die Kehrseite der Medaille sind jedoch die hohen Investitionskosten, der enorme Landschaftsverbrauch und die weit reichenden Folgen für Mensch und Umwelt, zumal wenn Talsperren Seen aufstauen mit einer Fläche von Hunderten oder gar Tausenden Quadratkilometern. Abermillionen Menschen weltweit mussten bereits wegen solcher Projekte ihre Dörfer und Städte für immer verlassen, bevor diese in den aufgestauten Wassern verschwanden. Über eine Million waren allein beim

---

[10] Wikipedia: Intelligentes Stromnetz.

[11] Dannenberg, Duracak, Hafner, Kitzing: Energien der Zukunft, S. 31–95; Battaglini, Lilliestam: SuperSmart Grid; Lesch, Kamphausen: Wenn nicht jetzt, S. 208–226 (Interview mit Franz Trieb).

[12] Dannenberg, Duracak, Hafner, Kitzing: Energien der Zukunft, S. 96–114.

Bau des Drei-Schluchten-Staudamms in China davon betroffen. Auch der Lebensraum von Tieren und Pflanzen geht dabei verloren, das Ökosystem gerät aus dem Gleichgewicht. Die großflächigen und tief greifenden geophysikalischen Landschafts-Veränderungen sind anfällig gegen extreme Naturereignisse wie Unwetter oder Erdbeben. Und sie können zu Bergstürzen oder Erdrutschen führen, also zu technisch erzeugten „Natur"-Katastrophen. Wenn dadurch Dämme brechen oder überflutet werden, gefährden die zu Tal stürzenden Wassermassen möglicherweise das Leben Zigtausender Menschen.[13]

All dies sind keine pessimistischen Visionen, sondern Katastrophen dieser Art haben sich schon ereignet: In den italienischen Alpen zum Beispiel löste 1963 ein durch Aufstauen verursachter Bergrutsch eine Flutwelle am Vajont-Stausee aus, die das Städtchen Longarone völlig zerstörte und zweitausend Menschen das Leben kostete; und 1975 brach in China unter dem Druck der Sturmflut bei einem Taifun der Banqiao-Damm, was Zigtausende von Todesopfern zur Folge hatte. Solche Ereignisse belegen die These, die bereits unter dem Eindruck der Eisenbahn-Katastrophe von 1842 formuliert wurde: Je höher das technische Niveau, desto tiefer der Sturz im Versagensfall. Deshalb bauen Untersuchungen und Hochrechnungen zur Nutzung der Wasserkräfte nicht nur auf solche Riesenprojekte, sondern auch auf kleinere Flusskraftwerke, die umweltfreundlicher und in größerer Zahl betrieben werden können.[14]

Man muss also immer die Vorteile regenerativer Energiegewinnung für Ressourcenschonung und Klimaschutz sorgfältig abwägen gegen Risiken für die Lebensräume von Menschen, Tieren und Pflanzen. Das gilt auch für die energetische Nutzung von Biomasse, die in Flächenkonkurrenz treten kann zur Produktion von Futterpflanzen und Lebensmitteln. Und genauso gilt es für Geothermie-Kraftwerke, in denen die Wärme der Erdkruste in bis zu 5000 Metern Tiefe genutzt wird. Ihr Vorteil liegt in der konstanten Energielieferung, unabhängig von Wetter und Jahreszeit. Aber bisherige Erfahrungen haben gezeigt: Durch den Betrieb können seismisch labile Zonen entstehen, was zu kleinen Erdbeben und fatalen Gelände-Hebungen oder -Senkungen führen kann. Möchte man also künftig das große Energiereservoir der Erdkruste besser erschließen und nutzbar machen, dann nur unter strenger

---

[13] Dannenberg, Duracak, Hafner, Kitzing: Energien der Zukunft, S. 110; Harari: Homo Deus, S. 258–259.

[14] Dannenberg, Duracak, Hafner, Kitzing: Energien der Zukunft, S. 109–112; Wikipedia: Vajont-Staumauer; Wikipedia: Banqiao-Staudamm.

Prüfung der geologischen Gegebenheiten und der Auswirkungen auf die Umwelt sowohl bei Einrichtung wie beim Betrieb geothermischer Anlagen.[15]

Die Vision von einer 2000-Watt-Gesellschaft

Den Anteil regenerativer Energiequellen zu steigern und Klimaneutralität zu erreichen, ist also auch nicht frei von Risiken. Deshalb laufen flankierend zu diesen ressourcenschonenden Maßnahmen auch Bestrebungen, den ständig steigenden Bedarf an Energie zu bremsen und die vermeintlich zwingende Verbindung von Lebensqualität und steigendem Energieverbrauch in den hochentwickelten Industrie- und Dienstleistungsgesellschaften aufzubrechen. Wenn der weltweite Energieverbrauch derzeit einer Dauerleistung von 2500 Watt pro Person entspricht und der Pro-Kopf-Verbrauch in den Industriestaaten um ein Vielfaches darüber liegt, dann ist es höchste Zeit, im Rahmen einer gerechten und klimaschonenden globalen Energie- und Umweltpolitik einen Ausgleich zu schaffen und mit Hilfe effizienter und intelligent eingesetzter Technologien überall auf dieser Welt einen guten Lebensstandard zu ermöglichen und zu sichern. Noch immer sind die Wohltaten der Industrialisierung sehr ungleich verteilt, aber die negativen Folgen haben bald alle zu tragen.

> Noch reicht der Leidensdruck offenbar nicht aus, um uns aus der Bequemlichkeit des Ölzeitalters zu locken und zu anderen Aktivitäten zu verleiten – etwa denen, die das Konzept der Nachhaltigkeit berücksichtigen.[16] (Ernst Peter Fischer, 2011)

Machbarkeitsstudien und Modellrechnungen, die Ende der 1990er-Jahre in der Schweiz angestellt worden sind, haben gezeigt: In den europäischen Industriestaaten wäre es durchaus möglich, die Pro-Kopf-Leistung auf 2000 Watt zu reduzieren sowie den jährlichen Ausstoß von Kohlendioxid deutlich zu senken, indem man den Anteil regenerativer Energieträger steigert. Die 2000 Watt entsprachen damals dem weltweiten durchschnittlichen Pro-Kopf-Verbrauch. Auf Basis dieser Untersuchungen wurde die Vision einer 2000-Watt-Gesellschaft entwickelt. Die Stadt Zürich griff diese Vision auf und ging voran auf dem Weg zur 2000-Watt-Gesellschaft.

---

[15] Dannenberg, Duracak, Hafner, Kitzing: Energien der Zukunft S. 127–142.
[16] Fischer: Elektrizität, S. 333.

Weitere Städte in der Dreiländerregion Schweiz, Österreich, Deutschland folgten. Bis 2050 wollen sie das Ziel erreicht haben, den Pro-Kopf-Verbrauch auf 2000 Watt zu senken.[17]

Die Lebensqualität muss darunter nicht leiden. Ein Umdenken ist allerdings schon erforderlich – und die Bereitschaft, aus dem Karussell des Immer-Mehr und Immer-Schneller auszusteigen und sich hinzuwenden zu einem Lebensstil der Entschleunigung und der Suffizienz.[18] Gemeint ist hier eine maßvolle Lebens- und Wirtschaftsweise, die sich nicht an beständigem Wachstum orientiert, sondern auf Nachhaltigkeit und Ressourcenschonung achtet und im Einklang damit die eigenen Bedürfnisse sorgfältig abwägt: Bedürfnisse bezüglich Wohnen, Konsum, Ernährung und Mobilität zu Lande, zu Wasser und in der Luft. So kann man der Rebound-Falle entkommen, die jeden Vorteil effizienterer Nutzung von Energie und Rohstoffen gleich wieder durch Mehrverbrauch aufzehrt oder gar überkompensiert.

> Denn die Frage nach der Berechtigung bestimmter Arten und Weisen der Bedürfnisbefriedigung, in Anbetracht der Bedürfnisse der kommenden Generationen, ist Bestandteil der notwendigen Abwägungsprozesse im Hinblick auf die Nutzung versus den Erhalt von natürlicher Umwelt. Insofern sind freiwillige Suffizienzanstrengungen wichtige flankierende Maßnahmen für die Erreichung der Nachhaltigkeit.[19] (Agenda 21, 1999).

Natürlich gibt es in jeder Kommune auch Energieverbrauchs-Werte, die man durch seinen persönlichen Lebensstil nicht unmittelbar beeinflussen kann, die aber trotzdem auf den Pro-Kopf-Verbrauch angerechnet werden: vor allem für städtische Infrastruktur im weitesten Sinne sowie für Handel und Gewerbe. Deshalb ist es wichtig, dass sich jeweils die ganze Stadt-Gemeinschaft dem 2000-Watt-Projekt verschreibt und dass alle an einem Strang ziehen. Das globale Energieproblem wird dadurch freilich noch nicht gelöst, und der Energie-Mix in diesem Modell enthält immer noch fossile Anteile, wenn auch rückläufig. Aber ein möglicher Weg ist damit beschritten zu einem zukunftsfähigen, klimafreundlichen und, mit Blick auf die Weltbevölkerung, fairen Umgang mit den stofflichen und energetischen Ressourcen unseres Planeten.

---

[17] Wikipedia: 2000-Watt-Gesellschaft; ifeu: Videoinstallation zur 2000-Watt-Gesellschaft; Arbon, Feldkirch, Gossau et al.: Wir leben 2000 Watt.

[18] Wikipedia: Suffizienz.

[19] Breuel: Agenda 21, S. 44 (Beitrag Ortwin Renn, Anja Knaus, Hans Kastenholz).

14

Resümee und Ausblick

Das Eisen in der Wunde

Schauen wir kurz zweieinhalb Jahrhunderte zurück. Man bekomme
Lust, auf vier Füßen zu gehen, schrieb 1755 Voltaire, der große Spötter
des Aufklärungszeitalters, an Jean-Jacques Rousseau, nachdem er dessen
„Abhandlung über den Ursprung und die Grundlagen der Ungleichheit
unter den Menschen"[1] gelesen hatte – nie habe jemand so viel Geist darauf
verwendet, uns wieder zu Eseln zu machen.[2] Rousseaus Schrift „gegen das
Menschengeschlecht", wie Voltaire sie nannte, war die Antwort gewesen auf
eine Preisfrage der Akademie in Dijon nach dem Ursprung der Ungleichheit unter den Menschen und ob sie im Naturgesetz begründet sei. Und
diese Antwort war eindeutig: eine harsche Zivilisationskritik, ähnlich der,
die Rousseau auch schon 1750 geliefert hatte, als er die Frage derselben
Akademie, ob Wissenschaften und Künste zur Läuterung der Sitten bei-
trügen, mit einem preisgekrönten Nein beantwortete.[3]

Auch jetzt wieder hielt Rousseau dem gewaltigen Aufwand an Wissen-
schaft und Technik den geringen Nutzen für das Glück der menschlichen
Gattung entgegen. Er verfolgte den Weg des Menschen vom Natur- zum
Gesellschaftszustand und damit zu dessen ständig wechselnden künstlich

---

[1] Rousseau: Kulturkritik, S. 61–269.
[2] Rousseau: Kulturkritik, S. 303 (Voltaire an Rousseau, 1755).
[3] Rousseau: Kulturkritik, S. 1–59.

© Springer-Verlag GmbH Deutschland, ein Teil von Springer Nature 2022
G. Zweckbronner, *Aufbruch ins Industriezeitalter – Zukunftswerkstätten der Neuzeit,*
https://doi.org/10.1007/978-3-662-60542-4_14

geschaffenen Bedürfnissen und Vergnügungen. Seine Darlegungen gipfelten in der Feststellung, es sei offensichtlich gegen das Gesetz der Natur, „dass eine Handvoll Leute im Überfluss schwelgt, während die ausgehungerte Masse des Notwendigen entbehrt".[4]

Ganz anders sahen das zur selben Zeit die Enzyklopädisten. Im Standardwerk der französischen Aufklärung, der 35-bändigen Enzyklopädie, die von 1751 bis 1780 erschien, stellten die Autoren alle Wissenschaften, Künste und Handwerke ihrer Zeit in Wort und Bild vor und betonten deren kulturtragende und -fördernde Rolle. In der Einleitung zu diesem Werk ergriff d'Alembert die Gelegenheit, jene Pfeile zurückzuschießen, mit denen Rousseau kurz zuvor auf Wissenschaften und Künste gezielt hatte wegen ihres verderblichen Einflusses auf die Sitten. D'Alembert trennte die kulturellen Errungenschaften scharf von ihrem Missbrauch und entgegnete Rousseau: Die Wissenschaft trage unbedingt dazu bei, die Gesellschaft liebenswerter zu machen.[5]

Noch bevor die Visionen eines Bacon und Descartes von der Naturbeherrschung breite Wirkung entfalteten und bevor die industrielle Revolution die Lebens- und Arbeitsbedingungen radikal veränderte, entflammten also Debatten über Für und Wider einer technisch-wissenschaftlich geprägten Gesellschaft – Debatten, die bis zum heutigen Tage anhalten und durch die fortschreitende Technisierung ständig neue Nahrung bekommen. Und schon in der Antwort Rousseaus an Voltaire taucht ein Argument von erstaunlicher Aktualität auf.

Wenn es wahr ist, dass alle menschlichen Fortschritte für die Gattung gefährlich sind, dann beschleunigen die Fortschritte des Geistes und der Kenntnisse, die unseren Ehrgeiz anspornen und unsere Ausschweifungen vermehren, bald unsere Leiden. Jedoch es kommt eine Zeit, in der das Übel so groß ist, dass die Ursachen, die es entstehen ließen, nötig sind, um seinem Wachsen Einhalt zu gebieten. Man muss das Eisen in der Wunde lassen, damit der Verwundete nicht beim Herausziehen verblute. Was mich angeht, so wäre ich zweifellos glücklich geworden, wenn ich meinem ersten Hang gefolgt wäre und weder gelesen noch geschrieben hätte. Indessen: würden die Wissenschaften jetzt vernichtet, so wäre ich des einzigen Vergnügens beraubt, das mir geblieben ist.[6] (Jean-Jacques Rousseau, 1755)

---

[4] Rousseau: Kulturkritik, S. 111, 267–269.
[5] Alembert: Enzyklopädie, S. 189–191.
[6] Rousseau: Kulturkritik, S. 311–313 (Rousseau an Voltaire, 1755).

Das Rousseau'sche „Zurück zur Natur" wich hier einem Bedauern, nicht einst dort geblieben zu sein, im vermeintlich heilen Naturzustand. Für die Unumkehrbarkeit der kulturellen Entwicklung und die Unentbehrlichkeit der Wissenschaften hatte er ein starkes Bild gefunden: das Bild vom Eisen, das man in der Wunde lassen muss, um ein Verbluten zu verhindern. Es bringt bereits das ganze Dilemma unserer heutigen Weltgemeinschaft mit ihren rund 7,8 Milliarden Menschen auf den Punkt: Wir sind existentiell abhängig von Naturwissenschaft und Technik – deren negative Auswirkungen wir wiederum nur mit denselben Mitteln zu reparieren suchen, durch die sie entstanden sind.

Der Segen der Widerrufbarkeit liegt schon lange nicht mehr auf der Geschichte der Industrialisierung. Wer heute ein „Zurück zur Natur" im Sinne einer Abkehr von Wissenschaft und Technik fordert, gefährdet das Leben von Abermillionen Menschen,[7] ganz davon abgesehen, dass es diese ursprüngliche Natur gar nicht mehr gibt. Aber umgekehrt würde ein ungebremstes „Weiter so" die Existenzgrundlagen der Menschheit aufs Spiel setzen.

> Die Menschheit vergrößerte ihre Macht über die Natur; das ist das Erkennungszeichen der Ära des Anthropozäns. Aber wenn wir unsere Macht einfach nur weiter vergrößern, werden sowohl die Natur als auch die Menschheit zu Verlierern.[8] (Paul J. Crutzen, 2015)

Bacon war es um die Erweiterung der menschlichen Herrschaft über die Natur „bis an die Grenzen des überhaupt Möglichen" gegangen. Die französische Aufklärung leistete solchem Fortschrittsoptimismus weiteren Vorschub: Vernunft, Wissenschaft und Technik sollten die Vervollkommnung des Menschen nahezu unbegrenzt vorantreiben. Nach den Worten des Aufklärungsphilosophen Antoine de Condorcet gab es hierfür keine andere Grenze mehr als die Lebensdauer der Erde. Der Fortschritt werde so lange weitergehen, wie die Gesetze des Universums „auf der Erdkugel keine allgemeine Zerstörung hervorbringen oder Wandlungen, die der menschlichen Rasse nicht mehr erlauben, sich zu erhalten".[9] Condorcet konnte nicht ahnen, dass die Menschheit knapp zweihundert Jahre später schon in der Lage sein würde, ihr Ende aus eigener Kraft mit Hilfe der

---

[7] Mittelstraß: Leonardo-Welt, S. 108–109.
[8] Möllers, Schwägerl, Trischler: Anthropozän, S. 32–34 (Interview mit Paul J. Crutzen).
[9] Zitiert nach Mason: Geschichte, S. 389.

universalen Naturgesetze herbeizuführen: mit atomarer Waffengewalt, durch irreversible Ausbeutung natürlicher Ressourcen oder durch Zerstörung der Biosphäre – wider alle Vernunft und besseres Wissen.

Schatten des Fortschritts

Die Grenzen des überhaupt Möglichen, zu denen Bacon aufbrach, sind mittlerweile in Sichtweite, zumindest die Grenzen des für Mensch und Natur Zuträglichen. Vieles lief anders als erwartet im Industrialisierungsprozess oder zeitigte ungewollte Nebenwirkungen. Die moderne Landwirtschaft zum Beispiel bringt zwar enorme Ertragssteigerungen für die wachsende Weltbevölkerung, aber sie bewegt sich auf dem schmalen Grat zwischen Intensivierung und Raubbau.[10] Zudem haben wir heute durch Übernutzung natürlicher Ressourcen einen vieltausendfachen jährlichen Artenverlust zu beklagen, also eine drastische Reduzierung der lebensnotwendigen Biovielfalt.[11]

> Die dem Menschenglück zugedachte Unterwerfung der Natur hat im Übermaß ihres Erfolges, der sich nun auch auf die Natur des Menschen selbst erstreckt, zur größten Herausforderung geführt, die je dem menschlichen Sein aus eigenem Tun erwachsen ist. Alles daran ist neuartig, dem Bisherigen unähnlich, der Art wie der Größenordnung nach. […] Die Katastrophengefahr des Baconischen Ideals der Herrschaft über die Natur durch die wissenschaftliche Technik liegt also in der Größe seines Erfolgs.[12] (Hans Jonas, 1979)

Der automobile Massenverkehr belastet die Umwelt – ganz davon abgesehen, dass der Traum von individueller Mobilität, dessen Verwirklichung man sich vom Auto versprach, zunehmend im Kollektiverlebnis Stau endet. Und als Preis für diese zunehmend eingeschränkte Mobilität nehmen wir Jahr für Jahr immer noch über dreitausend Verkehrstote allein auf deutschen Straßen in Kauf, wenn auch die Zahlen in Bezug auf die Menge der Autos sinken.[13]

---

[10] Pinzler, Sentker: Erde, S. 176–182 (Beitrag Christiane Grefe, Urs Willmann); Breuel: Agenda 21, S. 176–187 (Beitrag Meinhard Schulz-Baldes); Lesch, Kamphausen: Menschheit, S. 246–283.

[11] Pinzler, Sentker: Erde, S. 36–39 (Beitrag Anne Gerdes, Fritz Habekuss).

[12] Jonas: Prinzip Verantwortung, S. 7, 251.

[13] Wikipedia: Verkehrstod.

Wäre es da nicht sinnvoll, gelegentlich innezuhalten und sich zu fragen, ob es zum scheinbar unaufhaltsam wachsenden Straßenverkehrs-Aufkommen wirklich keine Alternativen gibt? Das Ideal von der auto-gerechten Stadt aus der Mitte des 20. Jahrhunderts[14] hat jedenfalls längst ausgedient. Menschengerechte, verkehrsberuhigte Städte zeigen, dass man den Wunsch nach individueller Mobilität und Bewegungsfreiheit auch anders und besser erfüllen kann.[15] Überhaupt Mobilität: Man muss ja nicht gleich so weit gehen wie Pascal, für den das ganze Unglück der Menschen aus einer einzigen Ursache herrührte: nicht ruhig in einem Zimmer bleiben zu können.[16] Aber ist der gegenwärtige Mobilitätsboom zu Lande, zu Wasser und in der Luft wirklich der Schlüssel zu mehr Glück und Lebensqualität, eingedenk der ökologischen Folgen und auch steigender Pandemie-Risiken?

Von den neuen Verkehrs- und Kommunikationsmitteln des 19. und 20. Jahrhunderts hatte man sich versprochen, dass sie über einst willkürlich gezogene politische Grenzen hinweg die Völker dieser Erde einander näher bringen und dauerhaft Frieden schaffen. Von Letzterem sind wir noch weit entfernt. Die Welt ist nicht friedlicher geworden, trotz oder vielleicht auch teilweise wegen der Globalisierung. Sie bringt Kulturen, Gesellschafts- und Wirtschaftssysteme unterschiedlichster Ausprägung und Geschichte, die einst großräumig voneinander getrennt waren, in engen Kontakt zueinander. Statt darin eine Bereicherung durch kulturelle Vielfalt zu sehen, empfinden es manche als Bedrohung durch Fremdheit und setzen sich zur Wehr. Das beträchtliche Wohlstandsgefälle in dieser globalisierten Welt schürt zudem Interessenkonflikte. Wirtschaftliche und militärische Überlegenheit erweitert politische Einfluss-Sphären und wird zur Verfügungsmacht über knapper werdende Rohstoffe und Energieträger.

Die schrittweise Ablösung der Hand-Werkzeug-Technik durch die Maschinen-Werkzeug-Technik hatte im 19. Jahrhundert einen fundamentalen Wandel in der Arbeitswelt eingeleitet. Zunächst gingen Arbeiten, die Körper-kraft und handwerkliches Geschick erforderten, an Maschinen über, dann folgten Kontroll- und Steuerfunktionen bis hin zur modernen automatischen Fertigung mit Industrierobotern. Die nächsten Schritte sollen zur Industrie

---

[14] Schmucki: Verkehrsfluss.

[15] Pinzler, Sentker: Erde, S. 220–227 (Interview mit Thomas Steg, Maria Krautzberger); Lesch, Kamphausen: Wenn nicht jetzt, S. 289–294; Breuel: Agenda 21, S. 200–208 (Beitrag Udo J. Becker, Elke Elsel).

[16] Pascal: Gedanken, S. 73.

4.0 führen.[17] Dieses Schlagwort steht für die Entwicklung hin zu einer Produktion, in der Digitalisierung und künstliche Intelligenz eine zentrale Rolle spielen – von der Planung des gesamten Herstellungsprozesses in der virtuellen Realität bis zum fertigen realen Produkt.

Was diese digitale Transformation für den Arbeitsmarkt bedeutet, zeichnet sich schon seit Jahren ab. Bereits mit der Automatisierung hatte die Zeit der gebrochenen Erwerbsbiografien und prekären Arbeitsverhältnisse begonnen. Eine einzige Qualifikation reicht immer weniger für ein ganzes Arbeitsleben. Diese Tendenz dürfte sich noch verschärfen.

Zwar hatte Hannah Arendt gegen Ende der 1950er-Jahren prognostiziert, der Arbeitsgesellschaft gehe fatalerweise die Arbeit aus, die einzige Tätigkeit, auf die sie sich noch verstehe. Somit wirke sich die Erfüllung eines alten Traums als Fluch aus, denn diese Gesellschaft kenne kaum noch vom Hörensagen die sinnvolleren Tätigkeiten, um deretwillen die Befreiung sich lohnte.[18] Aber inzwischen hat sich gezeigt: Wenn die Arbeitsgesellschaft auch dank der industriellen Tugenden Ordnung, Fleiß, Sparsamkeit, Pünktlichkeit und Disziplin ihre eigene Basis schmälert und die Arbeitszeiten immer kürzer werden, geht die Arbeit trotzdem nicht aus. Ihre Inhalte werden nur immer rascher aktualisiert, und sie wird laufend neu verteilt. Immerhin zählten zu den Tugenden der Industrieerziehung auch Findigkeit und Flexibilität, und genau diese Eigenschaften zu entwickeln und einzusetzen wurde bereits um 1800 denen abverlangt, die durch den Einsatz von Maschinen arbeitslos geworden waren.[19]

Heute sind solche Forderungen aktueller denn je. Ständig gehen Arbeitsplätze verloren und gleichzeitig entstehen an anderer Stelle welche mit neuen Anforderungen an die Qualifikation. Aber die Zwänge zu Innovationsbereitschaft, Weiterbildung, Flexibilität und Mobilität lassen sich immer schwerer mit persönlichen Lebensplanungen vereinbaren. Deshalb werden Stimmen lauter, die zum Beispiel für ein bedingungsloses Grundeinkommen zur Absicherung der Existenz plädieren – als „Antwort auf die Digitalisierung", so wie der Sozialstaat die „Antwort auf die Industrialisierung" gewesen sei.[20]

Maßnahmen dieser oder ähnlicher Art würden zu einer Neubewertung von Arbeit führen und dann tatsächlich die Ablösung der herkömmlichen Arbeitsgesellschaft bedeuten, in der Existenzsicherung und soziale Teilhabe

---

[17] Bauernhansl, ten Hompel, Vogel-Heuser: Industrie 4.0; Botthof, Hartmann: Zukunft der Arbeit; Lenzen: Künstliche Intelligenz, S. 196–210; Grunwald: Der unterlegene Mensch, S. 53–75.

[18] Arendt: Vita activa, S. 11–12; Jonas: Prinzip Verantwortung, S. 342–369.

[19] Krünitz: Encyklopädie, Bd. 85, 1802, S. 184–185 (Maschine).

[20] Häni, Kovce: Manifest zum Grundeinkommen, S. 17.

auf Erwerbsarbeit gegründet waren. Und sie würden auch Raum schaffen für jene Tätigkeiten, um deretwillen die Reduzierung von fremdbestimmter Erwerbsarbeit sich lohnte, um Arendts Blickwinkel nochmals einzunehmen – Muße inbegriffen, die in der Erziehung zur Industrie des 18. und 19. Jahrhunderts zuerst verteufelt und dann gründlich ausgetrieben wurde.

Digitalisierung in einer Leibniz'schen Welt

Die digitale Transformation bleibt nicht auf die Arbeitswelt beschränkt. Sie hat längst unseren Alltag erfasst.[21] Big Data, Smart Home, Internet der Dinge, digitale Assistenzsysteme – das steht auf den Wegweisern in eine Zukunft voller Verheißungen in punkto Lebensqualität. Wenn man alles mit allem digital vernetzt, hängt natürlich alles mit allem zusammen und bedarf dann wieder einer höheren Stufe der Vernetzung und Beherrschung. Und so schieben sich immer weitere distanzierende Schichten und Bedien-Oberflächen zwischen uns und die Dinge. Die handgreifliche, mit allen Sinnen wahrnehmbare Technik verschwindet immer mehr hinter den glatten Flächen von Displays, die wir betasten oder über die wir wischen. Und auch dieser taktile Umgang bekommt zunehmend Konkurrenz durch Sprachsteuerung. Wir haben also nur noch oberflächlichen Kontakt mit einem tief in unser Leben eingreifenden technischen System, das unser Denken und Wahrnehmen prägt. Auch hier scheint ein Steigerungsmechanismus angelegt, ähnlich dem Rebound-Effekt: Angestrebte Vereinfachungen führen zu wachsender Komplexität.

Wir leben in einer Welt Leibniz'scher Prägung. Sein „Lasst uns rechnen" ist im Hintergrund allgegenwärtig. Alles war für ihn der Zahl unterworfen, Denken und Rechnen fielen in eins zusammen. Selbst ethisch-moralische Fragen wollte er unfehlbar nach klaren Rechenschemata entscheiden lassen, oder, wie wir heute sagen würden, nach Algorithmen. Diese könnten zum Beispiel schon bald in autonomen Fahrzeugen über Wohl und Wehe von Menschenleben entscheiden – wenn auch Programmierung und Einsatz solcher technischer Systeme in menschlicher Verantwortung liegen.[22]

Eine universelle Zahlen- und Zeichensprache, so die Idee von Leibniz, sollte die Leistungsfähigkeit des Geistes steigern und dem Menschengeschlecht

---

[21] Lenzen: Künstliche Intelligenz, S. 181–195; Grunwald: Der unterlegene Mensch, S. 77–96, 223–236.

[22] Grunwald: Der unterlegene Mensch, S. 99–116.

gleichsam ein neues Organ verleihen. Verbindet man diesen Anspruch mit den Möglichkeiten der elektronischen Verarbeitung solcher Zahlen und Zeichen, dann ist es nicht mehr weit bis zur künstlichen Intelligenz, die heute als Schlagwort in aller Munde ist und sowohl Hoffnungen weckt als auch Ängste schürt. Und das Kollektiv-Gedächtnis Internet[23] hat bereits die Funktion des gesellschaftlichen Gehirns übernommen, von dem Steinbuch in den 1970er-Jahren sprach. Der von ihm beschriebene Zustand der totalen Kommunikation, in dem jeder Mensch zu jeder Zeit an jedem Ort mit jedem Menschen per mobilem Terminal in Bild und Ton kommunizieren kann, hat entgegen seiner Einschätzung nicht bis zur Mitte des 21. Jahrhunderts auf sich warten lassen. Er ist längst erreicht.

Den digitalen Kommunikationsmitteln ist eine gemeinschaftsbildende Rolle zugewachsen. Wer diese sozial genannten Medien nicht nutzt, muss befürchten, ins gesellschaftliche Abseits zu geraten. Aber wer sie nutzt, läuft auch Gefahr, Privates preiszugeben, sich gläsern und manipulierbar zu machen. Dieselben Datenkanäle, durch die wir heute, zumindest medial, eine Weltgemeinschaft bilden, sind auch offen für Ausspähungen, gezielte Falschmeldungen und diskriminierende Hassbotschaften.

Außerdem wird durch die Macht sekundenschnell verfügbarer Bilder, die eine unmittelbare Nähe zum Geschehen suggerieren, ein Grundproblem jeglicher Nachrichtenübermittlung verstärkt und zugleich verschleiert: Die weltumspannenden Informationsnetze liefern nach wie vor Erfahrung aus zweiter Hand – interessengeleitet oder per Zufall extrahiert aus einer erdrückenden Menge von Ereignissen, in Datenkanälen technisch übermittelt, also der direkten eigenen Wahrnehmung entzogen.[24] Hinzu kommen inzwischen die Geschäftsmodelle großer digitaler Medien-Plattformen, bei denen der ursprünglich primäre Aspekt, Kommunikationsmittel zu sein, überlagert wird durch wirtschaftliche Interessen und den Kampf um Marktanteile – eine Entwicklung, vor der Norbert Wiener bereits in Zeiten analoger Medien eindringlich gewarnt hatte.[25] Leben wir also wirklich in einer informierten Gesellschaft, wie sie Steinbuch als großes Ziel vorschwebte,[26] oder fällt es uns nicht zunehmend schwerer, aus den anschwellenden Datenfluten Wissen zu ziehen und Sinnzusammenhänge herzustellen, also uns wirklich kompetent informiert zu fühlen und eine fundierte eigene Meinung bilden zu können?

---

[23] Mittelstraß: Neue Leonardo-Welt, S. 216–229.

[24] Gehlen: Anthropologische Ansicht, S. 116–117.

[25] Wiener: Kybernetik, S. 231.

[26] Steinbuch: Totale Kommunikation, S. 126.

Mit der Digitalisierung stellen sich auch neue ethische und juristische Fragen nach dem Verhältnis zwischen Mensch und Maschine, zwischen natürlicher und künstlicher Intelligenz, letztlich nach der Verantwortung für das, was algorithmengesteuerte Techniken und Prozeduren bewirken. Pascal sah die ganze Würde des Menschen im Denken. Zwar kam für ihn die Funktion der Rechenmaschine dem Denken schon nahe, aber Willenskräfte – wir würden heute vielleicht auch sagen Bewusstsein – schrieb er ihr nicht zu. Bei der künstlichen Intelligenz scheint man sich da nicht mehr so sicher zu sein.

Kommt nach der sprachlichen Verschmelzung von Menschen- und Maschinenwelt durch Begriffe wie maschinelles Denken und künstliche Intelligenz nun im nächsten Schritt auch die faktische Verschmelzung von Mensch und Computer – zum Beispiel in Gestalt von kybernetischen Organismen, Cyborgs genannt,[27] in denen Mensch und Technik durch Implantate miteinander verbunden sind? Biologische Zellstrukturen, mit Computertechnik kombiniert, fungieren hier als sogenannte Wetware,[28] ein neuer Begriff neben Software und Hardware. Im Grunde hat diese Entwicklung schon mit Herzschrittmachern, bioelektronisch gesteuerten Neuroprothesen und dergleichen begonnen.

Aber wird es auch möglich sein, Gedanken auszulesen wie Daten aus einem Computer, noch bevor wir entschieden haben, ob wir sie überhaupt äußern wollten? Wäre es dann ratsam, nicht nur seine Zunge zu hüten, sondern auch seine Gedanken? Werden wir uns künftig die Pascal'sche Würde des Denkens mit den Maschinen teilen müssen? Schlägt gar unsere zunehmende Abhängigkeit von Digitaltechnik um in die Herrschaft einer künstlichen Intelligenz, der wir zu einer Art Eigenleben verholfen haben? Noch sollte die Entscheidung in unseren Köpfen und Händen liegen, ob wir es so weit kommen lassen wollen.[29]

Oder sind wir schon mitten drin in einem Prozess, den manche auch als natürlichen Gang der Geschichte sehen: einen genialen Schachzug der Evolution? Diese habe, so der Computerpionier Ray Kurzweil, einen Weg gefunden, die beschränkte Rechenleistung neuronaler Schaltungen des menschlichen Gehirns zu überwinden, indem sie Organismen hervorbrachte, eben uns Menschen, die ihrerseits eine Millionen Mal schnellere

---

[27] Lenzen: Künstliche Intelligenz, S. 110–119; Grunwald: Der unterlegene Mensch, S. 131–146.

[28] Stangl: Wetware.

[29] Grunwald: Der unterlegene Mensch, S. 149–165.

Datenverarbeitungs-Technologie schufen.[30] Die Unterschiede zwischen natürlicher und künstlicher Intelligenz wären dann wohl hinfällig. Diese Sichtweise würde freilich ein völlig neues Licht auf das Selbstverständnis des Menschen werfen. Sah der sich bislang als Betreiber der Entwicklung, geriete er nun in die Rolle eines bloßen Werkzeugs der Evolution. Könnte ihn künftig der Robo sapiens als neue Spezies überflügeln, die in einer transhumanistischen Welt die geistigen und körperlichen Beschränkungen des Homo sapiens hinter sich gelassen hätte?[31]

Raumschiff Erde als Lebensraum

Als Bacon und Descartes im frühen 17. Jahrhundert den Menschen zum Herren und Eigentümer der Natur proklamierten, lebten auf der ganzen Welt gerade mal 500 Millionen Menschen, weniger als heute allein in Europa. Bereits damals ging allerdings die Sorge um, es könnte zu einer Überbevölkerung kommen und damit zu politischen Instabilitäten und Kämpfen um Lebensraum.[32] Zum Ende des 18. Jahrhunderts, als die Bevölkerungszahl schon eine Milliarde erreicht hatte, lagen bereits Hochrechnungen vor „über die Anzahl der Menschen, die auf dem Erdboden leben können": je nach Rechenmodell zwischen knapp 6 Milliarden und 14 Milliarden.[33] Grundlage der Schätzungen waren natürlich die Lebens- und Ernährungsgewohnheiten sowie die landwirtschaftlichen Erträge jener Zeit.

Legte man den europäischen Lebensstandard von heute zugrunde, schrumpfte die Zahl auf knapp zwei Milliarden. Tatsächlich aber wuchs die Weltbevölkerung inzwischen auf 7,8 Milliarden – bei einem entsprechenden Wohlstandsgefälle zwischen den Staaten dieser Erde. Und wir verbrauchen jetzt bereits mehr Ressourcen, als nachhaltig zur Verfügung stehen, leben also im ökologischen Defizit. Wir benötigten heute schon rund anderthalb Erden, obwohl wir nur eine haben. Der jährliche Welterschöpfungs- oder Erdüberlastungstag, ab dem wir mehr Ressourcen verbrauchen als die Erde

---

[30] Kurzweil: Intelligenz der Evolution, S. 6.

[31] Eberl: Smarte Maschinen, S. 359–362; Grunwald: Der unterlegene Mensch, S. 143–146; Gore: Zukunft, S. 321–323; Harari: Kurze Geschichte, S. 484–506; Harari: Homo Deus, 497–537.

[32] Blumenberg: Geistesgeschichte, S. 39–40.

[33] Krünitz: Encyklopädie, Bd. 88, 1802, S. 648–661 (Mensch).

regenerieren kann und somit von ihrer Substanz leben, kommt immer früher. Im Jahr 2019 rückte er bereits in den Juli.[34]

Kritisch geworden ist unser Verhalten, weil der Mensch sich so rasant vermehrt. […] Die riesige Zahl verlangt den vollen Einsatz der einmaligen, eng begrenzten fossilen Energie- und Rohstoffreserven und die totale Verwandlung der Welt in eine Produktions- und Abfallbeseitigungsmaschine, die einen gigantischen Energiebedarf hat. Diese Maschine kann nur noch eine beschränkte Zeit laufen.[35] (Hans Mohr, 1995)

Selbstverständlich haben Menschen von Anfang an die Natur verändert, um in ihr leben zu können, haben sie mit Werkzeugen bearbeitet, um einen Lebensraum zu schaffen, der sie ernährt und ihnen Schutz bietet vor Gefährdungen, gegen die sie mit ihrer körperlichen Ausstattung nicht gewappnet sind. Entscheidend aber ist das Ausmaß, in dem diese Aneignung von Natur geschieht. Wohin auch immer wir heute auf dieser Erde unseren Fuß setzen – die Spuren unserer früheren Handlungen sind schon da. Erst seit wir mit neuzeitlichem Herrschaftsanspruch und wirkmächtigem Verfügungswissen in die Natur eingreifen und sie in neue Bahnen lenken, prägen wir sie stärker, als es durch natürliche Prozesse geschieht – sofern wir nicht das gesamte Weltgeschehen wieder als großes Naturschauspiel betrachten, in dem wir nur die Rolle spielen, die uns die Evolution zugewiesen hat. Aber diese Sicht widerspräche unserem Selbstverständnis, da wir uns doch als vernunftbegabte und mit einem freien Willen ausgestattete Wesen empfinden, die ihren Lebensraum bewusst gestalten können.

Mit der Gestaltungsmacht wächst auch die Verantwortung, zumal wir inzwischen zu den Bauplänen des Lebens vorgestoßen sind und erstmalig Pflanzen, Tiere und Menschen gentechnisch verändern, also noch viel radikaler in die Natur eingreifen können. Wir müssen uns vor uns selber verantworten, seit wir das Heft in die Hand genommen haben. Dieser Verantwortung gerecht zu werden, fällt offenbar umso schwerer, je weiter die Folgen unseres Tuns in räumlicher und zeitlicher Ferne liegen und je komplexer die Wirkungszusammenhänge werden und unseren bisherigen Erfahrungshorizont überschreiten. Die traditionelle Ethik, eine unmittelbar und individuell zurechnende Nahethik, reicht nicht mehr aus. Zudem laufen Forschung und Entwicklung schon seit Längerem in großen, auch

---

[34] Lesch, Kamphausen: Menschheit, S. 237–245; Pinzler, Sentker: Erde, S. 267 (Beitrag Stefan Schmitt); Wikipedia: Earth Overshoot Day.

[35] Mohr: Qualitatives Wachstum, S. 15–16.

international vernetzten Teams, und die Anwendung von Innovationen liegt ebenfalls in den Händen vieler. Und je mehr Hände es werden, desto weniger bleibt vom Gefühl persönlicher Verantwortung übrig.

Gefragt ist eine kollektive Ethik der erweiterten Verantwortung, wie sie der Philosoph Hans Jonas bereits vor über vierzig Jahren im Kant'schen Duktus gefordert hat: „Handle so, dass die Wirkungen deiner Handlung verträglich sind mit der Permanenz echten menschlichen Lebens auf Erden." Er formulierte diesen Imperativ mit Blick auf die ungebremste Ausbeutung natürlicher Ressourcen sowie auf die Bedrohung ökologischer Vielfalt durch großflächig betriebene monokulturelle Landwirtschaft und massiven Einsatz von Pestiziden im Rahmen des „Umbaus der Natur".[36] Ansätze zu derartigen Forderungen, die Zukunft in das gegenwärtige Handeln mit einzubeziehen, gab es bereits im frühen 18. Jahrhundert: Bei der Bewirtschaftung von Wäldern sollte nicht mehr Holz geschlagen werden, als nachwachsen kann.[37] Diese Maxime nachhaltigen Wirtschaftens gilt heute für jegliche Nutzung stofflicher und energetischer Ressourcen der Natur. Aber von ihrer wirksamen Umsetzung sind wir nach wie vor weit entfernt, auch wenn sie vor gut zwanzig Jahren nochmals in die Agenda für das neue Jahrhundert aufgenommen wurde.

> Nachhaltigkeit muss zum Leitbild des 21. Jahrhunderts werden, um die ökologische Krise zu überwinden. Der Grundgedanke lautet: Die natürliche Umwelt muss so weit erhalten bleiben, dass die Lebensqualität kommender Generationen gesichert ist.[38] (Agenda 21, 1999)

Globale Probleme müssen auch global angegangen werden. Wenn Lebensräume der zunehmenden Weltbevölkerung durch Klimaveränderungen knapper werden, heißt es zusammenrücken, mental und auch physisch – selbst wenn die Durchschnittstemperatur der Atmosphäre auch durch natürliche Schwankungen stiege und nicht nur wegen der enormen Belastungen seit Beginn der Industrialisierung. Nationale Egoismen und Abschottung helfen hier nicht weiter. Kein Mensch konnte sich seinen Geburtsort aussuchen. Die Weltgemeinschaft muss sich wohl in naher Zukunft auf viele

---

[36] Jonas: Prinzip Verantwortung, S. 36, 329–341, 369–373; Epple: Jonas „Das Prinzip Verantwortung"; Mittelstraß: Leonardo-Welt, S. 144–146.

[37] Breuel: Agenda 21, S. 17–74 (Beitrag Ortwin Renn, Anja Knaus, Hans Kastenholz); Grober: Nachhaltigkeit.

[38] Breuel: Agenda 21, S. 231–232.

Millionen Klimaflüchtlinge einstellen.[39] Der Zeitkäfig von Legislatur-
perioden ist viel zu eng für diese Generationen übergreifende Problematik.
Es ist höchste Zeit für eine global und langfristig angelegte Welt-Innen-
politik oder auch Erdpolitik – in einer „Weltrisikogesellschaft", die
künftige Gefährdungen und Katastrophen antizipieren, aber zugleich deren
Unberechenbarkeit mit einkalkulieren muss.[40]

Regionales und Globales sind eng miteinander verwoben. Das Abholzen
von Regenwäldern zum Beispiel, das kurzfristig wirtschaftlichen Gewinn
versprechen mag, kann keine regionale Angelegenheit bleiben, denn es
schadet langfristig dem Weltklima, betrifft also uns alle. Andererseits
stützen diese Rodungen aber auch den aufwendigen Lebensstil in den
hochentwickelten Industriestaaten und werden dadurch erst profitabel.
Somit ist auch dieser Lebensstil nicht mehr allein Sache derer, die ihn
pflegen, sondern befördert das globale ökologische Defizit. Spätestens mit
der alarmierenden Studie des Club of Rome von 1972 über die „Grenzen
des Wachstums" war die Internationalisierung der ökologischen Probleme
deutlich geworden.[41] Seit den frühen 1990er-Jahren finden jährlich internationale Klimakonferenzen statt mit dem Ziel, völkerrechtlich verbindliche
Strategien für den Klimaschutz zu entwickeln – bisher mit mäßigem Erfolg.

Noch immer scheinen wir das Bild vom „Raumschiff" Erde"[42] – auch
dieses Bild ein Produkt modernster Technik – nicht genügend verinnerlicht zu haben. Es macht deutlich: Die Besatzung dieses Raumschiffes, die
Menschheit, muss mit den Bordvorräten und mit den Abfällen gemeinschaftlich so umgehen, dass ein Überleben möglich ist, statt sich gegenseitig
Lebensräume und Ressourcen streitig zu machen.

Apropos Raumschiff: Auch hochfliegende Pläne von einer Übersiedlung
auf andere Planeten helfen in der momentanen Situation nicht weiter.
Angebrachter wäre es wohl, sich erst mal um das Nächstliegende und Dring-
lichste auf unserem Heimatplaneten zu kümmern, bevor man versucht,
durch Terraforming[43] außerirdische, aber letztlich doch erdähnliche Lebensbedingungen zu schaffen. Die Betreiber solcher Vorhaben hätte Alexander
von Humboldt bereits vor 200 Jahren ermahnt, nicht menschliche Gier

---

[39] Gore: Zukunft, S. 248; Lesch, Kamphausen: Menschheit, S. 367–370.
[40] Ropohl: Unvollkommene Technik, 257–258; Weizsäcker: Erdpolitik; Beck: Weltrisikogesellschaft.
[41] Meadows, Meadows, Zahn, Milling: Grenzen des Wachstums.
[42] Lesch, Kamphausen: Menschheit, S. 460–461.
[43] Wikipedia: Terraforming.

und Gewalt, die bereits irdisches Leben gefährden, auf andere Planeten zu tragen.[44] Am erdähnlichsten ist immer noch die Erde selbst. Warum sollte es gelingen, andere Planeten nach irdischem Vorbild bewohnbar zu machen, wenn wir nicht einmal die Original-Erde wohnlich erhalten könnten, auf der unter optimalen und wohl einmaligen Bedingungen menschliches Leben entstanden ist? Und im Übrigen gibt es auch auf der Erde noch genügend nicht besonders lebensfreundliche Regionen, die sicher mit weniger Aufwand bewohnbar gemacht werden könnten als etwa der Mars. Ein erster wichtiger Schritt wäre schon getan, wenn es zum Beispiel gelänge, die voranschreitende, auch menschengemachte Versteppung und Verwüstung auf der Erde und damit die Verknappung von Lebensraum zu stoppen, der ohnehin schrumpfen wird, wenn durch Abschmelzen der Polkappen die Meeresspiegel weiterhin steigen.

Auf diesen Lebensraum Erde konzentrieren sich die Befürworter des Geo-Engineering. Mit großtechnischen Eingriffen in den Strahlungshaushalt und den Kohlenstoffkreislauf wollen sie an die „Reparatur der Erde" gehen, um das Erdklima zu stabilisieren und so der globalen Erwärmung entgegenzuwirken.[45] Die Rückstrahlung der Sonnenenergie, die auf die Erde einfällt, soll erhöht werden, Kohlendioxid soll der Atmosphäre entzogen und dauerhaft gespeichert werden. Nicht der Ausstoß von Treibhausgasen wird damit reduziert, sondern deren Auswirkungen auf die Atmosphäre – eine Art Terraforming des Heimatplaneten, und zwar auf dem Festland, in den Ozeanen, in den höheren Schichten der Atmosphäre und im erdnahen Weltraum. Dies soll der Bewahrung einer lebensfreundlichen Biosphäre dienen, ist im Grunde aber ein weiterer Schritt zur Technisierung der Natur, ihr weiterer Ausbau zur Technosphäre.

> Sollten wir nicht lieber unser Verhalten ändern und den Verbrauch fossiler Brennstoffe einschränken, ehe wir beginnen, in die lebenswichtigen Systeme unseres Planeten einzugreifen?[46] (Naomi Klein, 2019)

Geo-Engineering gilt als riskant, denn es basiert auf unseren nie völlig umfassenden Kenntnissen globaler Wirkungszusammenhänge, in die wir damit eingreifen. Wir laufen Gefahr, dass wir weitreichende unerwünschte

---

[44] Wulf: Alexander von Humboldt, S. 419.

[45] Pinzler, Sentker: Erde, S. 112–129 (Beitrag Claus Hecking, Malte Henk, Wolfgang Uchatius); Benduhn, Niemeier: Geo-Engineering; Crutzen: Anthropozän, S. 52–54 (Beitrag Michael Müller).

[46] Klein: Green New Deal, S. 121.

oder gar schädliche Folgen unserer Eingriffe nicht mehr rückgängig machen können. Schadstoff-Emissionen zu reduzieren, hat also weiterhin oberste Priorität, zumal dadurch auch Ressourcen geschont werden können.

Unser Erbe an künftige Generationen

Die Steinzeit ging nicht zu Ende, weil die Steine knapp wurden, sondern weil man mit der Bronze einen besseren Werkstoff gefunden hatte. Aber das Zeitalter der Nutzung fossiler Roh- und Brennstoffe geht möglicherweise erst dann zu Ende, wenn die letzten Vorräte aufgebraucht sind. Das wird innerhalb weniger Generationen der Fall sein. Dasselbe gilt für die kernenergetische Nutzung der Uranerzvorräte. Hinzu kommen hier, neben den Risiken des Kraftwerkbetriebs, die Probleme mit den radioaktiven Abfällen: bedrohliche Ewigkeitslasten,[47] die wir Hunderten von Generationen für Tausende von Jahren aufbürden.

Wie sollen wir unsere Nachkommen vor der Gefahr warnen, die von so einer radioaktiven Hinterlassenschaft ausgeht – einer latenten Gefahr, die sie nicht unmittelbar, ohne spezielle Messinstrumente, wahrnehmen können, sondern deren gesundheitsschädliche Wirkungen sie erst spüren, wenn es bereits zu spät sein könnte? Welche Informationsträger würden solche Zeiten überdauern und eindeutig lesbar bleiben? Unsere kurzlebigen digitalen Speichermedien jedenfalls nicht. Und wie können wir erreichen, dass diese Nachrichten auch nach vielen Jahrtausenden beständigen Sprachwandels noch zweifelsfrei verstanden werden? Hierfür ist bislang keine Lösung in Sicht, so akribisch sich auch Fachleute mit solchen Fragen auseinandergesetzt haben, unter ihnen Physiker, Anthropologen, Linguisten, Gehirnforscher, Psychologen, Molekularbiologen, Altertumsforscher und Künstler.[48]

Der Blick zurück in ähnlich große Zeiträume reicht bis zu den steinzeitlichen Höhlenmalereien und zeigt eine lange Abfolge des Aufstiegs und Niedergangs von vielerlei Kulturen mit unterschiedlichsten Weltbildern und Formen der Daseinsgestaltung und des Umgangs mit Natur. Wie auch immer künftige Generationen ihr Leben auf diesem Planeten gestalten mögen – an den unauslöschlichen Fakten, die wir aus dem neuzeitlichen Naturwissenschafts- und Technikverständnis heraus geschaffen haben,

---

[47] Wikipedia: Ewigkeitskosten.
[48] Beck: Weltrisikogesellschaft, S. 383–384.

werden sie nicht mehr vorbeikommen. Mit diesem Erbe, dem technisch überformten Lebensraum Erde im Anthropozän, haben wir kommende Generationen aber auch auf den Kern unseres Weltbildes festgelegt: die mathematisch-instrumentelle, auf permanenten Fortschritt angelegte Naturerkenntnis und -beherrschung als künftige Existenzbedingung von demnächst acht und mehr Milliarden Menschen.

Es scheint, als falle hier einer kulturhistorischen Variante, nämlich unserem neuzeitlichen Naturverständnis, die Funktion einer künftigen anthropologischen Konstante zu. Dabei ist diese Sichtweise innerhalb nur weniger Generationen entstanden – einer verschwindend kleinen Zeitspanne, gemessen an der gesamten Menschheitsgeschichte. Zudem hat sich diese invasive Art, Natur mittels ihrer eigenen Gesetze verfügbar zu machen, im geografisch begrenzten europäischen Kulturkreis[49] herausgebildet, entfaltete hier ab Mitte des 18. Jahrhunderts erste Wirkung, führte zur industriellen Revolution und erlangte dann binnen kürzester Zeit weltumspannende und zukunftsbestimmende Dominanz.

Wie tief steckt, um nochmals das Bild von Rousseau aufzugreifen, das Eisen der neuzeitlichen Naturwissenschaft und Technik in der Wunde? Zumindest so tief, dass eine radikale Umkehr, die bereits Rousseau nicht mehr für möglich gehalten hatte, heute erst recht keine Option mehr sein kann. Die Technisierung der Natur wird weitergehen, auch wenn wir aufgrund unseres Wissens über ökologische Kreisläufe und Wirkungszusammenhänge keine Ausbeutungstechnik mehr betreiben sollten, sondern auf Nachhaltigkeit achten müssen.

Das Wissen um die ökologischen Zusammenhänge ist längst vorhanden. Auch die Einsicht wächst, dass energischer gehandelt werden muss im Sinne eines Generationenvertrags.[50] Worauf also warten? Noch nie waren die technischen Spielräume so groß wie heute, zukunftsfähige Alternativen zu entwickeln und umzusetzen, aber noch nie waren die verfügbaren Zeiträume so eng. Die Warnsignale könnten alarmierender kaum sein. Verheerende Stürme und Überschwemmungen, Hitzewellen, Dürre-Katastrophen und Flächenbrände, Hungersnöte, Trinkwasserknappheit und Belastungen der Atemluft dominieren immer häufiger die Schlagzeilen. Die ersten Städte haben bereits den Klima-Notstand ausgerufen. Junge Menschen begehren auf, machen Druck und fordern eine effektivere Klimapolitik. Denn sie werden die Leidtragenden unserer Versäumnisse sein – auch in den hoch-

---

[49] Fischer: Bildung, S. 48.
[50] Lesch, Kamphausen: Wenn nicht jetzt, S. 347–351 (Generationen-Manifest).

industrialisierten Staaten dieser Welt, die von der bisherigen Entwicklung und der ökologischen Schieflage am meisten profitiert haben.[51]

Ehrgeizige Klimaziele sind gesteckt, die Agenda 21 hat bereits zur Jahrtausendwende wichtige Wege aufgezeigt, und am 1. Januar 2016 trat mit der UN-Agenda 2030 ein ambitionierter Zukunftsvertrag für die Menschheit in Kraft.[52] Die Industriestaaten verfügen über genügend Innovations- und Wirtschaftskraft, das vorhandene technische Potenzial auszuschöpfen. Sie müssen hier vorangehen. Man sollte jedoch den Blick nicht nur auf mühsam ausgehandelte Klimaziele richten und hoffen, dass sie früher oder später umgesetzt werden und wirkungsvoll genug sind, die globale Erwärmung zu bremsen – und zwar bevor kritische Kipp-Punkte überschritten werden und sich unkontrollierbar völlig neue Klimaverhältnisse einstellen, die unsere Existenz bedrohen könnten.[53] Klimapolitik ist mehr: Sie befasst sich auch mit den jetzt bereits eingetretenen und noch zu erwartenden Folgen des Klimawandels, soweit wir ihn nicht verhindern können, und entwickelt weltumgreifende Anpassungsstrategien zur Erhaltung von Lebensräumen.[54]

Von den Industriestaaten müsste aber auch eine mentale Neuorientierung ausgehen – weg von primär technikgeleiteten Bedürfnissen hin zu einer eher bedürfnisgeleiteten Technik. Und hier ist auch mitverantwortliches Handeln eines jeden Einzelnen gefragt. Bedarf zu wecken und Konsum-Anreize zu schaffen, waren Mittel zum Ankurbeln des Kreislaufes von Produktion und Konsum seit Beginn der Industrialisierung. Sie sind es bis heute geblieben.

Anzustrebende Gegenpole zu diesem anreizgesteuerten, konsumorientierten und wachstumsfixierten Lebensstil wären neue Wohlstandsmodelle: Entschleunigung, Nachhaltigkeit und Suffizienz,[55] also ein sorgfältiges Abwägen der eigenen Wünsche und Bedürfnisse gegen die Erfordernisse maßvollen, ressourcenschonenden Wirtschaftens. Zu einem kompetenten Umgang mit Technik gehört, nicht nur zu wissen, wie man Geräte bedient, also auf welche Knöpfe man drücken muss, sondern auch „Auswirkungen ihrer Nutzung auf Zielvorstellungen und Lebensformen zu

---

[51] Klein: Green New Deal, S. 11–37.

[52] Breuel: Agenda 21; Lesch, Kamphausen: Menschheit, S. 417–424 (Zukunftsvertrag).

[53] Pinzler, Sentker: Erde, S. 83–85 (Beitrag Stefan Schmitt); Potsdam-Institut: Kippelemente; Wikipedia: Kippelemente im Erdklimasystem.

[54] Bundeskabinett: Anpassungsstrategie; Gore: Zukunft, S. 404–407; Franzen: Wann hören wir auf?

[55] Weizsäcker: Erdpolitik, S. 261–270; Breuel: Agenda 21, S. 43–44 (Beitrag Ortwin Renn, Anja Knaus, Hans Kastenholz); Pinzler, Sentker: Erde, S. 277–286 (Beitrag Petra Pinzler); Göpel: Unsere Welt neu denken.

begreifen und einzukalkulieren".[56] Und ein Gebot der Klugheit und der Fairness wäre es, die Kunst des Abwägens und die Tugenden der Genügsamkeit einzuüben, bevor sie uns durch den Gang der Ereignisse aufgezwungen werden, die wir selber verursacht haben.

> Wir müssen definitiv unseren Konsum verringern. Wie Mahatma Gandhi schon betonte, hat die Welt genug für jedermanns Bedürfnisse, aber nicht für jedermanns Gier. Um dem derzeitigen westlichen Lebensstil gerecht zu werden, bräuchten wir mehrere Planeten Erde, die wir aber nie haben werden.[57] (Paul J. Crutzen, 2015)

Doch darin, dass gerade die Industriestaaten die Initiative zum technischen und mentalen Wandel ergreifen sollten, scheint das Hauptproblem zu liegen. Es fällt wohl schwer, nur aus Einsicht zu handeln und noch ohne den unmittelbaren Leidensdruck, den andere auf dieser Erde bereits spüren, ohne dass sie ihn verursacht haben und ohne dass sie viel dagegen tun können. Aber bald wird dieser Druck sich überall hin ausbreiten, wenn die Staaten mit dem größten ökologischen Fußabdruck nicht endlich aktiv werden und ihre Möglichkeiten ausschöpfen, die längst überfällige Wende zur Nachhaltigkeit herbeizuführen. Hier scheint ein besonderes Maß jener „gesunden Vernunft" vonnöten zu sein, die nach den Worten Bacons neben der Religion für die „rechte Anwendung" des Potentials zur Naturbeherrschung sorgen sollte.

Wir haben offenbar kein Wissens-, sondern ein Umsetzungsproblem. Technische Intelligenz und politischer Wille müssen jetzt zusammenfinden im Rahmen einer globalen Weltpolitik, geleitet von kollektiver, kooperativer und zukunftsorientierter Vernunft. Nur so können wir unseren Planeten als lebenswerten Ort erhalten für uns und künftige Generationen – eine neue Form geozentrischen, letztlich aber nachhaltigen anthropozentrischen Denkens.

---

[56] Ropohl: Unvollkommene Technik, S. 134.
[57] Möllers, Schwägerl, Trischler: Anthropozän, S. 35 (Interview mit Paul J. Crutzen).

Personenverzeichnis

Alberti, Leon Battista (1404–1472), italienischer Mathematiker, Architekt und Kunsttheoretiker.

Alembert, Jean Lerond d' (1717–1783), französischer Physiker, Mathematiker und Philosoph.

Alhazen, lat. / Haitham, arab. (ca. 965–ca. 1040), arabischer Mathematiker und Physiker.

Ampère, André Marie (1775–1836), französischer Mathematiker und Physiker.

Andreae, Johann Valentin (1586–1654), deutscher Theologe und Mathematiker.

Arago, François (1786–1853), französischer Physiker und Politiker.

Arendt, Hannah (1906–1975), deutsch-amerikanische Historikerin und politische Theoretikerin.

Aristoteles (384 v. Chr.–322 v. Chr.), griechischer Philosoph und Naturforscher.

Arnold, John (1736–1799), englischer Uhrmacher.

Auzout, Adrian (1622–1691), französischer Physiker und Astronom.

Bacon, Francis (1561–1626), englischer Staatsmann und Philosoph.

Baer, Karl Ernst von (1792–1876), deutsch-baltischer Mediziner, Zoologe und Naturforscher.

Bell, Alexander Graham (1847–1922), britisch-amerikanischer Audiologe und Erfinder.

Benz, Carl (1844–1929), deutscher Ingenieur.

Bernoulli, Daniel (1700–1782), schweizerischer Mathematiker und Physiker.

Bernoulli, Jakob (1655–1705), schweizerischer Mathematiker und Physiker.

Bessel, Friedrich Wilhelm (1784–1846), deutscher Astronom und Mathematiker.

Black, Joseph (1728–1799), schottischer Chemiker und Physiker.

Böckler, Georg Andreas (ca. 1617–1687), deutscher Architekt und Ingenieur.

Borelli, Giovanni Alfonso (1608–1679), italienischer Physiker, Mathematiker und Astronom.

© Springer-Verlag GmbH Deutschland, ein Teil von Springer Nature 2022
G. Zweckbronner, *Aufbruch ins Industriezeitalter – Zukunftswerkstätten der Neuzeit*,
https://doi.org/10.1007/978-3-662-60542-4

Boulton, Matthew (1728–1809), englischer Ingenieur und Unternehmer.

Bradley, James (1693–1762), englischer Astronom.

Brahe, Tycho (1546–1601), dänischer Astronom.

Bürgi, Jost (1552–1632), schweizerischer Mathematiker und Uhrmacher.

Carnot, Nicolas Léonard Sadi (1796–1832), französischer Physiker und Ingenieur.

Cassini, Giovanni Domenico (1625–1712), italienischer Astronom.

Cipolla, Carlo M. (1922–2000), italienischer Wirtschaftshistoriker.

Clarke, Samuel (1675–1729), englischer Moralphilosoph.

Clausius, Rudolf (1822–1888), deutscher Physiker.

Colbert, Jean-Baptiste (1619–1683), französischer Staatsmann.

Condorcet, Antoine de (1743–1794), französischer Philosoph, Mathematiker und Politiker.

Coulomb, Charles Augustin de (1736–1806), französischer Physiker und Ingenieurwissenschaftler.

Cox, James (1723–1800), englischer Uhrmacher.

Crutzen, Paul Joseph (1933–2021), niederländischer Meteorologe.

Daimler, Gottlieb (1834–1900), deutscher Ingenieur.

Descartes, René (1596–1650), französischer Philosoph und Mathematiker.

Diesel, Rudolf (1858–1913), deutscher Ingenieur.

Dollond, John (1706–1761), englischer Optiker.

Dürer, Albrecht (1471–1528), deutscher Maler, Grafiker und Kunsttheoretiker.

Edison, Thomas Alva (1847–1931), amerikanischer Erfinder und Industrieller.

Einstein, Albert (1879–1955), deutsch-amerikanischer Physiker.

Euklid (um 300 v. Chr.), griechischer Mathematiker.

Euler, Leonhard (1707–1783), schweizerischer Mathematiker und Physiker.

Faraday, Michael (1791–1867), englischer Physiker und Chemiker.

Fiala, Ernst (geb. 1928), österreichischer Automobilkonstrukteur.

Fischer, Ernst Peter (geb. 1947), deutscher Wissenschaftshistoriker und -publizist.

Fleming, Sandford (1827–1915), schottisch-kanadischer Eisenbahningenieur.

Fontenelle, Bernard le Bovier de (1657–1757), französischer Schriftsteller.

Franklin, Benjamin (1706–1790), amerikanischer Schriftsteller, Staatsmann und Naturforscher.

Friedrich der Große (1712–1786), preußischer König und Kurfürst von Brandenburg.

Fulton, Robert (1765–1815), amerikanischer Ingenieur.

Galilei, Galileo (1564–1642), italienischer Physiker.

Galvani, Luigi (1737–1798), italienischer Mediziner und Naturforscher.

Gandhi, genannt Mahatma Gandhi (1869–1948), indischer Führer der Unabhängigkeitsbewegung und Pazifist.

Gauß, Carl Friedrich (1777–1855), deutscher Mathematiker, Astronom und Physiker.

Gehlen, Arnold (1904–1976), deutscher Philosoph, Anthropologe und Soziologe.

Goethe, Johann Wolfgang von (1749–1832), deutscher Dichter und Naturforscher.

Voltaire (1694–1778), französischer Aufklärungsphilosoph.

Waddington, Conrad Hal (1905–1975), britischer Entwicklungsbiologe.

Watt, James (1736–1819), englischer Ingenieur und Dampfmaschinenkonstrukteur.

Weber, Max (1864–1920), deutscher Nationalökonom und Soziologe.

Weber, Wilhelm Eduard (1804–1891), deutscher Physiker.

Wiener, Norbert (1894–1964), amerikanischer Mathematiker.

Wilke, Arthur (1853–1913), deutscher Elektroingenieur.

Wilkinson, John (1728–1808), englischer Eisenhüttenfachmann, Erfinder und Unternehmer.

Wright, Orville (1871–1948), amerikanischer Flugpionier.

Wright, Wilbur (1867–1912), amerikanischer Flugpionier.

Zeppelin, Ferdinand Graf von (1838–1917), deutscher Luftschiffbauer.

Zeuner, Gustav Anton (1828–1907), deutscher Ingenieurwissenschaftler.

Zuse, Konrad (1910–1995), deutscher Ingenieur und Computerpionier.

Hersteller-Nachweise zu den abgebildeten Mitmach-Stationen

Werkstätten TECHNOSEUM: 5.1, 6.2, 8.3, 9.1, 9.3, 12.1, 12.5a.
Erwin Epple: 5.2 (Rekonstruktion: Bruno Baron von Freytag Löringhoff).
Euroscience ProOstsee GmbH: 2.3.
Ingenieurbüro Gurski-Schramm: 12.5b.
Hochschule Mannheim, Institut für Robotik: 12.6.
Hochschule Mannheim, Virtual Reality Center: 11.5.
Kurt Hüttinger GmbH & Co. KG: 2.1, 2.4, 3.2, 4.1, 4.4, 8.5, 9.2, 9.4, 9.5, 10.1, 10.3, 11.3, 12.4.
Phänomenta e. V.: 6.3, 6.6, 10.2, 11.1, 12.3.
Ian Russell: 2.2.
Felix Scharstein Geräteentwicklung: 7.3, 8.4.
Gerhard Weber: 5.5 (Rekonstruktion: Ludolf von Mackensen).

© Springer-Verlag GmbH Deutschland, ein Teil von Springer Nature 2022
G. Zweckbronner, *Aufbruch ins Industriezeitalter – Zukunftswerkstätten der Neuzeit,*
https://doi.org/10.1007/978-3-662-60542-4

Literatur

Abeler, J.: Ullstein Uhrenbuch. Eine Kulturgeschichte der Zeitmessung. Frankfurt a. M., Berlin 1994.

Alembert, J.L. d': Einleitung zur Enzyklopädie (1751). Discours Préliminaire de l'Encyclopédie (1751). Hrsg. Erich Köhler. Hamburg 1955 (Philosophische Bibliothek, Bd. 242).

Arbon, Feldkirch, Gossau et al.: Wir leben 2000 Watt: https://www.wirleben2000watt.com/fileadmin/content/user_upload/2000Watt_Broschuere_Web_131009.pdf (18.02.2020).

Andreae, J.V.: Christianopolis. Stuttgart 1975 (Reclam Universal-Bibliothek, Nr. 9786).

Arendt, H.: Vita activa oder Vom tätigen Leben. München, Zürich 1981.

Aumann, P.: Mode und Methode. Die Kybernetik in der Bundesrepublik Deutschland. Göttingen 2009 (Deutsches Museum, Abhandlungen und Berichte, Neue Folge, Bd. 24).

Bacon, F.: Neu-Atlantis. In: Klaus J. Heinisch (Hrsg.): Der utopische Staat. Reinbek bei Hamburg 1960 (Rowohlts Klassiker der Literatur und der Wissenschaft. Philosophie des Humanismus und der Renaissance, Bd. 3). S. 171–215. [Original: Nova Atlantis, 1627].

Bacon, F.: Neues Organ der Wissenschaften. Hrsg. Anton Theobald Brück. Leipzig 1830, Nachdruck Darmstadt 1974. [Original: Novum Organum Scientiarum, 1620].

Baer, K.E. von: Welche Auffassung der lebenden Natur ist die richtige? Und wie ist diese Auffassung auf die Entomologie anzuwenden? Zur Eröffnung der Russischen entomologischen Gesellschaft im October 1860 gesprochen. In: Ders.: Reden gehalten in wissenschaftlichen Versammlungen und kleinere Aufsätze vermischten Inhalts Teil I. Reden. Petersburg 1864. S. 237–284. (Auszug unter dem Titel „Die Abhängigkeit unseres Weltbilds von der Länge unseres

© Springer-Verlag GmbH Deutschland, ein Teil von Springer Nature 2022
G. Zweckbronner, *Aufbruch ins Industriezeitalter – Zukunftswerkstätten der Neuzeit*,
https://doi.org/10.1007/978-3-662-60542-4

Moments" nachgedruckt in: Grundlagenstudien aus Kybernetik und Geistes-wissenschaft, Bd. 3, 1962).

Bassermann-Jordan, E. von: Uhren. Ein Handbuch für Sammler und Liebhaber. München 1982 (9. von Hans von Bertele überarbeitete Aufl., Bibliothek für Kunst- und Antiquitätenfreunde, Bd. VII).

Battaglini, A., Lilliestam, J.: Das SuperSmart Grid – die Möglichkeit für 100 Prozent Erneuerbare Energie. In: Energie = gleich = Arbeit. Nachdenken über unseren Umgang mit Energie, S. 38–42. Hrsg. Stiftung Brandenburger Tor. Berlin 2010 (anlässlich der Ausstellung Energie = Arbeit im Max Liebermann Haus, Berlin, 18. September 2010–13. Februar 2011).

Battisti, E.: Filippo Brunelleschi. Das Gesamtwerk. Stuttgart, Zürich 1979.

Bauernhansl, T., ten Hompel, M., Vogel-Heuser, B. (Hrsg.): Industrie 4.0 in Produktion, Automatisierung und Logistik. Anwendung, Technologien, Migration. Wiesbaden 2014.

Beck, U.: Weltrisikogesellschaft. Auf der Suche nach der verlorenen Sicherheit. Frankfurt a. M. 2017.

Belting, H.: Florenz und Bagdad. Eine westöstliche Geschichte des Blicks. München 2008.

Benad-Wagenhoff, V.: Industrieller Maschinenbau im 19. Jahrhundert. Werkstatt-praxis und Entwicklung spanabhebender Werkzeugmaschinen im deutschen Maschinenbau 1870–1914. Stuttgart 1993 (Technik + Arbeit. Schriften des Landesmuseums für Technik und Arbeit in Mannheim, Bd. 5).

Benduhn, F., Niemeier, U.: Geo-Engineering. Untersuchung und Bewertung von Methoden zum Geo-Engineering, die die Zusammensetzung der Atmosphäre beeinflussen. Hrsg. Umweltbundesamt. Dessau-Roßlau 2016, https://www.umweltbundesamt.de/sites/default/files/medien/378/publikationen/texte_25_2016_geo-engineering.pdf (16.04.2020).

Blumenberg, H.: Das Fernrohr und die Ohnmacht der Wahrheit. In: Galileo Galilei: Sidereus Nuncius. Nachricht von neuen Sternen, S. 7–75. Hrsg. Hans Blumenberg. Frankfurt a. M. 1965.

Blumenberg, H.: Die Genesis der kopernikanischen Welt. Frankfurt a. M. 1989 (suhrkamp taschenbuch wissenschaft 352).

Blumenberg, H.: Geistesgeschichte der Technik. Hrsg. Alexander Schmitz, Bernd Stiegler. Frankfurt a. M. 2009.

Boas, M.: Die Renaissance der Naturwissenschaften 1450–1630. Das Zeitalter des Kopernikus. Gütersloh 1965 (Geschichte und Kosmos, Hrsg. A. Rupert Hall).

Borsi, F.: Leon Battista Alberti. Das Gesamtwerk. Stuttgart, Zürich 1981.

Botthof, A., Hartmann, E.A. (Hrsg.): Zukunft der Arbeit in Industrie 4.0. Berlin, Heidelberg 2015.

Brandt, R.: John Locke (1632–1704). In: Otfried Höffe (Hrsg.): Klassiker der Philosophie, Bd. 1, S. 360–377. München 1981.

Braun, H.-J.: Technische Neuerungen um die Mitte des 19. Jahrhunderts. Das Beispiel der Wasserturbinen. In: Technikgeschichte, Bd. 46 (1979), S. 285–305.

Breuel, B. (Hrsg.): Agenda 21. Vision: Nachhaltige Entwicklung. Frankfurt a. M., New York 1999 (Die Buchreihe der EXPO 2000, Bd. 1).

Brooks, R.A.: Künstliche Intelligenz und Roboter-Entwicklung. In: Computer. Gehirn: Was kann der Mensch? Was können die Computer? Begleitpublikation zur Sonderausstellung im Heinz Nixdorf MuseumsForum, S. 14–37. Paderborn, München, Wien, Zürich 2001.

Buchheim, G., Sonnemann, R. (Hrsg.): Geschichte der Technikwissenschaften. Leipzig 1990.

Budde, K.: Sternwarte Mannheim. Geschichte der Mannheimer Sternwarte 1772–1880. Heidelberg, Ubstadt-Weiher, Basel 2006 (Technik + Arbeit. Schriften des Landesmuseums für Technik und Arbeit in Mannheim, Bd. 12).

Budde, K.: Wirtschaft, Wissenschaft und Technik im Zeitalter der Aufklärung. Mannheim und die Kurpfalz unter Carl Theodor 1743–1799. Hrsg. Landesmuseum für Technik und Arbeit in Mannheim. Ubstadt-Weiher 1993 (Katalog zur ständigen Ausstellung, Bd. 1).

Bullinger, H.-J. (Hrsg.): Technologieführer. Grundlagen – Anwendungen – Trends. Berlin, Heidelberg 2007.

Bundeskabinett: Deutsche Anpassungsstrategie an den Klimawandel, vom Bundeskabinett am 17. Dezember 2008 beschlossen. https://www.bmu.de/fileadmin/bmu-import/files/pdfs/allgemein/application/pdf/das_gesamt_bf.pdf (12.02.2020).

Bundeszentrale für politische Bildung: Energie. https://www.bpb.de/nachschlagen/zahlen-und-fakten/globalisierung/52740/energie (18.02.2020).

Carnot, L.: Rapport sur le Traité élémentaire des machines. In: J. N. P. Hachette: Traité élémentaire des machines. Paris, St. Petersburg 1811.

Carnot, S.: Betrachtungen über die bewegende Kraft des Feuers und die zur Entwickelung dieser Kraft geeigneten Maschinen. Leipzig 1909 (Ostwald's Klassiker der exakten Wissenschaften, Nr. 37). [Original: Réflexions sur la puissance motrice du feu et sur les machines propres à développer cette puissance, 1824].

Cassirer, E.: Die Philosophie der Aufklärung. Hamburg 1998 (Philosophische Bibliothek, Bd. 513).

Cipolla, C. M.: Die Industrielle Revolution in der Weltgeschichte. In: Carlo M. Cipolla, deutsche Ausgabe K. Borchardt (Hrsg.): Die Industrielle Revolution, S. 1–10. Stuttgart, New York 1976 (Europäische Wirtschaftsgeschichte, Bd. 3).

Clausius, R.: Über die bewegende Kraft der Wärme und die Gesetze, welche sich daraus für die Wärmelehre selbst ableiten lassen. Leipzig 1921 (Ostwald's Klassiker der exakten Wissenschaften, Nr. 99). [Original erschienen 1850].

Coulomb, C.A.: Observations théoretiques et expérimentales sur l'effet des moulins à vent, & sur la figure de leurs ailes. In: Histoire de l'Académie royale des sciences. 1781. Mémoires de Mathématique et de Physique. S. 65–81. Paris 1784.

Crutzen, P.J.: Das Anthropozän. Schlüsseltexte des Nobelpreisträgers für das neue Erdzeitalter. Hrsg. Michael Müller. München 2019.

Dannenberg, M., Duracak, A., Hafner, M., Kitzing, S.: Energien der Zukunft. Sonne, Wind, Wasser, Biomasse, Geothermie. Darmstadt 2012.

Descartes, R.: Die Prinzipien der Philosophie. Hrsg. Artur Buchenau. Hamburg 1965. (Philosophische Bibliothek, Bd. 28). [Original: Principia Philosophiae, 1644].

Descartes, R.: Discours de la Méthode. Von der Methode des richtigen Vernunft-gebrauchs und der wissenschaftlichen Forschung. Hrsg. Lüder Gäbe. Hamburg 1969 (Philosophische Bibliothek, Bd. 261). [Original: Discours de la méthode pour bien conduire sa raison et chercher la verité dans les sciences, 1637].

Descartes, R.: Meditationen über die Grundlagen der Philosophie. Hrsg. Lüder Gäbe. Hamburg 1960 (Philosophische Bibliothek, Bd. 271).

Die Gartenlaube: Der gefesselte Ballon der Pariser Weltausstellung. In: Die Garten-laube, 1878, Heft 46, S. 759–762.

Dijksterhuis, E.J.: Die Mechanisierung des Weltbildes. Berlin, Göttingen, Heidel-berg 1956.

Dittmann, F.: Zum philosophischen Denken von Hermann Schmidt. In: grkg/ Humankybernetik, Bd. 40 (1999), Heft 3, S. 117–128.

Dittmann, F.: Zur Entwicklung der „Allgemeinen Regelungskunde" in Deutsch-land. Hermann Schmidt und die „Denkschrift zur Gründung eines Institutes für Regelungstechnik". In: Wissenschaftliche Zeitschrift der Technischen Universität Dresden, Bd. 44 (1995), Heft 6, S. 88–94.

Dohrn-van Rossum, G.: Die Geschichte der Stunde. Uhren und moderne Zeit-ordnung. München, Wien 1992.

Dürer, A: Underweysung der messung mit dem zirckel und richtscheyt […]. 1525.

Eberl, U.: Smarte Maschinen. Wie Künstliche Intelligenz unser Leben verändert. München 2016.

Eckermann, E.: Vom Dampfwagen zum Auto. Motorisierung des Verkehrs. Rein-bek bei Hamburg 1981 (Deutsches Museum, Kulturgeschichte der Naturwissen-schaften und der Technik).

Elektrotechnische Ausstellung Frankfurt: Offizieller Bericht über die Internationale Elektrotechnische Ausstellung in Frankfurt am Main 1891. Bd. 1. Allgemeiner Bericht. Frankfurt a. M. 1893.

Engelhardt, D. von: Historisches Bewußtsein in der Naturwissenschaft von der Aufklärung bis zum Positivismus. Freiburg, München 1979 (Orbis academicus. Problemgeschichten der Wissenschaft in Dokumenten und Darstellungen, Sonderband 4).

Epple, W.: 30 Jahre Hans Jonas „Das Prinzip Verantwortung". Zur ethischen Begründung des Naturschutzes. In: Osnabrücker Naturwissenschaftliche Mitteilungen, Bd. 35 (2009), S. 115–144, http://publikationen.ub.uni-frankfurt.de/frontdoor/index/index/docId/20165 (14.02.2020).

Epstein, L.C.: Denksport-Physik. Fragen und Antworten. München 2006.

Fiala, E.: Die Wechselwirkungen zwischen Fahrzeug und Fahrer. In: Automobiltechnische Zeitschrift (ATZ), 69. Jg. (1967), S. 345–348.

Fiala, E.: Lenken von Kraftfahrzeugen als kybernetische Aufgabe. In: Automobiltechnische Zeitschrift (ATZ), 68. Jg. (1966), S. 156–162.

Fischer, E.P.: Alan Turing oder Die denkenden Maschinen des exzentrischen Genies. In: Fischer, E.P.: Leonardo, Heisenberg & Co. Eine kleine Geschichte der Wissenschaft in Porträts, S. 194–205. München 2000.

Fischer, E.P.: Alhazen und Avicenna oder Die islamische Sicht der Dinge. In: Fischer, E.P: Aristoteles, Einstein & Co. Eine kleine Geschichte der Wissenschaft in Porträts, S. 41–54. München 1995.

Fischer, E.P.: Das große Buch der Elektrizität. Köln 2011.

Fischer, E.P.: Die andere Bildung. Was man von den Naturwissenschaften wissen sollte. Berlin 2005.

Fischer, E.P.: Gottfried Wilhelm Leibniz oder Der Glaube an universale Zeichen. In: Fischer, E.P.: Leonardo, Heisenberg & Co. Eine kleine Geschichte der Wissenschaft in Porträts, S. 66–80. München 2000.

Folkerts, M.: Spätmittelalterliche Multiplikationsmethoden, Nepers Rhabdologie und Schickards Rechenmaschine. In: Friedrich Seck (Hrsg.): Wissenschaftsgeschichte um Wilhelm Schickard. Vorträge bei dem Symposion der Universität Tübingen zum 500. Jahr ihres Bestehens am 24. und 25. Juni 1977, S. 51–66. Tübingen 1981 (Contubernium, Bd. 26).

Franzen, J.: Wann hören wir auf, uns etwas vorzumachen? Hamburg 2020.

Freiesleben, H.-C.: Geschichte der Navigation. Wiesbaden 1976.

Freytag Löringhoff, B. von: Die Rechenmaschine. In: Friedrich Seck (Hrsg.): Wilhelm Schickard 1592–1635. Astronom, Geograph, Orientalist, Erfinder der Rechenmaschine, S. 288–309. Tübingen 1978 (Contubernium, Bd. 25).

Fröschl, K., Mattl, S., Werthner, H.: Symbolverarbeitende Maschinen. Eine Archäologie. Steyr 1993.

Galilei, G.: Dialog über die beiden hauptsächlichsten Weltsysteme, das ptolemäische und das kopernikanische. Hrsg. Roman Sexl, Karl von Meyenn. Stuttgart 1982. [Original: Dialogo […] sopra i due massimi sistemi del mondo tolemaico e copernicano, 1632].

Galilei, G.: Sidereus Nuncius. Nachricht von neuen Sternen. Hrsg. Hans Blumenberg. Frankfurt a. M., 1965. [Original: Sidereus Nuncius, 1610].

Galilei, G.: Unterredungen und mathematische Demonstrationen über zwei neue Wissenszweige, die Mechanik und die Fallgesetze betreffend. Hrsg. Arthur von Oettingen. Darmstadt 1973. [Original: Discorsi e dimostrazioni matematiche intorno a due nuove scienze, 1638].

Gehlen, A.: Anthropologische Ansicht der Technik. In: Hans Freyer (Hrsg.): Technik im technischen Zeitalter, S. 101–118. Düsseldorf 1965.

Gerlach, D.: Geschichte der Mikroskopie. Frankfurt a. M. 2009.

Göpel, M.: Unsere Welt neu denken. Eine Einladung. Berlin 2020.

Gore, A.: Die Zukunft. Sechs Kräfte, die unsere Welt verändern. München 2014.

Gradmann, H.: Die Rückkoppelung als Urprinzip der Lebensvorgänge. München 1963 (Bayerische Akademie der Wissenschaften, Sonderschriften, Heft 1).

Gregor, U., Patalas, E.: Geschichte des Films. München, Gütersloh, Wien 1973.

Grober, U.: Nachhaltigkeit – die Geburtsurkunde eines Begriffs. In: Denkströme, Heft 10, Journal der Sächsischen Akademie der Wissenschaften zu Leipzig, S. 77–93. Leipzig 2013.

Grunwald, A.: Der unterlegene Mensch. Die Zukunft der Menschheit im Angesicht von Algorithmen, künstlicher Intelligenz und Robotern. München 2019.

Guericke, O. von: Neue (sogenannte) Magdeburger Versuche über den leeren Raum. Hrsg. Hans Schimank. Düsseldorf 1968. [Original: Experimenta Nova (ut vocantur) Magdeburgica De Vacuo Spatio, 1672].

Hahn, P.M.: Beschreibung mechanischer Kunstwerke. Stuttgart 1774. Nachdruck Württembergisches Landesmuseum Stuttgart 1985 (Schriften zu Philipp Matthäus Hahn, Bd. 1, Hrsg. Christian Väterlein).

Hall, A.R.: Die Geburt der naturwissenschaftlichen Methode 1630–1720. Von Galilei bis Newton. Gütersloh 1965 (Geschichte und Kosmos, Hrsg. A. Rupert Hall).

Häni, D., Kovce, P.: Was würdest du arbeiten, wenn für dein Einkommen gesorgt wäre? Manifest zum Grundeinkommen. Wals bei Salzburg 2017.

Harari, Y.N.: Eine kurze Geschichte der Menschheit. München 2015.

Harari, Y.N.: Homo Deus. Eine Geschichte von Morgen. München 2017.

Hardenberg, H.: Schießpulvermotoren. Materialien zu ihrer Geschichte. Düsseldorf 1992 (Technikgeschichte in Einzeldarstellungen).

Hassenstein, B.: Biologische Kybernetik. Eine elementare Einführung. Heidelberg 1967 (Schmeil: Biologisches Unterrichtswerk. Biologische Arbeitsbücher, Hrsg. Werner Siedentop).

Heinrich, B.: Am Anfang war der Balken. Zur Kulturgeschichte der Steinbrücke. München 1979 (Kulturgeschichte der Naturwissenschaften und der Technik, Bd. 2, Hrsg. Deutsches Museum München).

Herderlexikon: Naturwissenschaftler. Bedeutende Naturwissenschaftler und Techniker von der Antike bis zur Gegenwart. Freiburg 1979.

Hermann, A.: Lexikon Geschichte der Physik A – Z. Biographien, Sachwörter, Originalschriften und Sekundärliteratur. Köln 1978.

Hermann, A.: Weltreich der Physik. Von Galilei bis Heisenberg. Esslingen am Neckar 1980.

Herrmann, U.: Die Pädagogik der Philanthropen. In: Hans Scheuerl (Hrsg.): Klassiker der Pädagogik, Bd. 1, S. 135–158. München 1979.

Hesse-Wartegg, E. von: Die Einheitszeit nach Stundenzonen. Leipzig 1892.

Hick, U.: Geschichte der optischen Medien. München 1999.

Huygens, C.: Die Pendeluhr. Horologium oscillatorium. Hrsg. A. Heckscher, A. von Oettingen. Leipzig 1913 (Ostwald's Klassiker der exakten Wissenschaften, Nr. 192). [Original: Horologium oscillatorium sive de motu pendulorum ad horologia aptato demonstrationes geometricae, 1673].

ifeu: Videoinstallation zur 2000-Watt-Gesellschaft: https://www.ifeu.de/projekt/videoinstallation-zur-2000-watt-gesellschaft/ (13.04.2020).

Jonas, H.: Das Prinzip Verantwortung. Versuch einer Ethik für die technologische Zivilisation. Frankfurt a. M. 1979.

Kant, I.: Allgemeine Naturgeschichte und Theorie des Himmels. Hrsg. Fritz Krafft. München 1971. [Original: Allgemeine Naturgeschichte und Theorie des Himmels, oder Versuch von der Verfassung und dem mechanischen Ursprunge des ganzen Weltgebäudes nach Newtonischen Grundsätzen abgehandelt, 1755].

Kemner, G., Eisert, G.: Lebende Bilder. Eine Technikgeschichte des Films. Berliner Beiträge zur Technikgeschichte und Industriekultur. Berlin 2000 (Schriftenreihe des Deutschen Technikmuseums Berlin, Bd. 18).

Kepler, J.: Dioptrik oder Schilderung der Folgen, die sich aus der unlängst gemachten Erfindung der Fernrohre für das Sehen und die sichtbaren Gegenstände ergeben. Hrsg. Ferdinand Plehn. Leipzig 1904. [Original: Dioptrice, 1611].

Kepler, J.: Gesammelte Werke, Bd. XVIII, Briefe 1620–1630. Hrsg. Max Caspar. München 1959.

Klein, N.: Warum nur ein Green New Deal unseren Planeten retten kann. Hamburg 2019.

Kleinert, A.: Die allgemeinverständlichen Physikbücher der französischen Aufklärung. Aarau 1974 (Veröffentlichungen der Schweizerischen Gesellschaft für Geschichte der Medizin und der Naturwissenschaften, Bd. 28).

Kleinert, A.: Technik und Naturwissenschaften im 17. und 18. Jahrhundert. In: Armin Hermann, Charlotte Schönbeck (Hrsg.): Technik und Wissenschaft, S. 269–295. Düsseldorf 1991 (Technik und Kultur, Bd. 3, Hrsg. Georg-Agricola-Gesellschaft).

Klemm, F.: Technik. Eine Geschichte ihrer Probleme. Freiburg, München 1954.

Klemm, F.: Zur Kulturgeschichte der Technik. Aufsätze und Vorträge 1954–1978. München 1979 (Kulturgeschichte der Naturwissenschaften und der Technik, Bd. 1, Hrsg. Deutsches Museum München).

Konetzke, R.: Überseeische Entdeckungen und Eroberungen. In: Propyläen Weltgeschichte. Eine Universalgeschichte. Hrsg. Golo Mann, August Nitschke. Bd. 6. Weltkulturen. Renaissance in Europa, S. 535–634. Berlin, Frankfurt a. M. 1991.

König, W.: Massenproduktion und Technikkonsum. Entwicklungslinien und Triebkräfte der Technik zwischen 1880 und 1914. In: König, W. (Hrsg.): Propyläen Technikgeschichte. Netzwerke Stahl und Strom 1840 bis 1914, S. 263–552. Frankfurt a. M., Berlin 1990.

Krafft, F.: Otto von Guericke. Darmstadt 1978 (Erträge der Forschung, Bd. 87).

Krafft, F., Meyer-Abich, A. (Hrsg.): Große Naturwissenschaftler. Biographisches Lexikon. Frankfurt a. M. 1970.

Krankenhagen, G., Laube, H.: Werkstoffprüfung. Von Explosionen, Brüchen und Prüfungen. Reinbek bei Hamburg 1983 (Deutsches Museum, Kulturgeschichte der Naturwissenschaften und der Technik).

Krohn, W.: Francis Bacon (1561–1626). In: Otfried Höffe (Hrsg.): Klassiker der Philosophie, Bd. 1, S. 262–279. München 1981.

Krünitz, J.G.: Oekonomisch-technologische Encyklopädie, 242 Bde. Berlin 1773–1858.

Kurzweil, R.: Die Intelligenz der Evolution. Wenn Mensch und Computer verschmelzen. Köln 2016.

Landesmuseum für Technik und Arbeit (Hrsg.): Bionik. Zukunfts-Technik lernt von der Natur. Eine Ausstellung des Landesmuseums für Technik und Arbeit in Mannheim 1. Juni–29. September 1996. Landesmuseum für Technik und Arbeit in Mannheim, 1996.

Landesmuseum für Technik und Arbeit: Mythos Jahrhundertwende. Mensch, Natur, Maschine in Zukunftsbildern 1800–1900–2000. Hrsg. Landesmuseum für Technik und Arbeit in Mannheim. Baden-Baden 2000.

Learner, R.: Das Teleskop. Die Geschichte der Astronomie seit Galilei. München 1982.

Leibniz, G.W.: Hauptschriften zur Grundlegung der Philosophie, Bd. I. Hrsg. Ernst Cassirer. Hamburg 1966 (Philosophische Bibliothek, Bd. 107).

Leibniz, G.W.: Hauptschriften zur Grundlegung der Philosophie, Bd. II. Hrsg. Ernst Cassirer. Hamburg 1966 (Philosophische Bibliothek, Bd. 108).

Lenk, H.: Zur Sozialphilosophie der Technik. Frankfurt a. M. 1982 (suhrkamp taschenbuch wissenschaft 414).

Lenzen, M.: Künstliche Intelligenz. Was sie kann & was uns erwartet. München 2018.

Leonardo da Vinci: Philosophische Tagebücher. Italienisch und Deutsch. Hrsg. Giuseppe Zamboni. Reinbek bei Hamburg 1958 (Rowohlts Klassiker der Literatur und der Wissenschaft. Philosophie des Humanismus und der Renaissance, Bd. 2).

Lesch, H., Kamphausen, K.: Die Menschheit schafft sich ab. Die Erde im Griff des Anthropozän. München 2017.

Lesch, H., Kamphausen, K.: Wenn nicht jetzt, wann dann? Handeln für eine Welt, in der wir leben wollen. München 2019.

Leupold, J.: Theatri Machinarum Hydraulicarum. Oder: Schau-Platz der Wasser-Künste. 2 Teile. Leipzig 1724, 1725.

Leupold, J.: Theatrum Machinarum Generale. Schau-Platz Des Grundes Mechanischer Wissenschafften. Leipzig 1724.

Lilienthal, O.: Der Vogelflug als Grundlage der Fliegekunst. Ein Beitrag zur Systematik der Flugtechnik. Berlin 1889.

Lindner, H.: Strom. Erzeugung, Verteilung und Anwendung der Elektrizität. Reinbek bei Hamburg 1985 (Deutsches Museum, Kulturgeschichte der Naturwissenschaften und der Technik).

Lindner, R., Wohak, B., Zeltwanger, H.: Planen, Entscheiden, Herrschen. Vom Rechnen zur elektronischen Datenverarbeitung. Reinbek bei Hamburg 1984 (Deutsches Museum, Kulturgeschichte der Naturwissenschaften und der Technik).

Mach, E.: Die Mechanik in ihrer Entwickelung, historisch-kritisch dargestellt. Leipzig 1883.

Mackensen, L. von: Die erste Sternwarte Europas mit ihren Instrumenten und Uhren. 400 Jahre Jost Bürgi in Kassel. Hrsg. Staatliche Kunstsammlungen Kassel für das Astronomisch-Physikalische Kabinett im Hessischen Landesmuseum. München 1979.

Mackensen, L. von: Die ersten dekadischen und dualen Rechenmaschinen. In: Karl Popp, Erwin Stein (Hrsg.): Gottfried Wilhelm Leibniz. Das Wirken des großen Universalgelehrten als Philosoph, Mathematiker, Physiker, Techniker, S. 85–100. Hannover 2000.

Mackensen, L. von: Zur Vorgeschichte und Entstehung der ersten digitalen 4-Spezies-Rechenmaschine von Gottfried Wilhelm Leibniz. In: Akten des internationalen Leibniz-Kongresses Hannover, 14.–19. November 1966. Bd. II Mathematik-Naturwissenschaften, S. 34–68. Wiesbaden 1969.

Malkowsky, G. (Red.): Die Pariser Weltausstellung in Wort und Bild. Berlin 1900.

Marienfeld, H.: Modelle für den „Regler Mensch" – ein Praktikumsversuch. In: W. Oppelt, G. Vossius (Hrsg.): Der Mensch als Regler. Eine Sammlung von Aufsätzen, S. 19–42. Berlin 1970.

Mason, S.F.: Geschichte der Naturwissenschaft in der Entwicklung ihrer Denkweisen. Stuttgart 1961 (Kröners Taschenausgabe, Bd. 307).

Mauel, K.: Arbeit und Leistung. Ihre Bestimmung und Messung in der Technik seit dem 18. Jahrhundert. In: Ulrich Troitzsch, Gabriele Wohlauf (Hrsg.): Technik-Geschichte. Historische Beiträge und neuere Ansätze, S. 269–301. Frankfurt a. M. 1980 (suhrkamp taschenbuch wissenschaft 319).

Maurice, K., Mayr, O. (Hrsg.): Die Welt als Uhr. Deutsche Uhren und Automaten 1550–1650. München, Berlin 1980 (Katalog zur Ausstellung im Bayerischen Nationalmuseum).

Mayr, O.: Adam Smith und das Konzept der Regelung. Ökonomisches Denken und Technik in Großbritannien im 18. Jahrhundert. In: Ulrich Troitzsch, Gabriele Wohlauf (Hrsg.): Technik-Geschichte. Historische Beiträge und neuere Ansätze, S. 241–268. Frankfurt a. M. 1980 (suhrkamp taschenbuch wissenschaft 319).

Mayr, O.: Zur Frühgeschichte der technischen Regelungen. München, Wien 1969.

Meadows, D., Meadows, D., Zahn, E., Milling, P.: Die Grenzen des Wachstums. Bericht des Club of Rome zur Lage der Menschheit. Reinbek bei Hamburg 1973.

Meyer, K.: Bild Betrachter … auf dem Weg zum Film. Münster 1997 (Katalog zur gleichnamigen Wanderausstellung des Westfälischen Museumsamtes, Münster).

Meyers Hand-Lexikon des allgemeinen Wissens in einem Band. Hildburghausen 1872.

Miller, O. von: Erinnerungen an die Internationale Elektrizitäts-Ausstellung im Glaspalast zu München im Jahre 1882. In: Deutsches Museum, Abhandlungen und Berichte 4 (1932), Heft 6, S. 153–178.

Mittelstraß, J.: Leonardo-Welt. Über Wissenschaft, Forschung und Verantwortung. Frankfurt a. M. 1992 (suhrkamp taschenbuch wissenschaft 1042).

Mittelstraß, J.: Schöne neue Leonardo-Welt. Philosophische Betrachtungen. Berlin 2013.

Mohr, H.: Qualitatives Wachstum. Losung für die Zukunft. Stuttgart 1995.

Möllers, N., Schwägerl, C., Trischler, H. (Hrsg.): Willkommen im Anthropozän. Unsere Verantwortung für die Zukunft der Erde. München 2015.

Montaigne, M. de: Die Essais. Stuttgart 1969 (Reclam Universal-Bibliothek, Nr. 8308-12). [Original: Essais, posthum 1595].

Montgolfier, J. de: Du bélier hydraulique et de son utilité. In: Bulletin de la Société d'encouragement pour l'industrie nationale, Bd. 4 (1805), S. 170–181.

Montgolfier, J. de: Mémoire sur la possibilité de substituer le bélier hydraulique à l'ancienne machine de Marly. In: Bulletin de la Société d'encouragement pour l'industrie nationale, Bd. 7 (1808), S. 117–124, 136–152.

Mumford, L.: Technics and Civilisation. New York 1963 (1. Aufl. 1934).

Münch, P. (Hrsg.): Ordnung, Fleiß und Sparsamkeit. Texte und Dokumente zur Entstehung der „bürgerlichen Tugenden". München 1984.

Newton, I.: Mathematische Principien der Naturlehre. Hrsg. J. Ph. Wolfers. Berlin 1872. [Original: Philosophiae naturalis principia mathematica, 1687].

Newton, I.: Optik oder Abhandlung über Spiegelungen, Brechungen, Beugungen und Farben des Lichts. Hrsg. William Abendroth. Braunschweig 1983. [Original: Opticks or a treatise of the reflexions, refractions, inflexions and colours of light, 1704].

Oberliesen, R.: Information, Daten und Signale. Geschichte technischer Informationsverarbeitung. Reinbek bei Hamburg 1982 (Deutsches Museum, Kulturgeschichte der Naturwissenschaften und der Technik).

ORF: Mathematische Muster formen Ameisen-Friedhöfe, https://sciencev1.orf.at/news/54866.html (18.02.2020).

Padova, T. de: Allein gegen die Schwerkraft. Einstein 1914–1918. München, Berlin 2017.

Padova, T. de: Leibniz, Newton und die Erfindung der Zeit. München 2017.

Panofsky, E.: Das Leben und die Kunst Albrecht Dürers. München 1977.

Papesch, C.: Dürers Entwicklung zum Kunsttheoretiker der Renaissance und seine „Unterweisung der Messung". In: Faksimile-Ausgabe von Dürers „Underweysung ...", S. 183–193. Dietikon, Zürich 1966.

Pascal, B.: Gedanken. Übertragen von Wolfgang Rüttenauer, Einführung von Romano Guardini. Birsfelden, Basel o. J. [Original: Pensées sur la religion et sur quelque autre sujets, posthum 1670].

Pascal, B.: Gedanken. Eine Auswahl. Hrsg. Ewald Wasmuth. Stuttgart 1956 (Reclam Universal-Bibliothek, Nr. 1621/22).

Paulinyi, A.: Industrielle Revolution. Vom Ursprung der modernen Technik. Reinbek bei Hamburg 1989 (Deutsches Museum, Kulturgeschichte der Naturwissenschaften und der Technik).

Paulitsch, C.: Psychologische Apparate aus der Sammlung des Institutes für Geschichte der Psychologie Universität Passau. 3 Bde. Passau 2005, 2006, 2008.

Petzold, H.: Moderne Rechenkünstler. Die Industrialisierung der Rechentechnik in Deutschland. München 1992.

Pinzler, P., Sentker, A. (Hrsg.): Wie geht es der Erde? Eine Bestandsaufnahme. München 2019.

Poncelet, J.V.: Lehrbuch der Anwendung der Mechanik auf Maschinen. 2 Bde. Darmstadt 1845/48.

Poncelet, J.V.: Mémoire sur les roues hydrauliques à aubes courbes, mues pardessous. Metz 1827.

Popp, K., Stein, E. (Hrsg.): Gottfried Wilhelm Leibniz. Das Wirken des großen Universalgelehrten als Philosoph, Mathematiker, Physiker, Techniker. Hannover 2000.

Poser, H.: Gottfried Wilhelm Leibniz (1646–1716). In: Otfried Höffe (Hrsg.): Klassiker der Philosophie, Bd. 1, S. 378–404. München 1981.

Poser, H.: Von der Theodizee zur Technodizee. Ein altes Problem in neuer Gestalt. Hannover 2011 (Hefte der Leibniz-Stiftungsprofessur, Bd. 2, Hrsg. Wenchao Li).

Potsdam-Institut: Kippelemente. https://www.pik-potsdam.de/services/infothek/kippelemente (27.02.2020).

Rathjen, W.: Luftverkehr und Weltraumfahrt. In: Ulrich Troitzsch, Wolfhard Weber (Hrsg.): Die Technik. Von den Anfängen bis zur Gegenwart, S. 496–527. Braunschweig 1982.

Ropohl, G.: Die unvollkommene Technik. Frankfurt a. M. 1985 (suhrkamp taschenbuch wissenschaft 1213).

Roth, S., Stahl, A.: Mechanik und Wärmelehre. Experimentalphysik – anschaulich erklärt. Berlin, Heidelberg 2016.

Rousseau, J.-J.: Schriften zur Kulturkritik. Hrsg. Kurt Weigand. Hamburg 1971 (Philosophische Bibliothek, Bd. 243).

Rupprich, H. (Hrsg.): Dürer Schriftlicher Nachlass, Bd. 2. Berlin 1966.

Russell, B.: Das naturwissenschaftliche Zeitalter. Stuttgart, Wien 1953.

Schilpp, P.A. (Hrsg.): Albert Einstein als Philosoph und Naturforscher. Stuttgart 1951.

Schivelbusch, W.: Geschichte der Eisenbahnreise. Zur Industrialisierung von Raum und Zeit im 19. Jahrhundert. München, Wien 1977.

Schmidt, H.: Denkschrift zur Gründung eines Institutes für Regelungstechnik, 1941. Nachdruck in: Grundlagenstudien aus Kybernetik und Geisteswissenschaft, Bd. 2, 1961.

Schmucki, B.: Der Traum vom Verkehrsfluss. Städtische Verkehrsplanung seit 1945 im deutsch-deutschen Vergleich. Frankfurt a. M. 2001 (Deutsches Museum, Beiträge zur Historischen Verkehrsforschung).

Schnabel, F.: Deutsche Geschichte im neunzehnten Jahrhundert. Bd. 3. Erfahrungswissenschaften und Technik. Freiburg 1934.

Schweizer, G.: Probleme und Methoden zur Untersuchung des Regelverhaltens des Menschen. In: W. Oppelt, G. Vossius (Hrsg.): Der Mensch als Regler. Eine Sammlung von Aufsätzen, S. 159–238. Berlin 1970.

Schwipps, W. (Hrsg.): Hundert Sätze über das Fliegen von Otto Lilienthal. Anklam 1998.

Schwipps, W. (Hrsg.): Warum es so schwierig ist, das Fliegen zu erfinden. Otto Lilienthals flugtechnische Korrespondenz. Anklam 1993.

Scriba, J.: Künstliches Leben, die zweite Schöpfung. In: Focus Magazin Nr. 34 (1994), S. 82–87, https://www.focus.de/wissen/natur/kuenstliches-leben-die-zweite-schoepfung_aid_146877.html (18.02.2020).

Sennett, R.: Handwerk. Berlin 2012.

Smeaton, J.: An experimental Enquiry concerning the natural Powers of Water and Wind to turn Mills, and other Machines, depending on a circular Motion. In: Philosophical Transactions of the Royal Society, Vol. 51 (1759), S. 100–174.

Smith, A.: Der Wohlstand der Nationen. Eine Untersuchung seiner Natur und seiner Ursachen. München 1978. [Original: An inquiry into the nature and causes of the wealth of nations, 1776].

Stangl, W.: Rubber-Hand-Illusion. Online Lexikon für Psychologie und Pädagogik. https://lexikon.stangl.eu/14042/rubber-hand-illusion/ (06.02.2020).

Stangl, W.: Wetware. Online Lexikon für Psychologie und Pädagogik. https://lexikon.stangl.eu/26326/wetware/ (14.02.2020).

Steinbuch, K.: Automat und Mensch. Kybernetische Tatsachen und Hypothesen. Berlin, Heidelberg, New York 1965.

Steinbuch, K.: Probleme der totalen Kommunikation. In: Heinz Schilling (Hrsg.): Herrschen die Computer? S. 120–129. Freiburg, Basel, Wien 1974 (Herderbücherei, Bd. 495).

Stöcklein, A. Leitbilder der Technik. Biblische Tradition und technischer Fortschritt. München 1969.

Straub, H.: Die Geschichte der Bauingenieurkunst. Ein Überblick von der Antike bis in die Neuzeit. Basel, Stuttgart 1964.

Streckert, W.: Die Stundenzonenzeit. In: Jahrbücher für Nationalökonomie und Statistik. 3. Folge, 4. Bd., Jena 1892.

Suhling, L.: Nicolaus August Otto. Der Kampf um das Patent DRP 532. In: Räder, Autos und Traktoren. Erfindungen aus Mannheim, Wegbereiter der mobilen Gesellschaft, S. 20–29. Mannheim 1986 (Technik + Arbeit, Schriften des Landesmuseums für Technik und Arbeit in Mannheim, Bd. 1).

Szabó, I.: Geschichte der mechanischen Prinzipien und ihrer wichtigsten Anwendungen. Basel, Stuttgart 1976.

Szlezák, T.A.: Das Höhlengleichnis. In: Otfried Höffe (Hrsg.): Platon, Politeia, S. 155–173. Berlin 2011.

Teichmann, J.: Wandel des Weltbildes. Astronomie, Physik und Meßtechnik in der Kulturgeschichte. Reinbek bei Hamburg 1985 (Deutsches Museum, Kulturgeschichte der Naturwissenschaften und der Technik).

Thiergarten, F.: Von Karlsruhe nach Chicago. Reiseskizzen und Plaudereien von der Weltausstellung. Karlsruhe 1894.

Thompson, E.P.: Zeit, Arbeitsdisziplin und Industriekapitalismus. In: Rudolf Braun, Wolfram Fischer, Helmut Großkreutz, Heinrich Volkmann (Hrsg.): Gesellschaft in der industriellen Revolution, S. 81–112. Köln 1973 (Neue Wissenschaftliche Bibliothek, Bd. 56, Geschichte).

Treue, W., Manegold, K.-H. (Hrsg.): Quellen zur Geschichte der industriellen Revolution. Göttingen, Frankfurt, Zürich 1979 (Quellensammlung zur Kulturgeschichte, Bd. 17).

Troitzsch, U.: Die Entwicklung der Technik vom späten 16. Jahrhundert bis zum Beginn der industriellen Revolution. In: Ulrich Troitzsch, Wolfhard Weber (Hrsg.): Die Technik. Von den Anfängen bis zur Gegenwart, S. 198–231. Braunschweig 1982.

Troitzsch, U.: Technischer Wandel in Staat und Gesellschaft zwischen 1600 und 1750. In: Wolfgang König. (Hrsg.): Propyläen Technikgeschichte. Mechanisierung und Maschinisierung 1600 bis 1840, S. 9–267. Frankfurt a. M., Berlin 1991.

Uccelli, A.: Die Wissenschaft von der Konstruktion. In: Leonardo da Vinci. Das Lebensbild eines Genies, S. 261–274. Wiesbaden, Berlin 1975.

Varchmin, J., Radkau, J.: Kraft, Energie und Arbeit. Energie und Gesellschaft. Reinbek bei Hamburg 1981 (Deutsches Museum, Kulturgeschichte der Naturwissenschaften und der Technik).

Vester, F.: Neuland des Denkens. Vom technokratischen zum kybernetischen Zeitalter. Stuttgart 1980.

Waddington, C.H.: The Ethical Animal. Chicago 1967.

Weber, M.M. von: Aus dem Reich der Technik. Novellen. Berlin 1926.

Weber, M.: Wissenschaft als Beruf. München, Leipzig 1919 (Geistige Arbeit als Beruf. Vorträge vor dem Freistudentischen Bund).

Weizenbaum, J.: Die Macht der Computer und die Ohnmacht der Vernunft. Frankfurt a. M. 1978 (suhrkamp taschenbuch wissenschaft, 274).

Weizsäcker, E.U. von: Erdpolitik. Ökologische Realpolitik an der Schwelle zum Jahrhundert der Umwelt. Darmstadt 1994.

Weltausstellung Chicago: Columbische Weltausstellung in Chicago. Amtlicher Katalog der Ausstellung des Deutschen Reiches. Berlin 1893.

Welt-Ausstellung Paris: Berichte über die Welt-Ausstellung in Paris im Jahre 1900. Berlin 1902.

Wendorff, R.: Zeit und Kultur. Geschichte des Zeitbewußtseins in Europa. Opladen 1980.

Werber, N.: Ameisengesellschaften. Eine Faszinationsgeschichte. Frankfurt a. M. 2013.

Wiener, N.: Gott & Golem Inc.. Düsseldorf, Wien 1965.

Wiener, N.: Kybernetik. Regelung und Nachrichtenübertragung im Lebewesen und in der Maschine. Düsseldorf, Wien 1963.

Wiener, N.: Mensch und Menschmaschine. Frankfurt a. M., Berlin 1952.

Wikipedia: 2000-Watt-Gesellschaft: https://de.wikipedia.org/wiki/2000-Watt-Gesellschaft (18.02.2020).

Wikipedia: Anthropozän: https://de.wikipedia.org/wiki/Anthropozän (11.03.2020).

Wikipedia: Banqiao-Staudamm: https://de.wikipedia.org/wiki/Banqiao-Staudamm (14.04.2020).

Wikipedia: Chronofotografie: https://de.wikipedia.org/wiki/Chronofotografie (14.02.2020).

Wikipedia: Deterministisches Chaos: https://de.wikipedia.org/wiki/Deterministisches_Chaos (28.04.2020).

Wikipedia: Digitaler Zwilling: https://de.wikipedia.org/wiki/Digitaler_Zwilling (14.02.2020).

Wikipedia: Doppelpendel: https://de.wikipedia.org/wiki/Doppelpendel (20.04.2020).

Wikipedia: Earth Overshoot Day: https://de.wikipedia.org/wiki/Earth_Overshoot_Day (03.03.2020).

Wikipedia: Erweiterte Realität: https://de.wikipedia.org/wiki/Erweiterte_Realität (14.02.2020).

Wikipedia: Ewigkeitskosten: https://de.wikipedia.org/wiki/Ewigkeitskosten (27.02.2020).

Wikipedia: Geschichte der künstlichen Intelligenz: https://de.wikipedia.org/wiki/Geschichte_der_künstlichen_Intelligenz (10.03.2020).

Wikipedia: Informationsexplosion: https://de.wikipedia.org/wiki/Informations-explosion (10.03.2020).

Wikipedia: Intelligentes Stromnetz: https://de.wikipedia.org/wiki/Intelligentes_Stromnetz (05.06.2020).

Wikipedia: Inverses Pendel: https://de.wikipedia.org/wiki/Inverses_Pendel (20.04.2020).

Wikipedia: Kippelemente im Erdklimasystem: https://de.wikipedia.org/wiki/Kipp-elemente_im_Erdklimasystem (27.02.2020).

Wikipedia: Künstliches Leben: https://de.wikipedia.org/wiki/Künstliches_Leben (18.02.2020).

Wikipedia: Kollektive Intelligenz: https://de.wikipedia.org/wiki/Kollektive_Intelligenz (18.02.2020).

Wikipedia: Muskelkraft-Flugzeug: https://de.wikipedia.org/wiki/Muskelkraft-Flugzeug (19.02.2020).

Wikipedia: Neurowissenschaften: https://de.wikipedia.org/wiki/Neurowissenschaften (20.04.2020).

Wikipedia: Stromerzeugung: https://de.wikipedia.org/wiki/Stromerzeugung (27.02.2020).

Wikipedia: Suffizienz: https://de.wikipedia.org/wiki/Suffizienz_(Politik) (16.02.2020).

Wikipedia: Terraforming: https://de.wikipedia.org/wiki/Terraforming (14.02.2020).

Wikipedia: Vajont-Staumauer: https://de.wikipedia.org/wiki/Vajont-Staumauer (14.04.2020).

Wikipedia: Verkehrstod: https://de.wikipedia.org/wiki/Verkehrstod (15.02.2020).

Wikipedia: Virtuelle Realität: https://de.wikipedia.org/wiki/Virtuelle_Realität (14.02.2020).

Wikipedia: Wahrnehmung: https://de.wikipedia.org/wiki/Wahrnehmung (20.04.2020).

Wikipedia: Weltenergiebedarf: https://de.wikipedia.org/wiki/Weltenergiebedarf (18.02.2020).

Wilke, A.: Die Elektrizität, ihre Erzeugung und ihre Anwendung in Industrie und Gewerbe. Leipzig, Berlin 1893 (Das Buch der Erfindungen, Gewerbe und Industrien, Bd. 9).

Wulf, A.: Alexander von Humboldt und die Erfindung der Natur. München 2016.

Zweckbronner, G.: Das Prinzip der lebendigen Kräfte, ein Bindeglied zwischen rationeller Mechanik und praktischem Maschinenbau im Zeitalter der Industrialisierung. In: Technikgeschichte, Bd. 48 (1981), S. 89–111.

Zweckbronner, G.: Technische Wissenschaften im Industrialisierungsprozeß bis zum Beginn des 20. Jahrhunderts. In: Armin Hermann, Charlotte Schönbeck (Hrsg.): Technik und Wissenschaft, S. 400–428. Düsseldorf 1991 (Technik und Kultur, Bd. 3, Hrsg. Georg-Agricola-Gesellschaft).

Stichwortverzeichnis

© Springer-Verlag GmbH Deutschland, ein Teil von Springer Nature 2022
G. Zweckbronner, *Aufbruch ins Industriezeitalter – Zukunftswerkstätten der Neuzeit*,
https://doi.org/10.1007/978-3-662-60542-4

Printed in the United States
by Baker & Taylor Publisher Services